いちばんわかりやす

1級・2級電気通信工事施工管理技術検定

合格テキスト

コンデックス情報研究所　編著

成美堂出版

本書の使い方

本書は、豊富な図版を駆使して、1 級・2 級電気通信工事施工管理技術検定試験で頻出する内容を、わかりやすくまとめています。付属の赤シートを利用すれば、キーワードの確認ができ、穴埋め問題としても活用できますので、効率的な学習が進められます。

※本書は原則として 2024 年 2 月時点の情報に基づいて編集しています。

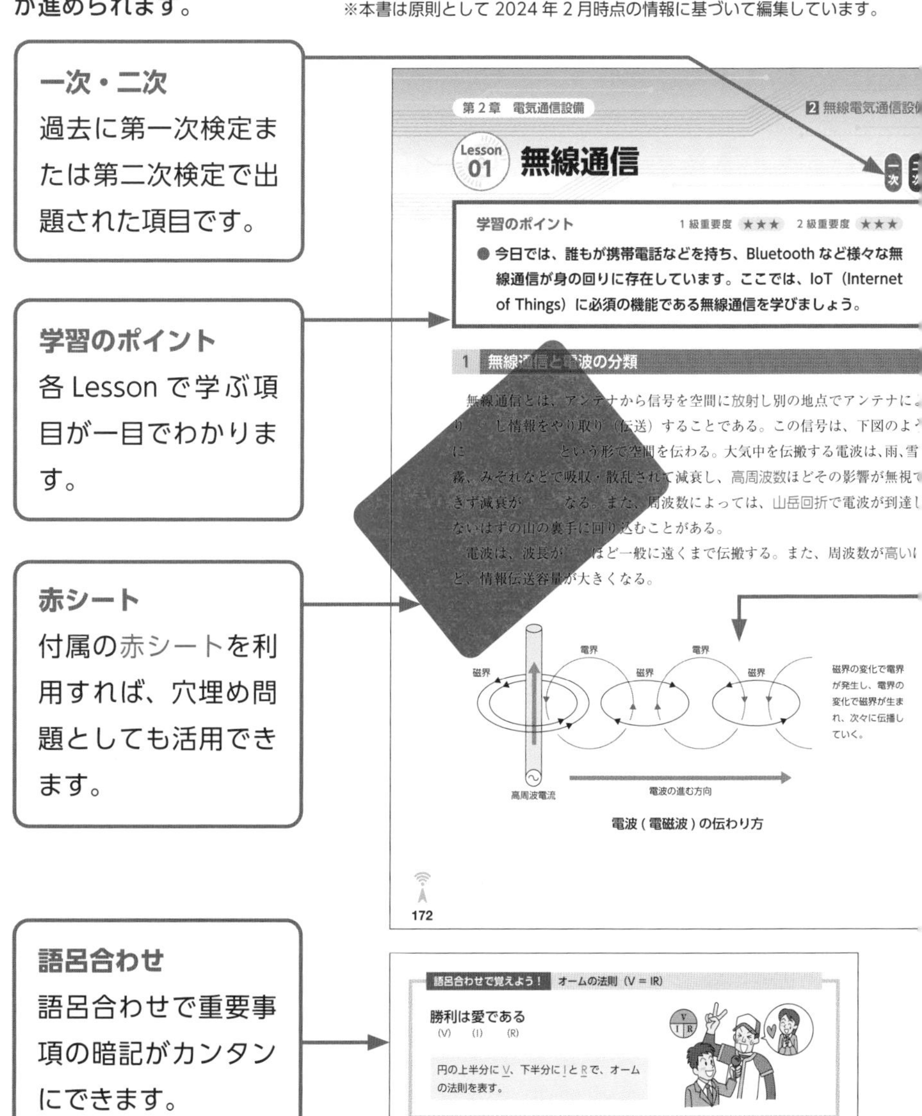

重要度

過去の問題における出題回数等による重要度を示しました。星の数が多いものを優先的に勉強するとよいでしょう。

★★★……必須問題、又は選択問題として出題され、解答する確率が高い
★★………選択問題として出題され、解答する確率がやや高い
★…………選択問題として出題され、解答する確率がやや低い

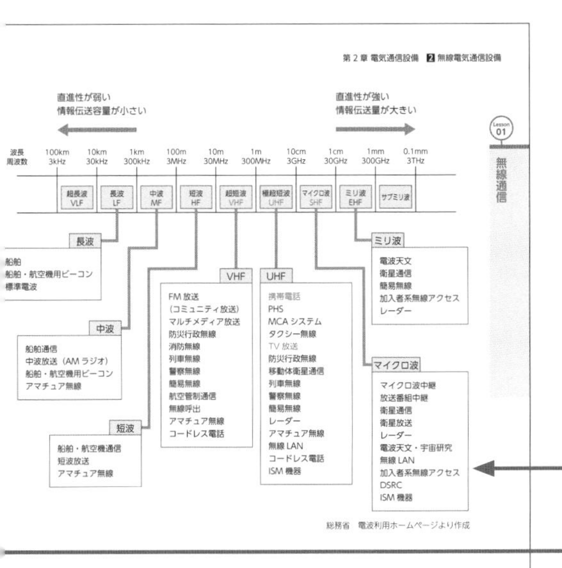

実際の試験と同じ形式の実践問題を掲載！試験問題を解くつもりで挑戦してみましょう。

図表

豊富な図表で、本文の内容が理解しやすくなります。

電波の波長による分類は次のとおりである。

超長波（VLF：Very Low Frequency）
10～100km の非常に長い波長を持ち、地表面に沿って伝わり低い山をも越えることができる。水中でも伝わるため、海底探査にも応用できる。

長波（LF：Low Frequency）
1～10km の波長を持ち、遠くまで伝わる。大規模なアンテナと送信設備が必要で、現在ではあまり用いられなくなっている。

中波（MF：Medium Frequency）
100～1000m の波長で、遠距離まで電波の伝わり方が安定している。主に AM ラジオ放送用として利用される。

173

重要ポイントを覚えよう！

各 Lesson の終わりに、本試験で頻出する項目を確認します。覚えた項目には、チェックボックスに✔しましょう。

重要ポイントを覚えよう！

1 □ 発光ダイオードは、pn 接合に電流を流して発光させる半導体発光素子。

色の三原色である RGB の LED を発光・混合させてあらゆる色を出すことができる。

CONTENTS

第6章　記述問題（第二次検定　試験科目：施工管理法）

1級電気通信工事施工管理技術検定試験ガイダンス

検定試験に関する情報は変わることがありますので、受検する場合は試験実施団体の発表する最新情報を、必ず事前にご自身でご確認ください。

試験日

第一次検定　9月第1日曜日／**第二次検定**　12月第1日曜日

試験の内容

検定区分	検定科目	検定基準
第一次検定	電気通信工学等	1. 電気通信工事の施工の管理を適確に行うために必要な電気通信工学、電気工学、土木工学、機械工学及び建築学に関する一般的な知識を有すること。 2. 電気通信工事の施工の管理を適確に行うために必要な有線電気通信設備、無線電気通信設備、放送機械設備等（以下「電気通信設備」という。）に関する一般的な知識を有すること。 3. 電気通信工事の施工の管理を適確に行うために必要な設計図書に関する一般的な知識を有すること。
	施工管理法	1. 監理技術者補佐として、電気通信工事の施工の管理を適確に行うために必要な施工計画の作成方法及び工程管理、品質管理、安全管理等工事の施工の管理方法に関する知識を有すること。 2. 監理技術者補佐として、電気通信工事の施工の管理を適確に行うために必要な応用能力を有すること。
	法規	建設工事の施工の管理を適確に行うために必要な法令に関する一般的な知識を有すること
第二次検定	施工管理法	1. 監理技術者として、電気通信工事の施工の管理を適確に行うために必要な知識を有すること。 2. 監理技術者として、設計図書で要求される電気通信設備の性能を確保するために設計図書を正確に理解し、電気通信設備の施工図を適正に作成し、及び必要な機材の選定、配置等を適切に行うことができる応用能力を有すること。

合格基準

第一次検定：第一次検定（全体）得点が60％以上かつ検定科目（施工管理法（応用能力））の得点が40％以上

第二次検定：得点が60％以上

※ただし、試験の実施状況で変更する可能性あり

２級電気通信工事施工管理技術検定試験ガイダンス

試験日

前期第一次検定　６月第１日曜日
後期第一次検定／第二次検定　11月第３日曜日

試験の内容

検定区分	検定科目	検定基準
第一次検定	電気通信工学等	1. 電気通信工事の施工の管理を適確に行うために必要な電気通信工学、電気工学、土木工学、機械工学及び建築学に関する概略の知識を有すること。 2. 電気通信工事の施工の管理を適確に行うために必要な電気通信設備に関する概略の知識を有すること。 3. 電気通信工事の施工の管理を適確に行うために必要な設計図書を正確に読みとるための知識を有すること。
	施工管理法	1. 電気通信工事の施工の管理を適確に行うために必要な施工計画の作成方法及び工程管理、品質管理、安全管理等工事の施工の管理方法に関する基礎的な知識を有すること。 2. 電気通信工事の施工の管理を適確に行うために必要な基礎的な能力を有すること。
	法規	建設工事の施工の管理を適確に行うために必要な法令に関する概略の知識を有すること。
第二次検定	施工管理法	1. 主任技術者として、電気通信工事の施工の管理を適確に行うために必要な知識を有すること。 2. 主任技術者として、設計図書で要求される電気通信設備の性能を確保するために設計図書を正確に理解し、電気通信設備の施工図を適正に作成し、及び必要な機材の選定、配置等を適切に行うことができる応用能力を有すること。

合格基準

第一次検定：得点が60％以上／**第二次検定**：得点が60％以上
※ただし、試験の実施状況で変更する可能性あり

試験に関する問い合わせ先
一般財団法人　全国建設研修センター　電気通信工事試験部
〒187-8540　東京都小平市喜平町２－１－２
ＴＥＬ　042-300-0205
ホームページアドレス　https://www.jctc.jp/
電話によるお問い合わせ応対時間　9：00 ～ 17：00
土・日曜日・祝日は休業日
※お問い合わせの際は、おかけ間違いのないようご注意ください。

第 1 章

電気通信工学

Lesson 01 直流回路

学習のポイント　　1 級重要度 ★★☆　2 級重要度 ★★☆

● 電気の基本であるオームの法則、キルヒホッフの法則、合成抵抗とコンデンサの容量とコンデンサの接続をしっかり覚えましょう。

1 オームの法則

電気回路に流れる電流の大きさは、電圧に比例し抵抗に反比例する。変形すると電圧や抵抗も求められる。

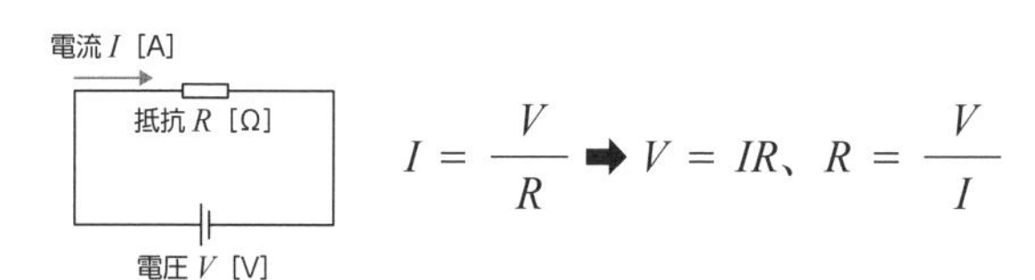

$$I = \frac{V}{R} \Rightarrow V = IR、R = \frac{V}{I}$$

2 キルヒホッフの法則

①第１法則

電気回路の任意の分岐点に流れ込む電流の和は、そこから流れ出る電流の和に等しい。

右図のＰ点では、$I_3 = I_1 + I_2$

よって、$I_1 + I_2 - I_3 = 0$（流入が正で流出が負）

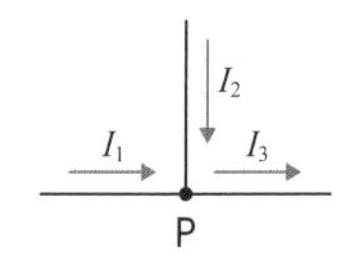

②第２法則

電気回路の任意の閉回路の電位差の和は0である。

・ルート➡：$E - V_1 - V_2 = 0$

$E = V_1 + V_2$

・ルート：$E - V_1 - V_3 = 0$

$E = V_1 + V_3$

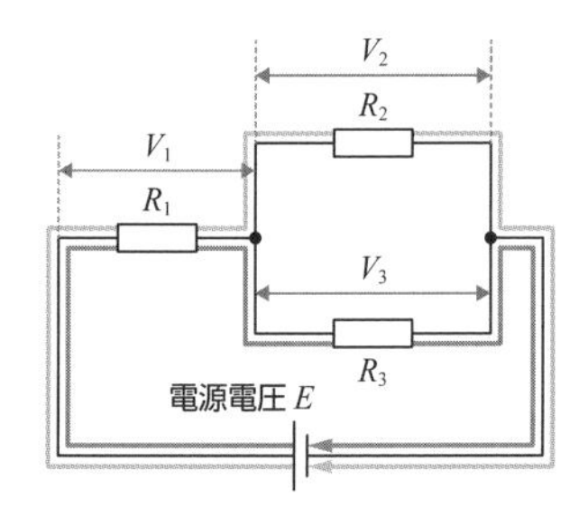

3 合成抵抗

各接続の合成抵抗 R［Ω］は、次の通りである。

①直列接続

$R = R_1 + R_2$［Ω］

②抵抗が２つの並列接続

分母が和で分子が積

$$\frac{1}{R} = \frac{1}{R_1} + \frac{1}{R_2}\ [\Omega^{-1}] \Rightarrow R = \frac{R_1 R_2}{R_1 + R_2}\ [\Omega]$$（和分の積）

③抵抗が３つの並列接続

R_1 と R_2 の並列接続の合成抵抗 R を求め、次に R と R_3 の２つの抵抗の並列接続を和分の積の公式を用いて全体の抵抗を求める。

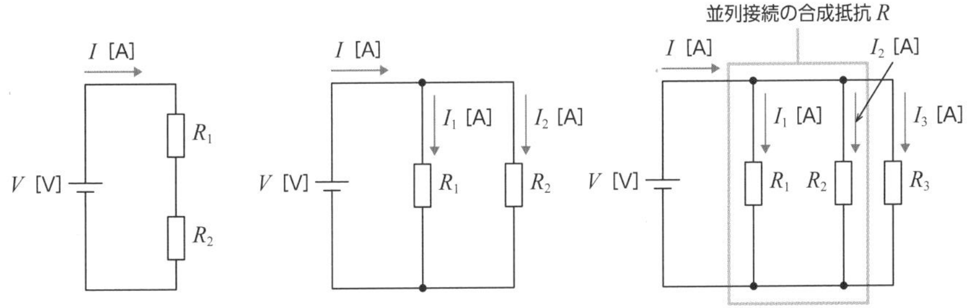

抵抗２つの直列接続　抵抗２つの並列接続　抵抗３つの並列接続

4 重ね合わせの理

回路中に、複数の電源がある場合、各枝路に流れる電流は、各電源がそれぞれ単独にあるときに、その枝路に流れる電流の和に等しい。

（例）

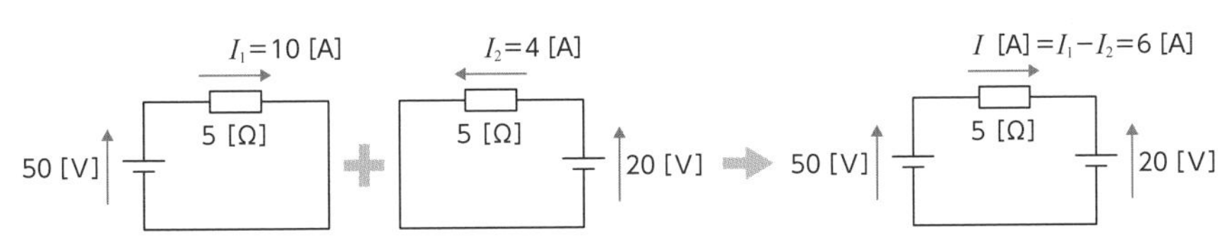

5 分圧と分流

①分圧

電源の電圧を V［V］、抵抗をそれぞれ R_1［Ω］、R_2［Ω］とし、抵抗 R_1 にかかる電圧 V_1［V］と抵抗 R_2 にかかる電圧 V_2［V］をそれぞれ式で表すと、

$$V_1 = V \times \frac{R_1}{R_1 + R_2} \text{［V］}$$

$$V_2 = V \times \frac{R_2}{R_1 + R_2} \text{［V］}$$

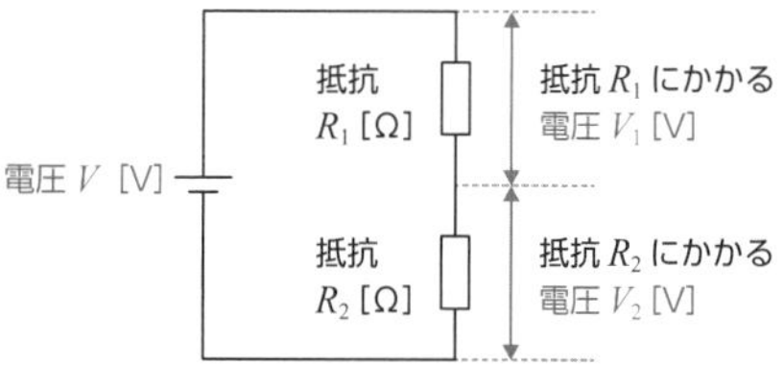

②分流

回路全体に流れる電流 I［A］、抵抗 R_1 に流れる電流 I_1［A］、抵抗 R_2 に流れる電流 I_2［A］の関係は、

$$I_1 = I \times \frac{R_2}{R_1 + R_2} \text{［A］}$$

$$I_2 = I \times \frac{R_1}{R_1 + R_2} \text{［A］}$$

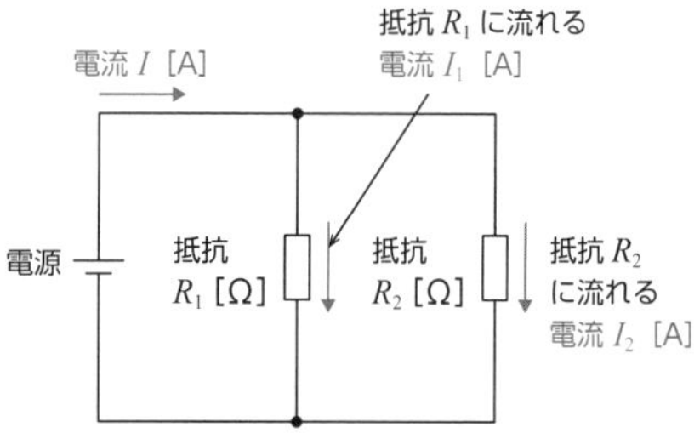

6 最大供給電力

・内部抵抗を持つ電源から抵抗負荷に供給できる電力には上限がある。

・電源から抵抗負荷に供給できる電力は、負荷抵抗 R が電源の内部抵抗 r と等しいときに最大になり、その最大値 P_{max}［W］は、

$$P_{max} = \frac{E^2}{4r} \text{［W］}$$

7 コンデンサ

コンデンサは、電気（電荷）を蓄えたり放出したりする回路の基本素子で、電極間に直流電圧を印加すると電荷を蓄えられる。蓄積できる電荷量は少なく短時間しか電流を供給できないが、充電と放電を繰り返すことができる。

①蓄えられる電荷 Q［C］と静電容量 C［F］と電圧 V［V］の関係式

$$Q = CV\ [\mathrm{C}] \Rightarrow C = \frac{Q}{V}\ [\mathrm{F}]$$

②蓄えられる静電エネルギー W［J］

$$W = \frac{1}{2}CV^2 = \frac{1}{2}QV = \frac{Q^2}{2C}\ [\mathrm{J}]$$

③直列、並列接続のコンデンサの合成静電容量 C［F］

・コンデンサ2つの直列接続

$$\frac{1}{C} = \frac{1}{C_1} + \frac{1}{C_2}\ [\mathrm{F}^{-1}]$$

$$\Rightarrow C = \frac{C_1 C_2}{C_1 + C_2}\ [\mathrm{F}]\ （和分の積）$$

← 分母が和で分子が積

・コンデンサ2つの並列接続

$$C = C_1 + C_2\ [\mathrm{F}]$$

・コンデンサ3つの直列接続

C_1 と C_2 の2つの直列接続 C ➡ C と C_3 の2つの直列接続として求める。

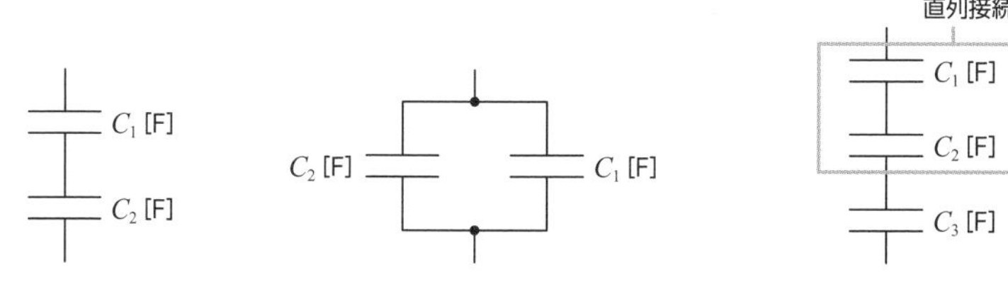

コンデンサ2つの直列接続　コンデンサ2つの並列接続　コンデンサ3つの直列接続

④誘電体を挿入したコンデンサ

・誘電体は、電界を加えると電気分極が起こり電気エネルギーを蓄えることができる。

・平行板コンデンサ（電極面積 S［m^2］、電極間距離 d［m］）の電極間に誘電率 ε［F/m］の誘電体を挿入し、直流電圧 V［V］を印加した時の静電容量 C［F］は、

$$C = \frac{\varepsilon S}{d} = \frac{\varepsilon_0 \varepsilon_r S}{d}\ [\mathrm{F}]$$

ε：誘電体の誘電率［F/m］

ε_0：真空の誘電率

（8.855×10^{-12}［F/m］）

ε_r：誘電体の比誘電率

※空気の比誘電率はほぼ1

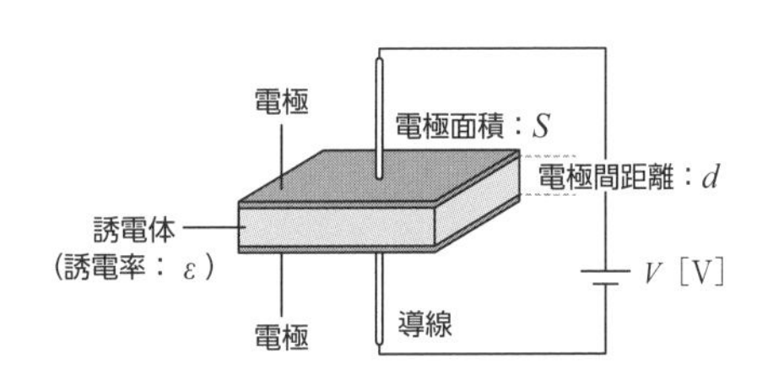

平行板コンデンサの概念図

なお、計算の際は単位をそろえて計算する。

（例）電極間距離 A［mm］➡ $A \times 10^{-3}$［m］

電極面積 B［cm^2］➡ $B \times 10^{-4}$［m^2］

記号	T	G	M	k	—	c	m	μ	n	p
名称	テラ	ギガ	メガ	キロ	—	センチ	ミリ	マイクロ	ナノ	ピコ
倍数	10^{12}	10^{9}	10^{6}	10^{3}	1	10^{-2}	10^{-3}	10^{-6}	10^{-9}	10^{-12}

・誘電体を挟んだコンデンサの静電容量 C［F］は、コンデンサ2つの直列接続（縦方向：図1）や並列接続（横方向：図2）と同じ。

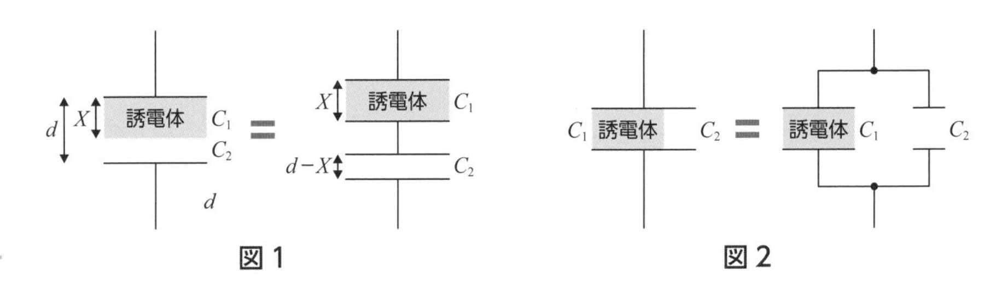

図1　図2

<合成抵抗>

直列接続　$R = R_1 + R_2$ [Ω]

並列接続　$R = \dfrac{R_1 R_2}{R_1 + R_2}$ [Ω]

<合成静電容量>

直列接続　$C = \dfrac{C_1 C_2}{C_1 + C_2}$ [F]

並列接続　$C = C_1 + C_2$ [F]

合成抵抗と合成静電容量の関係式は形が逆になります。

重要ポイントを覚えよう！

1 □ オームの法則は $I = \dfrac{V}{R}$ で、電流は電圧に比例し、抵抗に反比例する。

$I = \dfrac{V}{R}$ ➡ $V = IR$、$R = \dfrac{V}{I}$

2 □ 抵抗２つの合成抵抗で、直列接続の式は　$R = R_1 + R_2$ [Ω]

並列接続は、和分の積。$\dfrac{1}{R} = \dfrac{1}{R_1} + \dfrac{1}{R_2}$ [Ω^{-1}] ➡ $R = \dfrac{R_1 R_2}{R_1 + R_2}$ [Ω]

3 □ コンデンサに蓄えられる電荷は、$Q = CV$ [C] である。

蓄えられる静電エネルギーは、$W = \dfrac{1}{2} CV^2$ [J]

4 □ コンデンサ２つの合成静電容量で、並列接続は　$C = C_1 + C_2$ [F]

直列接続は、$\dfrac{1}{C} = \dfrac{1}{C_1} + \dfrac{1}{C_2}$ [F^{-1}] ➡ $C = \dfrac{C_1 C_2}{C_1 + C_2}$ [F]

実践問題

問題

下図の直流回路において、抵抗Aで消費する電力の値［W］として、**適当なもの**はどれか。

(1) 256
(2) 378
(3) 432
(4) 531

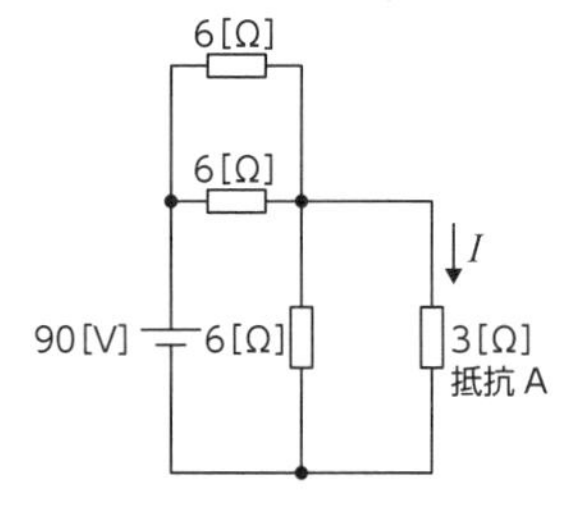

答え (3)

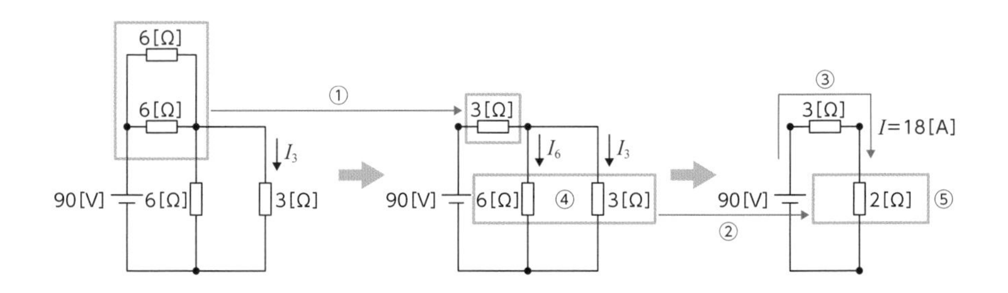

①並列接続の合成抵抗を求める。和分の積 ➡ $(6\times 6)/(6+6)=3$［Ω］

②並列接続の合成抵抗を求める。和分の積 ➡ $(6\times 3)/(6+3)=2$［Ω］

③回路電流を求める。$I=V/R=90/(3+2)=18$［A］

④I_3を求める。$I_3=18\times 6/(6+3)=12$［A］（➡ p.12 分流の式参照）

⑤抵抗Aにかかる電圧を求める。

抵抗Aの3Ωにかかる電圧Vは、$90\times 2/(3+2)=36$［V］（➡ p.12 分圧の式参照）

以上より、抵抗Aで消費する電力は、$W=V\times I=36\times 12=432$［W］

Lesson 02 交流回路

学習のポイント　1級重要度 ★☆☆　2級重要度 ★★☆

● 交流回路では、コイルやコンデンサが含まれるのでインピーダンスを考えます。RLC 回路をよく理解しましょう。

1 交流回路

交流回路では、電圧・電流の大きさや方向が周期的に変化する。正弦波交流の電圧の瞬時値 e［V］を式で表すと、

$e = E_m \sin \omega t$［V］

ω：角速度［rad/s］、t：時間［s］

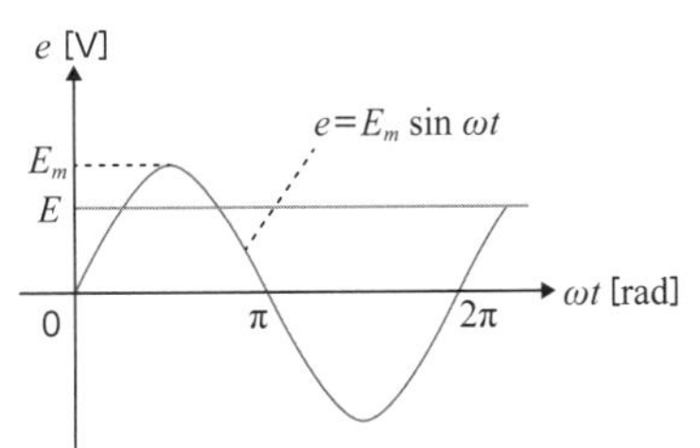

なお、E_m［V］は最大値であり、電流も正弦波になる。

2 交流回路の電流

交流回路では、電圧 e を加えた場合、電流 i の位相は回路素子（抵抗・コイル・コンデンサ）により異なる。

1 抵抗回路

電流 i（瞬時値）は印加電圧 e（瞬時値）と同相である。瞬時値とは、正弦波交流のある時点での値のことである。一方、実効値とは、時間的に変化する交流の電流、電圧の大きさを示す値の1つで、同じ抵抗に交流電源と直流電源を別々に流し、抵抗の消費電力が等しいときの交流電流の値を直流電流の値で表したものである。交流電圧においても同じ方法で実効値を定義する。

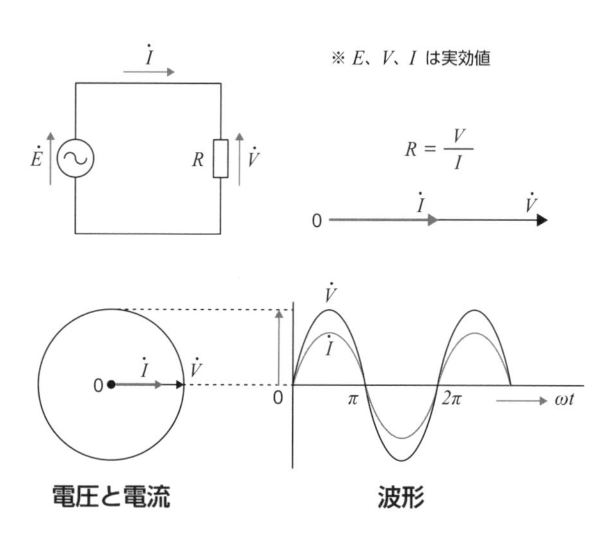

2　コイルを接続した回路

電流 i（瞬時値）は印加電圧 e（瞬時値）より $\frac{\pi}{2}$（90 度）遅れる。

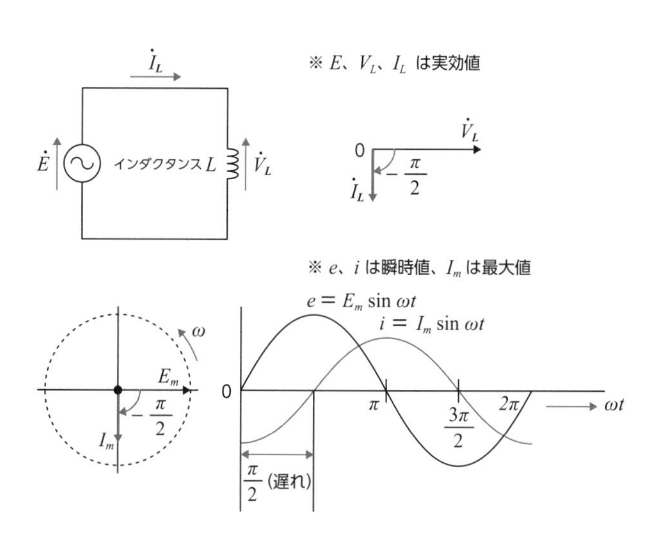

3 コンデンサを接続した回路

電流 i（瞬時値）は印加電圧 e（瞬時値）より $\frac{\pi}{2}$（90度）進む。

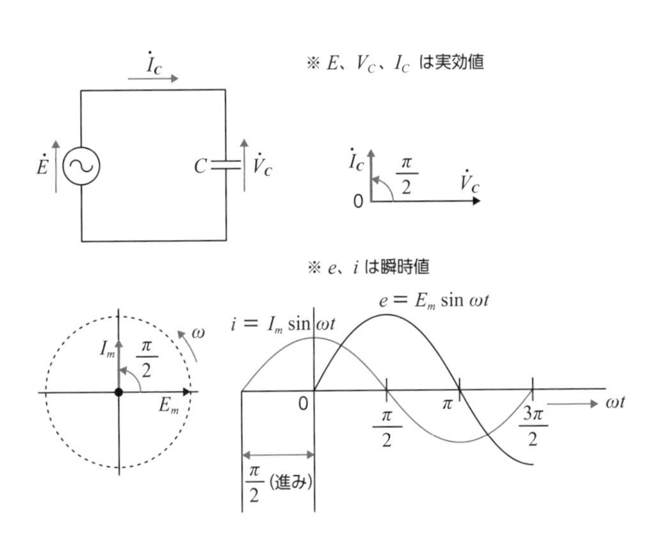

4 インピーダンス

直流回路では電流の流れを邪魔するものは抵抗［Ω］だが、交流回路では抵抗・コイル・コンデンサが電流の流れを邪魔する。回路に含まれるこれらの素子の抵抗値やリアクタンスを用いてインピーダンス Z［Ω］で表す。リアクタンス成分は複素数で表される。

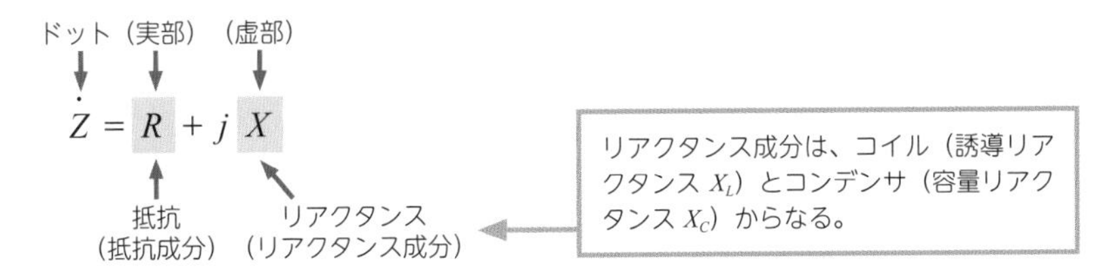

・**抵抗**

$Z = R$［Ω］➡ $|\dot{Z}| = R$［Ω］

・**コイル**

$jX_L = j\omega L$ ［Ω］ ➡ $|\dot{X}_L| = \sqrt{(\omega L)^2} = \omega L$ ［Ω］

※角速度 $\omega = 2\pi f$

・**コンデンサ**

$jX_C = j\dfrac{1}{\omega C}$ ［Ω］ ➡ $|\dot{X}_C| = \sqrt{\left(\dfrac{1}{\omega C}\right)^2} = \dfrac{1}{\omega C}$ ［Ω］

3 RLC 回路

1 RLC 直列回路

・**合成インピーダンス**

$\dot{Z} = R + j\ (X_L - X_C)$

$= R + j\left(\omega L - \dfrac{1}{\omega C}\right)$ ［Ω］ …①

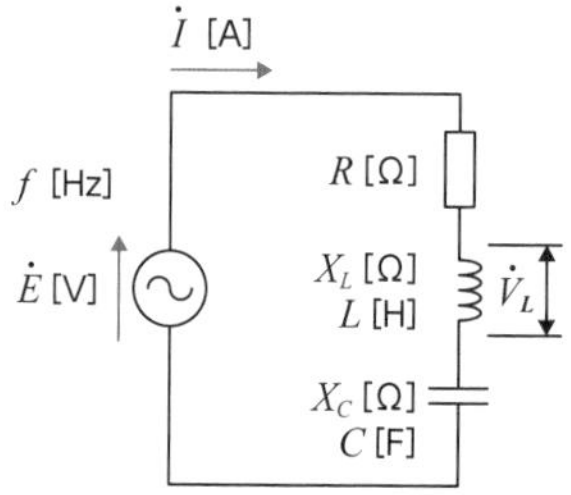

・**合成インピーダンスの大きさ（絶対値）**

$|\dot{Z}| = \sqrt{R^2 + (X_L - X_C)^2}$ ［Ω］

RLC 直列回路

・**回路電流**

$I = \dfrac{V}{|\dot{Z}|}$ ［A］

2 RLC 直列共振回路と共振周波数

・電源周波数が共振周波数 f_0 ［Hz］になると見かけ上コイルとコンデンサは消え、抵抗 R だけの RLC 直列共振回路となる。

・RLC直列回路の①式で、$\omega L = \dfrac{1}{\omega C}$ なら $|\dot{Z}| = R$ ［Ω］となり、この場合の直列回路は共振しているといい、RLC直列共振回路となる。

・共振周波数 f_0 ［Hz］は、回路が共振するときの周波数のことで、式は、

$$\omega L = \frac{1}{\omega C} \Rightarrow 2\pi f_0 L = \frac{1}{2\pi f_0 C} \Rightarrow f_0 = \frac{1}{2\pi\sqrt{LC}} \ [\mathrm{Hz}]$$

・共振時にコイルLにかかる電圧V_Lは、$V_L = I \times X_L$ [V]

このとき、単位をそろえて計算する。

(例) インダクタンスL [mH]

➡ $L \times 10^{-3}$ [H]

コンデンサC [μF]

➡ $C \times 10^{-6}$ [F]

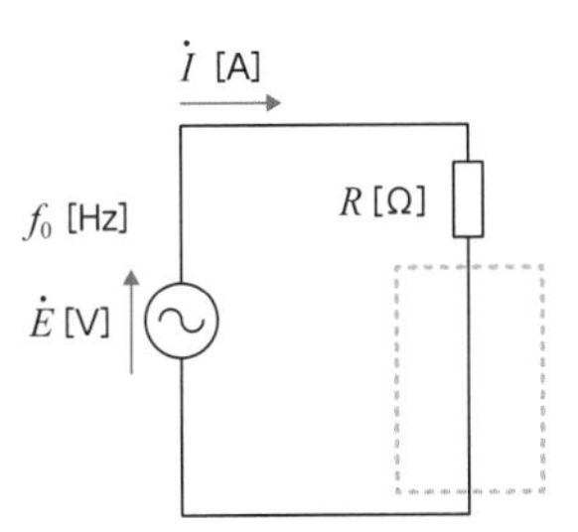

RLC直列共振回路

3 RLC並列回路

全体の合成インピーダンスは、並列接続なのでそれぞれのインピーダンスの逆数を足して求め、与条件を代入し求める。

$$\frac{1}{\dot{Z}} = \frac{1}{R} + \frac{1}{j\omega L} + j\omega C \ [\Omega^{-1}]$$

$$\Rightarrow \dot{Z} = \frac{\omega RL}{\omega L - jR\ (1-\omega^2 LC)} = \frac{R}{1 + jR\left(\omega C - \dfrac{1}{\omega L}\right)} \ [\Omega]$$

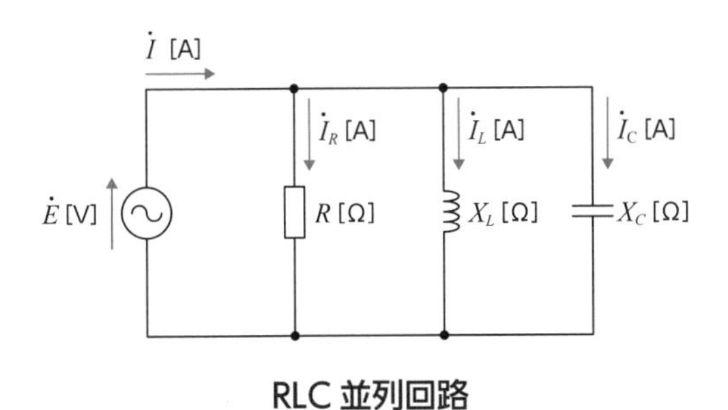

RLC並列回路

4　RL 並列回路と RC 並列回路

RL 並列回路の合成インピーダンスは次のように得る。

$$\frac{1}{\dot{Z}} = \frac{1}{R} + \frac{1}{j\omega L} \Rightarrow \dot{Z} = \frac{R \cdot (j\omega L)}{R + j\omega L}$$

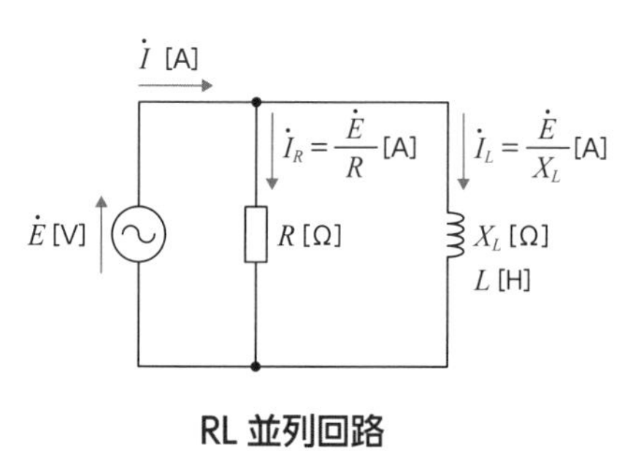

RL 並列回路

合成インピーダンスの大きさ（絶対値）は、

$$|\dot{Z}| = \frac{RX_L}{\sqrt{R^2 + X_L^2}} = \frac{R\omega L}{\sqrt{R^2 + (\omega L)^2}} \text{〔Ω〕} \quad \text{ただし、} |jX_L| = \omega L$$

RC 並列回路の合成インピーダンスは次のように得る。

$$\frac{1}{\dot{Z}} = \frac{1}{R} + j\omega C \Rightarrow \dot{Z} = \frac{R}{1 + j\omega RC}$$

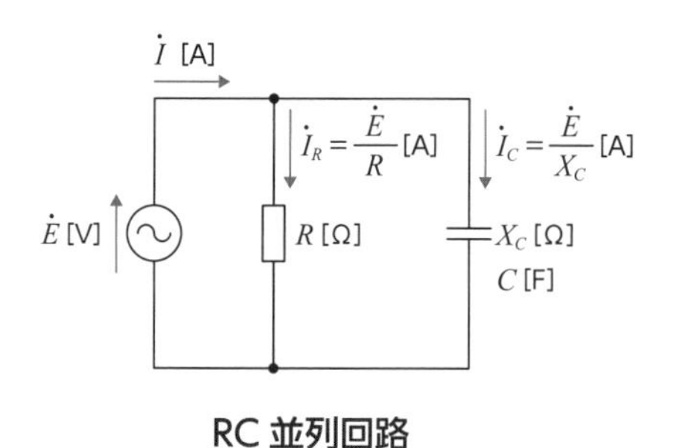

RC 並列回路

合成インピーダンスの大きさ（絶対値）は、

$$|\dot{Z}| = \frac{R}{\sqrt{1+(\omega RC)^2}} = \frac{1}{\sqrt{\left(\frac{1}{R}\right)^2+(\omega C)^2}} \ [\Omega]$$

1 ☐ **インピーダンスとは、交流回路で電流の流れを邪魔するものである。式は、$\dot{Z} = R + jX$ で表される。**

R は実部で抵抗成分、X は虚部でリアクタンス成分を表す。

2 ☐ **RLC 直列回路の合成インピーダンス $\dot{Z}$ は、**

$$\dot{Z} = R + j\omega L + \frac{1}{j\omega C} \ [\Omega] = R + j\left(\omega L - \frac{1}{\omega C}\right) \ [\Omega]$$

回路電流とインピーダンスの関係は、$I = \dfrac{V}{|\dot{Z}|}$ [A] である。

3 ☐ **RLC 直列共振回路の共振周波数 f_0 は、**

$$f_0 = \frac{1}{2\pi\sqrt{LC}} \ [\text{Hz}]$$ **で求める。**

共振時にコイル L にかかる電圧 V_L は、$V_L = I \times X_L$ [V] である。

4 ☐ **RLC 並列回路の合成インピーダンス $\dot{Z}$ は、**

$$\frac{1}{\dot{Z}} = \frac{1}{R} + \frac{1}{j\omega L} + j\omega C \ [\Omega^{-1}]$$ **で求める。**

インピーダンスの逆数を足して、問題で与えられた条件を代入して求める。

実践問題

問題

下図に示す回路で、抵抗 $R=8$［Ω］、誘導性リアクタンス $X_L=9$［Ω］、容量性リアクタンス $X_C=15$［Ω］としたとき、コンデンサ C に加わる電圧の値［V］として、**適当なもの**はどれか。

（1）80［V］
（2）100［V］
（3）120［V］
（4）150［V］

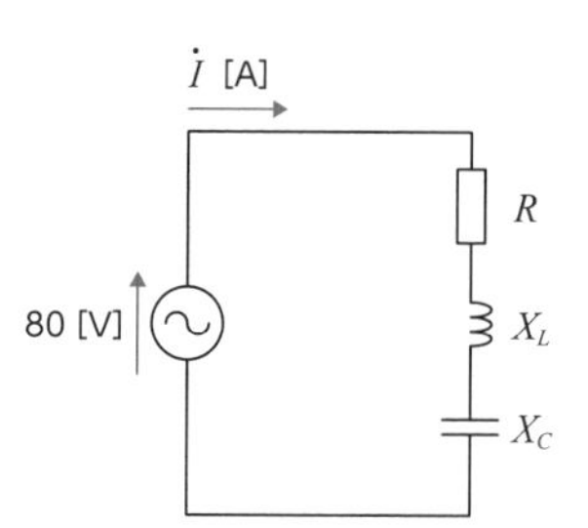

答え（3）

RLC 直列回路の合成インピーダンスは、$\dot{Z}=\sqrt{R^2+(X_L-X_C)^2}$

$\dot{Z}=\sqrt{8^2+(9-15)^2}=\sqrt{64+36}=10$［Ω］

よって、回路電流は、$I=\dfrac{V}{Z}=\dfrac{80}{10}=8$［A］

コンデンサ C に加わる電圧は、オームの法則から、

$V=X_C\times I=15\times 8=120$［V］

語呂合わせで覚えよう！　オームの法則（V = IR）

勝利は愛である
（V）（I）（R）

円の上半分にV、下半分にIとRで、オームの法則を表す。

Lesson 03 電磁気学

学習のポイント　1級重要度 ★☆☆　2級重要度 ★☆☆

● 通信の情報は交流電流や電磁波といった形でやりとりされます。電磁気学の知識をおさえておきましょう。

1 クーロンの法則

2つの点電荷間に働く静電力 F［N］の大きさは、両電荷 Q_1［C］、Q_2［C］の積に比例し、距離 r［m］の2乗に反比例する。

静電力 F は次式で表される。

$$F = k \cdot \frac{Q_1 Q_2}{r^2} \text{［N］} \cdots ①$$

ここで、比例定数 k は真空中なら、

$k = \dfrac{1}{4\pi\varepsilon_0} = 9 \times 10^9$［N·m²/C²］である（空気中もほぼ同じ）。

正電荷同士と負電荷同士では反発力が、正電荷と負電荷では吸引力が働く。

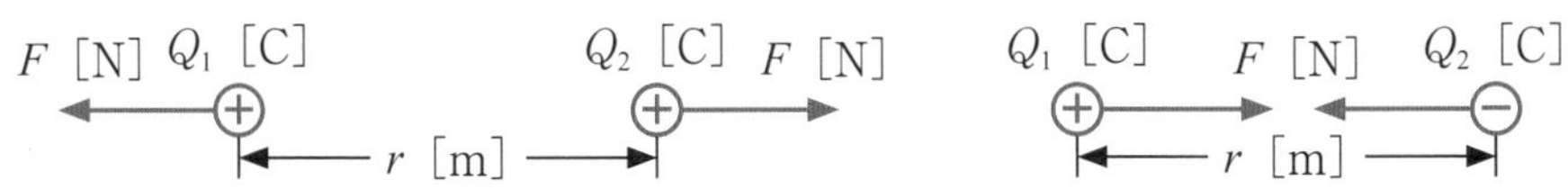

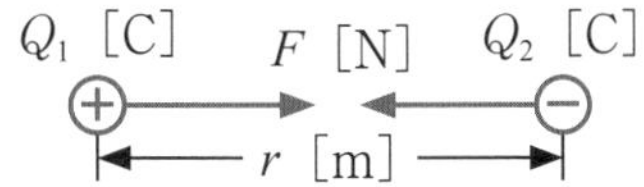

2 電気力線

電気力線とは、電界の様子を視覚的に表すのに用いられる仮想の線である。電荷があるとその周囲に電界ができ、正電荷からは電気力線が放射状に広がり、負電荷には電気力線

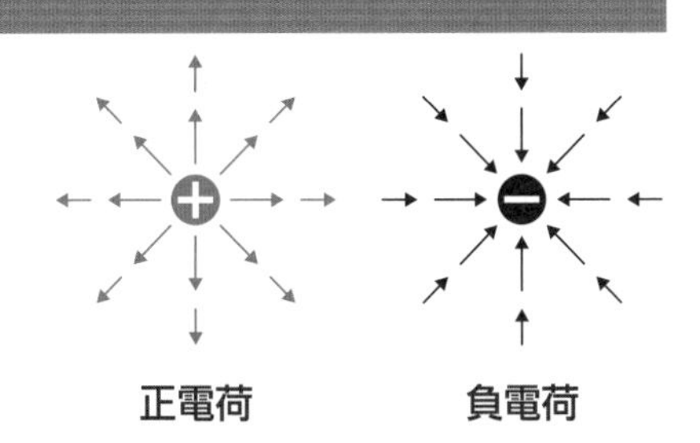

が入ってくる。

①電界の強さ

電界の強さ E［V/m］は大きさと方向で表すベクトル量である。前ページの①式で $Q_1 = Q$［C］、$Q_2 = 1$［C］とすると点電荷 Q_1 から距離 r［m］の点の電界の強さは、

$$E = k \cdot \frac{Q \times 1}{r^2} \text{ [V/m]}$$

Q［C］　+1［C］　E［V/m］
r［m］

②電位

＋1［C］の電荷がもつ静電力による位置エネルギーが電位 V［V］であり、1つの量だけで示すことができる量（スカラー量）である。誘電率 ε で電荷 Q［C］から r［m］離れた位置の電位は、

$$V = \frac{Q}{4\pi\varepsilon r} \text{ [V]}$$

3　右ねじの法則

導線の両端に電位差があると電流が流れる。電流が流れると電流の方向に対して右ねじを回す向きに磁界 H［A/m］ができる。

直流電流のつくる磁界の強さ H［A/m］は、電流を I［A］、電流からの距離 r［m］とすると、

$$H = \frac{I}{2\pi r} \text{ [A/m]}$$

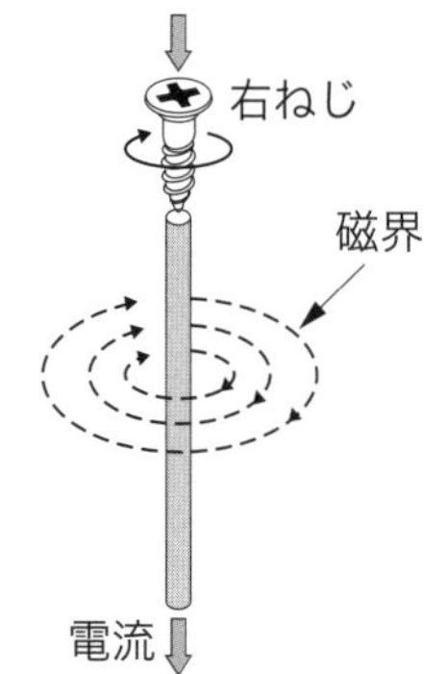

4 フレミングの左手の法則

磁石のＮ極とＳ極の間にある導体に図に示す向きに電流を流すと導体の上向きに電磁力 F [N] が発生する。

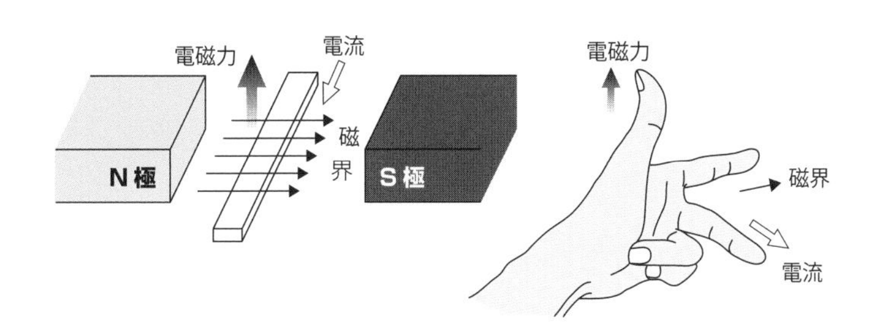

5 レンツの法則

コイルに磁石を近づけたり遠ざけたりするとコイルに磁石の磁束の変化を妨げる向きに磁束を発生する起電力（自己誘導起電力）を生じ電流が流れる。

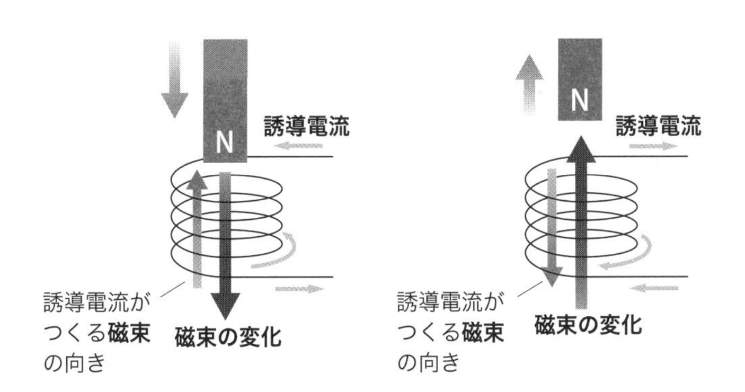

6 自己誘導起電力と自己インダクタンス

①自己誘導起電力

コイル自身を流れる電流の変化で磁束が変化し、誘導起電力が生じる作用を自己誘導作用という。

この起電力は自己誘導起電力といい、その大きさは次式の通りである。

$$E = -N\frac{\Delta\Phi}{\Delta t} = -L\frac{\Delta I}{\Delta t}\ [\mathrm{V}]$$

E：誘導起電力［V］、N：巻数、$\Delta\Phi$：磁束の増加分［Wb］、Δt：時間［s］、
L：自己インダクタンス［H］、ΔI：電流の変化量［A］

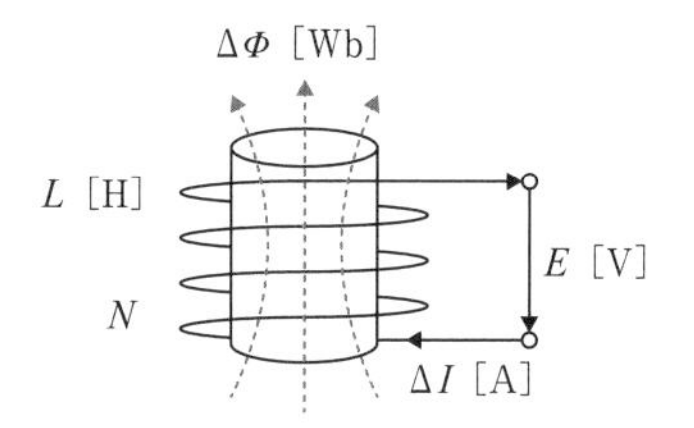

②自己インダクタンス

インダクタンス L はコイルの性能を表すパラメータだが、特に自己誘導作用でのインダクタンスのことを自己インダクタンスという。

$$L = \frac{N\Phi}{I} = \frac{\mu S N^2}{l}\ [\mathrm{H}]$$

L：自己インダクタンス［H］、N：巻数、Φ：磁束［Wb］、I：電流［A］、
μ：環状鉄心の透磁率［H/m］、S：環状鉄心の断面積［m^2］、
l：磁路の長さ［m］

7 相互誘導起電力と相互インダクタンス

環状鉄心の2箇所に独立した2つのコイルがあり、流れる電流が変化した場合、それぞれのコイルには相互インダクタンスが生じる。

①相互誘導起電力

一方のコイルで磁束が変化すれば、磁束はつながっているので他方のコイルにも影響が出る。この影響を受けたコイルで生じる起電力を相互誘導起電力という。

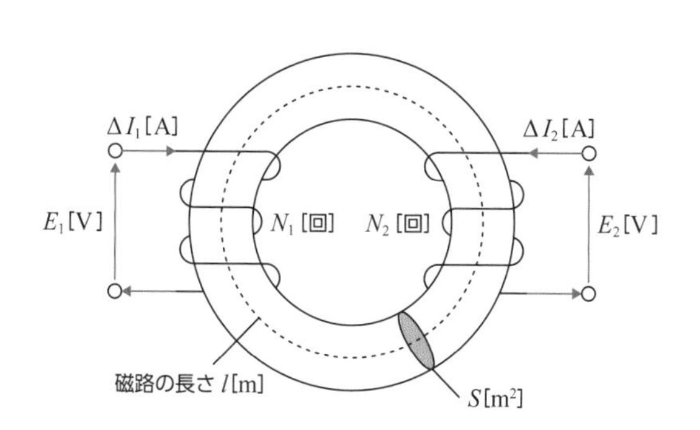

$$E_2 = -M\frac{\Delta I_1}{\Delta t}\ [\mathrm{V}]、E_1 = -M\frac{\Delta I_2}{\Delta t}\ [\mathrm{V}]$$

E：誘導起電力［V］、M：相互インダクタンス［H］、
ΔI：電流の変化量［A］、Δt：時間［s］

②相互インダクタンス

相互誘導起電力によって各コイルに生じるインダクタンスで、相互インダクタンス M［H］の大きさは、次式で表すことができる。
※ M_{12} はコイル１に流れる電流の影響でコイル２に生じるインダクタンスで、M_{21} はその逆である。

$$M_{12} = \frac{N_2\Phi_1}{I_1} = \frac{\mu S N_1 N_2}{l}\ [\mathrm{H}]$$

$$M_{21} = \frac{N_1\Phi_2}{I_2} = \frac{\mu S N_1 N_2}{l}\ [\mathrm{H}]$$

N_1、N_2：各巻数、Φ_1、Φ_2：各磁束［Wb］、I_1、I_2：各電流［A］、
$\mu = \mu_r \mu_0$：環状鉄心の透磁率［H/m］、
μ_r：比透磁率、μ_0：真空の透磁率［H/m］、
S：環状鉄心の断面積［m^2］、l：磁路の長さ［m］

8 ヒステリシス曲線

磁性体（鉄、コバルト、フェライト等）を磁界の中に置くと、それ自体が磁気を帯びる（磁化する）が、全く磁化されていない磁性体に磁界 H（横軸）を加えた時の、磁束密度 B（縦軸）の関係を曲線として描いたものを、ヒステリシス曲線という。

ゼロから磁界を加えていくと b まで行き、次に磁界を弱くしていくと元の a に戻らず、c − d − e − b の曲線をたどり元に戻る。

①**ヒステリシス損**：ヒステリシス曲線で囲まれた面積
②**残留磁束密度**：磁界 H をゼロにしても残る磁束 B_r
③**保磁力**：さらに磁界 H を最初と逆方向に加え磁化ゼロになるときの、磁界の強さ H_c

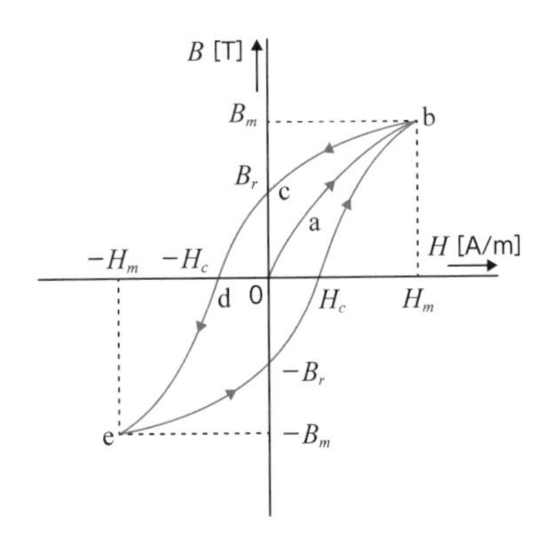

H_c：保磁力
B_r：残留磁束密度
H_m：最大磁化力
B_m：最大磁束密度

ヒステリシス曲線

重要ポイントを覚えよう！

1 □ クーロンの法則とは、2 つの点電荷 Q_1 と Q_2 間に働く静電力の関係を表したものである。

$$F = k \cdot \frac{Q_1 Q_2}{r^2} = 9 \times 10^9 \times \frac{Q_1 Q_2}{r^2} \ \text{[N]}$$

2 □ 電界の強さ E [V/m] とは、電荷 Q のある電界中に +1 [C] の電荷を置いたときの静電力で、大きさと方向で表すベクトル量である。

電界の強さ　$E = k \cdot \dfrac{Q \times 1}{r^2}$ [V/m]

3 □ 電位 V [V] とは、+1 [C] の正電荷がもつ静電力による位置エネルギー。

電位　$V = \dfrac{Q}{4\pi\varepsilon r}$ [V]

4 □ コイルに磁石を近づけたり遠ざけたりするとコイルに磁石の磁束変化を妨げる向きに磁束が生じる。

この起電力（自己誘導起電力）で電流が流れる現象を、レンツの法則という。

5 □ レンツの法則で発生する起電力（自己誘導起電力）が発生したときのコイルの性質を表す比例定数は自己インダクタンス L [H] である。

$$L = \frac{N\Phi}{I} = \frac{\mu S N^2}{l} \ \text{[H]}$$

6 □ 相互インダクタンス M [H] とは、他のコイルに起電力が発生したときのコイルの性質を示す比例定数。

$$M = \frac{\mu S N_1 N_2}{l} \ \text{[H]}$$

実践問題

下図のように、点A及び点Bにそれぞれ1［C］の点電荷があるとき、点Rにおける電界の向きとして、**正しいもの**はどれか。
ただし、距離OR＝OA＝OBとする。

(1) ア
(2) イ
(3) ウ
(4) エ

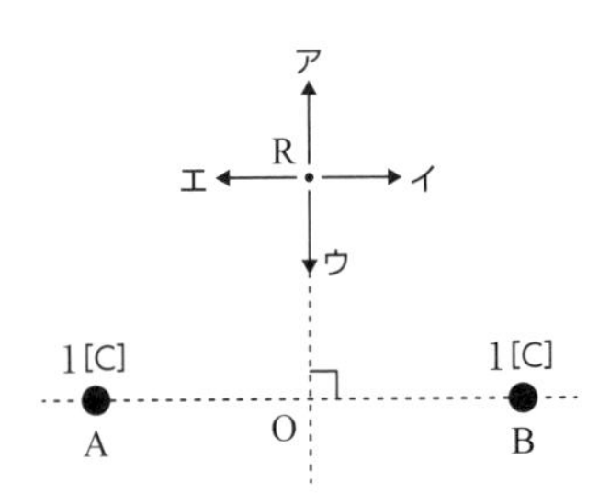

答え (1)

点電荷があると、その周囲に電界ができる。正電荷からは電気力線が放射状に広がり、負電荷には電気力線が入ってくる。つまり、プラスの（正）電荷は放出する方向に、マイナス（負）の電荷は吸引する方向に、互いの電荷に影響しあう。点A、Bにプラスの（正）電荷があるため、点Rは、点A、Bから遠ざかるような力を受ける。よって、点Rの上方向に力の向きが働く。

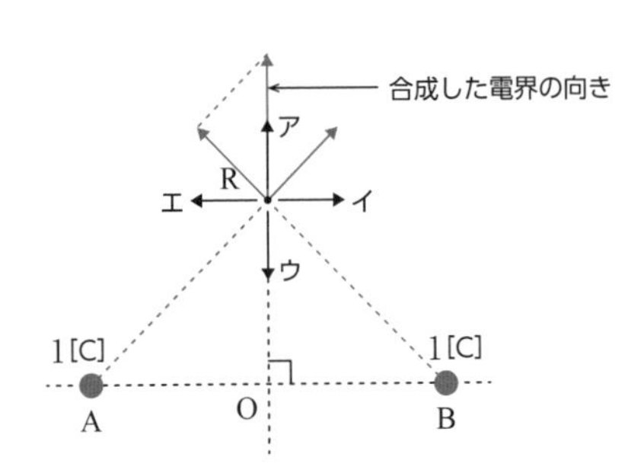

Lesson 01 通信方式

一次

学習のポイント　1級重要度 ★　2級重要度 ★★

● **通信の基本である音声通信とデータ通信、そしてアナログ信号をデジタル信号に変換するパルス符号変調（PCM）を学びましょう。**

1 音声通信とデータ通信

通信は、その情報を送り受け取る種類で考えると、音声通信とデータ通信の2つに区分される。

私たちが「こんにちは」と言ったら、その音（声）は空気を振動させ相手に伝わる。このような連続量のアナログ信号を電話等で相手にそのまま伝えることが、音声通信である。「こんにちは」のアナログ信号を離散量のデジタル信号に変換（AD変換）して有線、無線で相手に伝えることをデータ通信という。AD変換をする理由は、アナログ情報を『0』と『1』の組み合わせのデジタル情報とすることでコンピュータ処理が可能となり、ノイズに弱い等のアナログ通信の欠点を補えるからである。

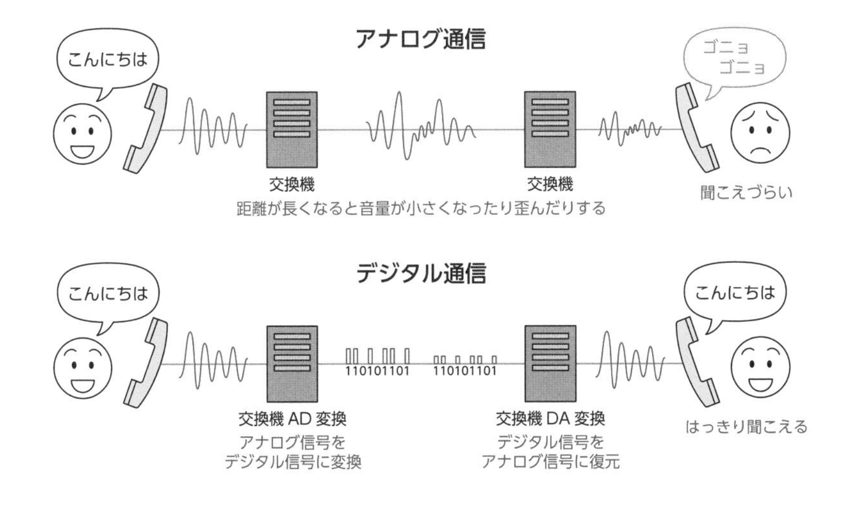

2 変調方式

伝送とは、電波や光などにデータを乗せることである。電線やケーブルを使いベースバンド伝送方式（➡ p.38 参照）で生のデジタルデータを伝送させても数メートル程度の短い距離なら通常は問題はない。だが、数百メートルや数キロメートルといった長距離では雑音により信号の電圧変化を正しく検知できず、文字化け等が起こる。また、生のデジタルデータを電波で送る場合は、非常に広い周波数帯域が必要である。

そこでデータを交流信号に変換して伝送する変調を行うと、雑音にも強くなり、誤り訂正技術などを組み込むことで、エラーなく正しく送り届けられる、信頼性の高い伝送を行うことができる。

変調する信号の形式には主に次の 3 つがある。

①アナログ変調

アナログ通信のための、振幅や周波数や位相などを連続的に変化させる変調方式。ラジオで用いられている。（➡ p.42　Lesson03　参照）

②デジタル変調

デジタル（離散的、不連続）な情報の通信のための、振幅や周波数や位相などを不連続的に変化させる変調方式。（➡ p.43　Lesson03　参照）

③パルス変調

パルスの振幅・幅・位相などを変調する方式。代表的な方式に、アナログな情報を AD 変換し、デジタルで通信するパルス符号変調（PCM）方式がある。このほかに、パルス振幅変調（PAM）、パルス幅変調（PWM）等があり、変化量が連続的な場合と離散的な場合の両方がある。

3 パルス符号変調（PCM：pulse code modulation）

アナログ信号をデジタル信号に変換（AD 変換）する方式の一種で、①標本化（サンプリング）、②量子化、③符号化の 3 つの操作を順に行う。

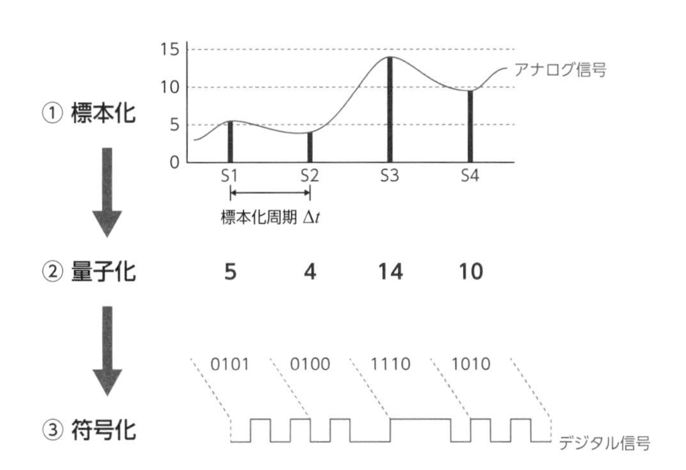

①標本化（サンプリング）：アナログ信号を一定時間（標本化周期）ごとに切り取る。

・シャノンの標本化定理に基づきアナログ信号を切り取る。シャノンの標本化定理とは、アナログ信号の最大周波数 f_C の2倍以上の周波数で標本化すれば、データ信号から元のアナログ信号を完全に復元できるという定理である。

・サンプリングする時間間隔を標本化（サンプリング）周期 Δt［秒］といい、その逆数を標本化（サンプリング）周波数 fs［Hz］という。

標本化（サンプリング）周期　$\Delta t = \dfrac{1}{2fc}$［秒］

標本化（サンプリング）周波数　$fs = \dfrac{1}{\Delta t}$［Hz］

例えば、音声伝送に必要な周波数帯域は（300Hz ～ 3.4kHz）なので、電話は3.4kHzの2倍以上の周波数である8kHzをサンプリング周波数としている。

サンプリング（標本化）周期は $\Delta t = 1 \div (2 \times 4\text{kHz}) = 125\mu s$ となる。

②量子化：標本化した値をデジタル信号に変換する（誤差は量子化誤差）。

サンプリングによって分割された一つ一つのデータを、切りのよい数値に丸める。図では標本化数値 5.3 を 5 に、3.7 を 4 にする。サンプリング値と、量子化で整数化した値のギャップを量子化誤差（量子化雑音）という。

③符号化：量子化した値を 2 進数を基とした符号に変換する。

サンプリングと量子化によって、一定間隔の切りのよい整数に丸められたデータを、時間経過に沿って 2 進数を基とした符号で書き出す。

重要ポイントを覚えよう！

1 □ パルス符号変調（PCM）は、①標本化（サンプリング）➡②量子化➡③符号化の 3 つの操作を順に行う。

パルス符号変調（PCM）はアナログ・デジタル（AD）変換によりアナログ情報をデジタル化して伝達する方式の 1 つである。

2 □ 標本化（サンプリング）では、アナログ信号を一定時間（標本化周期）ごとに切り取る。

標本化周期とは、サンプリングする時間間隔のことである。

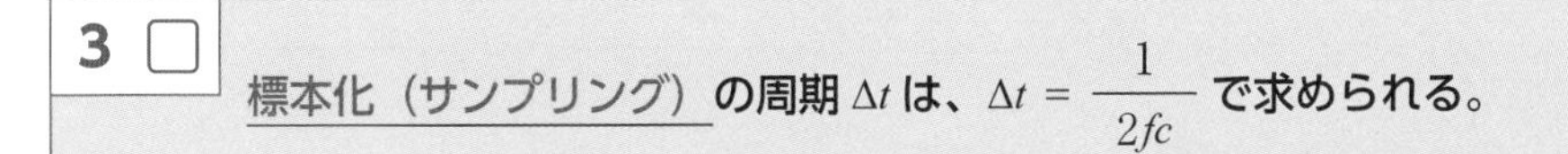

3 □ 標本化（サンプリング）の周期 Δt は、$\Delta t = \dfrac{1}{2fc}$ で求められる。

標本化の周波数 fs は、標本化周期の逆数で、$fs = \dfrac{1}{\Delta t}$ で求められる。

4 □ 量子化では、標本化した値をデジタル信号に変換する。

サンプリングによって分割された一つ一つのデータを、デジタル値に丸める。誤差は量子化誤差として扱う。

実践問題

問題

下図は、アナログ信号をデジタル信号に変換して伝送し、受信側でアナログ信号に復号する方式を表にしたものである。図中のA及びBに入るものとして**最も適した**語句の組合せは、[　　] である。

(1) タイミング及びリタイミング
(2) 分配及び集線
(3) 変調及び復調
(4) 圧縮及び伸張

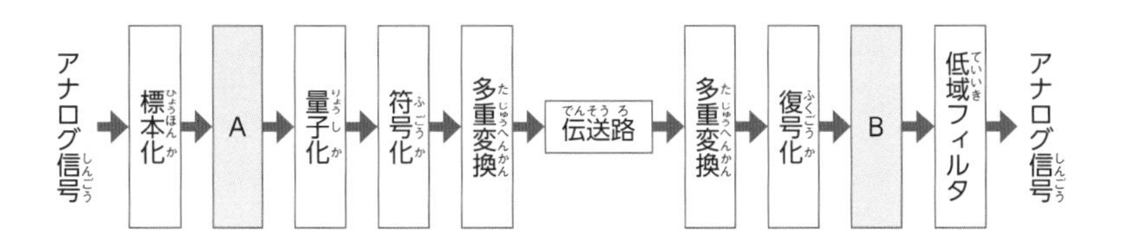

答え (4)

アナログ・デジタル変換にはいくつかの方式があるが、設問はパルス符号変調（PCM）を示している。

パルス符号変調（PCM）とは、アナログ信号をデジタル信号に変換（AD変換）し伝送する方式の一種である。

デジタル信号に変換（量子化）する時にアナログ信号との差分が端数として残り、端数を丸めた分が量子化雑音となる。量子化雑音を抑制するため、一般的に送信側では信号レベルの小さい部分はステップ幅を小さく、信号レベルの大きな部分はステップ幅を大きくすることで、少ないステップ数で量子化精度を上げる。これを圧縮と呼び、復号側で伸張する。

Lesson 02 ベースバンド伝送方式

学習のポイント　１級重要度 ★☆☆　２級重要度 ★☆☆

● 伝送方式には、ベースバンド伝送方式とブロードバンド伝送方式がありますが、ここでは搬送波を変調しないベースバンド伝送方式を学びましょう。

1　ベースバンド伝送方式の概要

ベースバンド伝送方式は、０と１のデジタル信号を直接伝送路に流す方式である。比較的雑音に弱く長距離伝送には適さないが、簡単な装置で実現できるため、代表的なものとしてイーサネットなどの近距離通信のＬＡＮで使用されている。

①単流方式

・０と１を電圧の有り・無しで表現する。

・電位０が０、電位 E が１とするなら、０と１を識別する基準となる値（しきい値）は、０と E の中央になる。伝送中にノイズ等の影響により受信電位が変動した場合、０と１の識別に誤りが入りこむ可能性が高くなる。

②複流方式

・０と１を電圧の極性（電位 E、電位 $-E$）で表現する。

・しきい値は電位０。しきい値が単流方式の倍となるため、ノイズ等により受信電位が変動した場合でも、単流方式に比べて安定したデータ伝送が行える。

・複流方式であることを明示するために、方式の頭に「両極」と付ける場合がある（例：両極 RZ、両極 NRZ)。

2 ベースバンド伝送方式の主な種類

	例	説明
単極 RZ 方式 (Return to Zero)	E 1 0 0 1 1 $-E$	・1を$+E$[V]、0を0[V]で表す。 ・ビットとビットの間に必ず、0[V]が入るため、タイミング周期が取りやすい。
両極 RZ 方式 (Return to Zero)	E 1 0 0 1 1 $-E$	・RZを複流方式にしたもの。 ・1を$+E$[V]、0を$-E$[V]として表す。 ・ビットとビットの間に、必ず0[V]を挿入する。
単極 NRZ 方式 (Non Return to Zero)	E 1 0 0 1 1 $-E$	・1を$+E$[V]、0を0[V]で表す。 ・RZと違い、ビットとの間に0[V]は入らないので、パルス幅が広くなり高周波成分が少なくなる。
両極 NRZ 方式 (Non Return to Zero)	E 1 0 0 1 1 $-E$	・NRZの複流方式。 ・1を$+E$[V]、0を$-E$[V]として表す。 ・$\pm E$[V]として両極の電圧まで広げたもの。
NRZI (Non Return Zero Inversion)	E 1 0 0 1 1 $-E$	0のときは、電位を反転させ、1のときは変位させない。(図は単流方式)
AMI 符号 (Alternate Mark Inversion code)	E 1 0 0 1 1 $-E$	0は、0[V]に固定し、1は、$+E$[V]と$-E$[V]を交互に繰り返す。 (例:最初の1が$+E$なら次の1は$-E$)
CMI 符号 (Code Mark Inversion code)	E 1 0 0 1 1 $-E$	・1ビットの信号を2ビットに拡張して送信。 ・0は“01”、1は“11”“00”を交互に繰り返す。 ・同じ信号が連続して続かない。

マンチェスタ符号	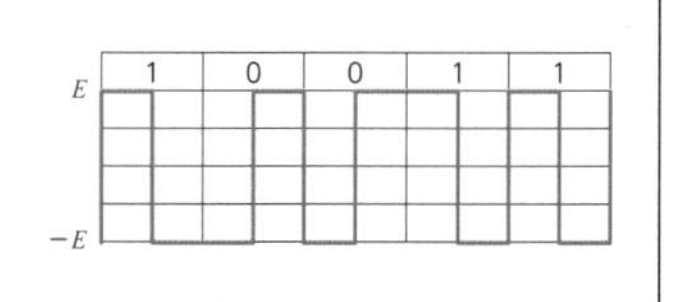	・CMIと同様に1ビットの信号を2ビットに拡張して送信する。 ・0は“01”、1は“10”で表す。 ・同じ信号が連続で続くことがないため、同期が取りやすい。 ・スロット（一定の大きさごとに等分した一つ一つの枠のこと）中央で信号極性を変化させる。

重要ポイントを覚えよう！

1 □ 単極NRZ方式は「0」を電位0、「1」を電位＋Eで表す。

単極RZ方式と違い、ビットとビットの間に、電位0は入らない。

2 □ 両極NRZ方式は「1」を電位＋Eで、「0」を電位－Eで表す。

両極RZ方式と違い、ビットとビットの間に、電位0は入らない。±Eとして両極の電圧まで広げたものである。

3 □ AMI符号方式は、「0」は電位0で「1」は極性を交互に換えて表す。

0は、0[V]に固定し、1は、＋E[V]と－E[V]を交互に繰り返す。

4 □ CMI符号方式は、「0」は、電位－Eから＋Eに変化させる。

＋Eに変化した後の「1」は極性を変化させずそのままにして、次に「1」なら極性を反転する。同じ信号が連続して続かない。

5 □ マンチェスタ符号は、スロット中央で信号極性を変化させる。

「1」は、スロット中央で電位＋Eから－Eに変化させる。
「0」は、スロット中央で電位－Eから＋Eに変化させる。

実践問題

問題

伝送路符号の種類と特徴などに関する記述として、**適当でないもの**はどれか。

(1) AMI 符号は「0」を電位0で、「1」は極性を交互に換えて表す方式で、3値符号を使用しているにもかかわらず、情報量は2値符号と同一である。
(2) 両極 RZ 方式は、「0」を電位 $-E$ で、「1」を電位 $+E$ で表すが、ビットとビットの間に、必ず電位0を挿入する。
(3) CMI 符号では、クロック周波数は情報伝送速度の1/2となり、中継距離は長くなる。
(4) 両極 NRZ 方式は、「1」を電位 $+E$ で、「0」を電位 $-E$ で表し、ビット転送ごとに、電位を0に戻さない。

答え (3)

(1)、(2) は正しい。(3) 誤り。CMI 符号とは、「0」は、電位 $-E$ から $+E$ に変化させ、その後の「1」は極性を変化させずそのままにし、次に「1」なら極性を反転させる方式である。0のときは01、1のときは00と11を交互に取る形になるため、クロック周波数が情報伝送速度の2倍となり、高い周波数成分が増加するため、中継距離が短くなる。(4) 正しい。

Lesson 03 ブロードバンド伝送方式

学習のポイント　　１級重要度 ★☆☆　２級重要度 ★★☆

● ブロードバンド伝送方式は、デジタル信号を搬送波に乗せアナログ信号に変調して流します。データ伝送に最適な変調です。

1 ブロードバンド伝送方式の概要

ブロードバンド伝送方式は、ブロードバンド信号を変調して、信号を搬送波に乗せて伝送する方式である。搬送波の周波数等を変えることで、複数の通信を同時に行うことができる。

2 アナログ変調

アナログ通信のための、振幅や周波数や位相などを連続的に変化させる変調方式で、無線伝送などで用いられている。

1 搬送波の変調方式

搬送波（キャリア）の次の部分を変化させて情報を送る。

①振幅変調 (AM)

搬送波の大きさ（振幅）を変える。振幅とは、信号のレベル（強度）のことである。

②周波数変調 (FM)

１秒間あたりの波の数（周波数）を変える。周波数は、電波の波の振動数である。

（例）50Hz ➡ １秒間に 50 回の波➡周期 1/50 ＝ 0.02 秒

③位相変調 (PM)

波の位置（位相）を変える。

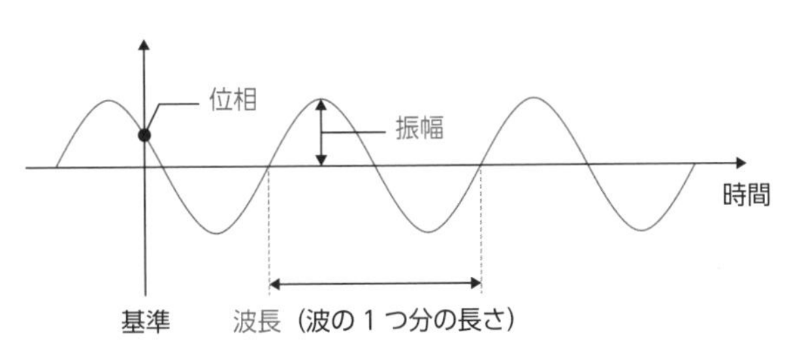

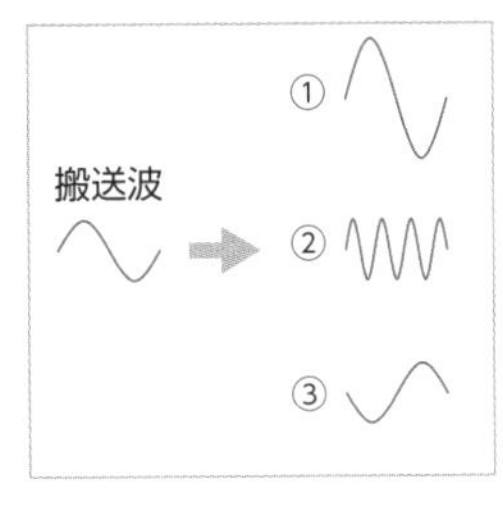

変調方式	波形	特徴
①振幅変調 （AM：Amplitude Modulation）	時間	・周波数変調方式に比べ周波数の占有幅が狭く、同じ周波数幅ならより多くの情報を伝送できる。 ・AMラジオ放送や航空無線などで使われている。
②周波数変調 （FM：Frequency Modulation）	時間	・雑音に対して比較的強く、品質の高い音声を伝送できるが周波数の占有幅が広い。 ・FMラジオ放送、アマチュア無線、業務無線などで使われている。
③位相変調 （PM：Phase Modulation）	時間	・送受信回路が複雑で伝送効率が劣るためアナログ変調ではあまり使用されていない。 ・デジタル変調でPSK（Phase Shiht Keying）は、広く使用されている。

3 デジタル変調

デジタル変調方式は、アナログ変調方式とは異なり “1” と “0” の 2 値の信号（デジタル信号）を搬送波で伝送する変調方式である。

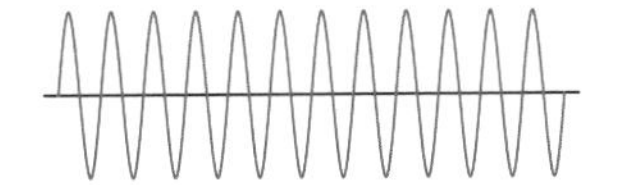

搬送波

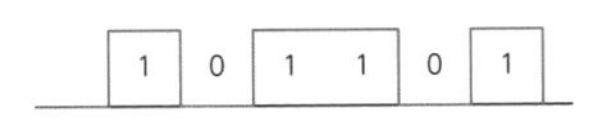

デジタル信号（送りたい信号）

① ASK (Amplitude Shift Keying)

振幅を変化させる。原理はモールス信号と同じで、これがデジタル通信の始まりである。搬送波を "1" と "0" で振幅変調してやればよいので、変調回路は簡単だが、受信側では、フェージングやノイズなどで振幅が変わってしまうと、どのレベルで "1" を判定するか困難で対策が必要となる。

② FSK (Frequency Shift Keying)

周波数を変化させる。デジタルデータの "0"、"1" に応じて、搬送波の周波数を変化させる方式である、途中でノイズが加わるなどして、ある程度以上、符号のタイミングや振幅が乱れて受信されると、エラーになる。

③ PSK (Phase Shift Keying)

位相を変化させる（位相偏移変調）。デジタルデータと非常に相性がよい。無線LANなど無線を使うデータ通信の世界ではほぼ標準的な変調方法である。搬送波の周波数と振幅を一定にし、次ページの図のように基準の位相から角度をずらした波形をいくつか用意して時間で切り替えデジタルデータを伝送する方式。フェージングやノイズの影響によるエラーや、データが化ける等の確率は低い。

変調方式	波形	特徴
ASK (Amplitude Shift Keying)		・モールス信号が一種のASKの応用とみなせる。 ・他方式に比べノイズ等の影響を受けるので長距離の無線通信などにはほとんど用いられない。
FSK (Frequency Shift Keying)		・変復調回路が比較的単純である。 ・アナログモデムや初期のデジタル携帯電話方式、近距離無線通信のBluetoothなどに応用された。
PSK (Phase Shift Keying)		・デジタルデータととても相性がよい。 ・無線LANなど無線を使うデータ通信の世界ではほぼ標準的な変調方式として使われている。

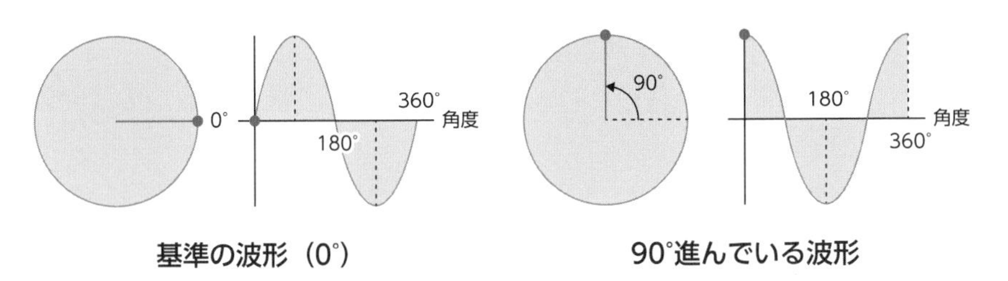

基準の波形（0°）　　90°進んでいる波形

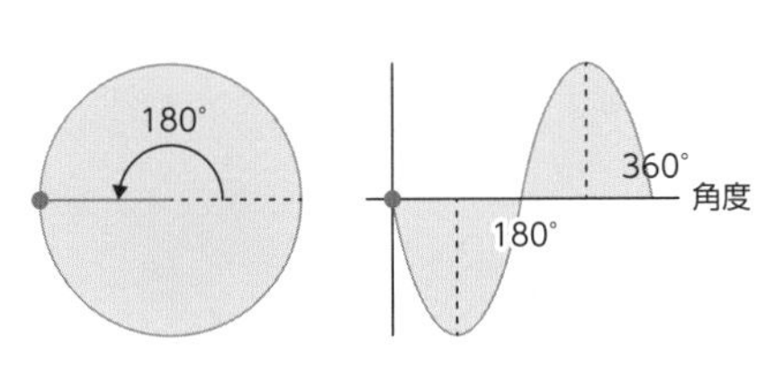

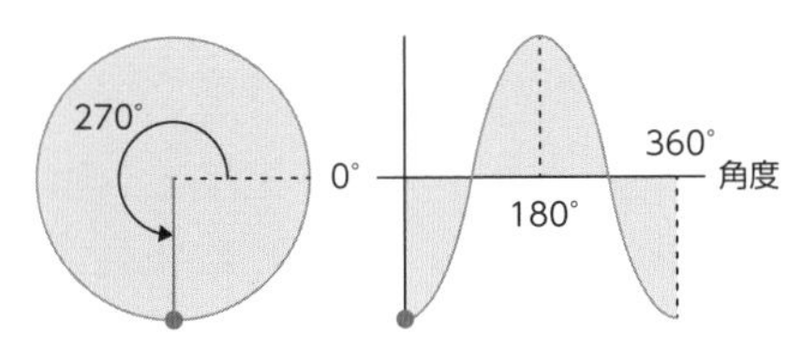

180°進んでいる波形　　270°進んでいる波形（＝90°遅れている）

4 位相偏移変調

PSK（位相偏移変調）は、基準信号（搬送波）の位相を変調または変化させることによって、データを伝達するデジタル変調である。振幅と位相を組み合わせると多くのデータを乗せることができる。基本的な位相変調は、BPSK（2PSK）という、通常2つの状態を送ることができる方法が使われる。また、これを4個、8個、16個というように細分化することも可能で、細分化すればするほど多くのデータを乗せることができるが、雑音に弱くなる。

① BPSK(Binary Phase Shift Keying)：2 相偏移変調 / 2PSK

- 搬送波の位相を不連続に変化させて信号を表現するPSK（位相偏移変調）の一つで、位相が180度離れた2つの波を切り替えて送る方式。
- 一度の変調で2値（1ビット：$2^1=2$）を表現することができる。

② QPSK(Quadrature Phase Shift Keying)：4 相偏移変調 / 4PSK

- PSK（位相偏移変調）の一つで、位相が90度ずつ離れた4つの波を切り替えて送る方式。
- 一度の変調で4値（2ビット：$2^2=4$）を表現することができる。

③ 8 PSK(8-Phase Shift Keying)：8 相偏移変調

・PSK（位相偏移変調）の一つで、位相が 45 度ずつ離れた 8 つの波を切り替えて送る方式。

・一度の変調で 8 値（3 ビット：$2^3 = 8$）を表現することができる。

④ 16QAM (16-Quadrature Amplitude Modulation)

・QAM は、直交振幅変調のことで、位相が直交する 2 つの波を合成して搬送波とし、それぞれに振幅変調を施して情報を伝送する。

・一度に 16 値（4 ビット：$2^4 = 16$）を表現することができる。

・受信信号レベルが安定であれば 16PSK（16-Phase Shift Keying）に比べ BER 特性（システム全体のビット誤り率）が良好。

なお、64QAM は、8 段階の振幅変調で 64 値（6 ビット：$2^6 = 64$）を送ることができ、伝送量は 16QAM の 1.5 倍である。さらに 256QAM は、16 段階の振幅変調で 256 値（8 ビット：$2^8 = 256$）を送れる。

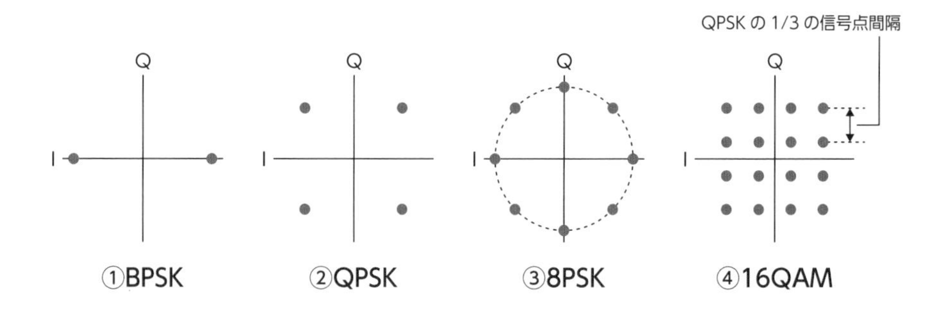

5 MSK と GMSK

移動体通信では、限られた周波数帯をいかに有効に使うかが重要である。つまり、1 つのチャネル（経路）の周波数帯域をいかに狭くするかが重要となる。

① MSK（Minimum Shift Keying)

・FSK で、“0”を周波数 f_1、“1”を周波数 f_2に対応させた場合、“0”、“1”の符号を誤ることなく、f_2-f_1が最小となる条件で変調を行う。

・MSKは、FSKの変調指数が0.5の状態を指す。なお、変調指数とは、周波数変調において変調信号の周波数と周波数偏移（搬送波の周波数が無変調時から変調信号によって変化した変化分）との比である。

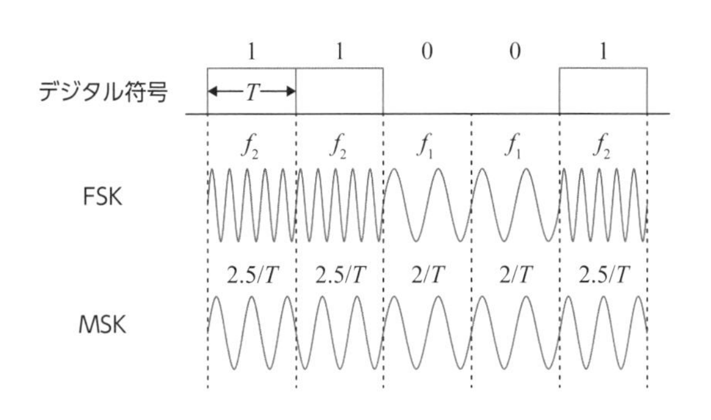

② GMSK（Gaussian filtered MSK）

・MSKのサイドローブ*を低く抑え、チャネルの周波数帯域をMSKよりもっと狭くするような変調方式。

用語

サイドローブ：わずかに弱く生じている放射レベルで周波数における雑音や映像調節でのノイズのような部分のこと。これに対し、アンテナの電波を放射状で表すグラフなどで示した時に電波の受信レベルが一番よい部分をメインローブという。

6 ISDN（Integrated Services Digital Network：サービス総合デジタル網）

アナログの電話回線を使ったデジタル通信網である。1つの回線で2つ分の電話回線を使うことができるため、データ通信と電話やFAXを同時に利用したいというニーズにこたえる形で、90年代後半から爆発的に普及した。しかし、速度が遅い等、現代の技術に対応できない様々な問題があることから、2024年に終了することになっている。

重要ポイントを覚えよう！

1 ☐ ブロードバンド伝送方式とは、ブロードバンド信号を変調して信号を乗せる方式である。

変調した複数の信号を同時に並行して送ることができる。

2 ☐ アナログ変調とは、振幅・周波数・位相をアナログ信号で連続的に変化させる変調方式である。

振幅変調(AM)は、搬送波の大きさ（振幅）を変え、周波数変調(FM)は1秒間の波の数（周波数）を変え、位相変調(PM)は波の位置（位相）を変える。

3 ☐ デジタル変調とは、“1”と“0”の2値の信号（デジタル信号）を用いて変調する方式。

デジタル信号で変調する方式には、ASK、FSK、PSK等がある。

4 ☐ ASKは、振幅を変化させ、FSKは周波数を変化させ、PSKは位相を変化させる。PSKはデジタルデータと相性がよい。

PSKのうち、一度に1ビット表現できるものはBPSK、2ビット表現できるものはQPSK、3ビット表現できるものは8PSKである。

5 ☐ 位相偏移変調とは、基準信号（搬送波）の位相を変化させることによって、データを伝達するデジタル変調。

基本的な位相変調はBPSK（2PSK）で、位相が180度離れた2つの波を切り替えて送る。

6 ☐ MSKは、限られた周波数帯を有効に使うため、1つのチャネルの周波数帯域を狭くする技術で、変調指数が0.5の状態である。

チャネルの周波数帯域をMSKよりもっと狭くするような変調方式は、GMSKである。

実践問題

デジタル変調方式の種類、特徴などに関する記述として、**適当なもの**はどれか。

(1) PSK は、搬送波の位相を入力信号に応じて偏移させる変調方式で、位相偏移の数により BPSK、QPSK などの方式がある。

(2) 16QAM は、入力信号に応じて搬送波の振幅と位相の双方を偏移させる変調方式の１つであり、１シンボルで２ビットの情報伝送が行える。

(3) MSK とは、検波効率の低下を起こさない最小変調指数として、FSK の変調指数が 1.0 の状態をいう。

(4) GMSK は、MSK のサイドローブレベルを高くし、チャネルの周波数帯域を MSK より広くした変調方式である。

答え (1)

(1) 正しい。PSK は位相を変化させることでデータ伝達するデジタル変調で、位相偏移の数により BPSK、QPSK などの方式がある。(2) 誤り。16QAM は、１シンボルで一度に 16 値（4 ビット：$2^4 = 16$）の情報伝送が行える。(3) 誤り。MSK とは、FSK の変調指数が 0.5 の状態をいう。(4) 誤り。GMSK は、MSK のサイドローブレベルを低くし、チャネルの周波数帯域を MSK より狭くした変調方式である。

Lesson 04 多重化方式

学習のポイント　１級重要度 ★☆☆　２級重要度 ★★☆

● **多重化とは、１つの伝送路上にチャネル（経路）を複数構成し、同時に複数の通信を行う手法です。**

１本の伝送路を複数の通信が共同で利用することを多重化という。なお、伝送路とは、通常有線伝送ならケーブル、無線伝送なら空間（周波数帯域）を指す。１本の伝送路に、複数の信号をそのまま重ねて送ると区別ができなくなるが、信号を区別する仕組みがあれば、１本の伝送路に複数のチャネル（経路）を乗せることができる。その仕組みこそが多重化の技術であり、多重化の方式には次のような種類がある。

1 周波数分割多重方式（FDM：Frequency Division Multiplexing）

１つの回線に周波数帯の異なる複数の信号を合成して送受信する。各端末からの複数の信号を分割された周波数に割り当て、１つの伝送路を利用する方式で、アナログ伝送で多く用いられる。

例えばテレビは、それぞれの放送局で信号周波数を変えて送っているため、同一のアンテナで受信した電波でも、視聴者が見たい番組を選べるようになっている。

また、周波数を等間隔に分割し、複数の回線において回線ごとに異なる周波数を割り当てるという方法も取られる。ADSL（Asymmetric Digital Subscriber Line：非対称デジタル加入者線）もこの方式で、一般家庭にある電話回線（アナログ信号）を利用してインターネットに接続する高速・大容量通信サービスである。

2 時分割多重方式（TDM：Time Division Multiplexing）

複数のデジタル信号を極めて短い時間ごとに均等に分割してその複数の信号を順番に割り当て、１本の伝送路で送る。

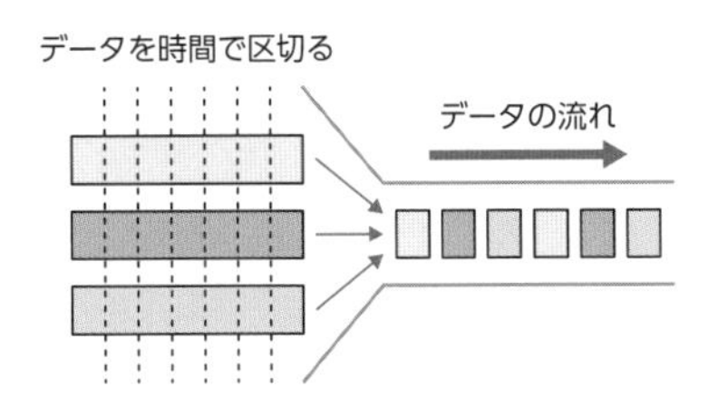

3 波長分割多重方式（WDM：Wavelength Division Multiplexing）

大容量の信号を伝送するための光通信技術の１つ。送信側では複数の半導体レーザ（LD）を用いて異なる波長の光を出射し、各々のLDを変調することで信号光をつくり、これらの信号光を合波器で１本の光ファイバに入れ伝送する。受信側では分波器を使って各波長の光に分けてから光検出器（PD）で信号を受信する。

4 時分割制御伝送方式（TCM：Time Compression Multiplexing）

ピンポン（卓球）のように、信号を交互に送信し、この方式により光ファイバ１心の双方向伝送でケーブルを複数あるように見せる技術で、ピンポン伝送ともいう。光ケーブルはこれまで送信／受信の組み合わせで２本１組必要だったが、これを１本で実現できるようにしている。

5 符号分割多重方式（CDM：Code Division Multiplexing）

２種類以上の情報を送る場合、デジタル信号に符号をつけ「色分け」し、区別するようにして１本の伝送路で送る。デジタル伝送路で多く用いられている。

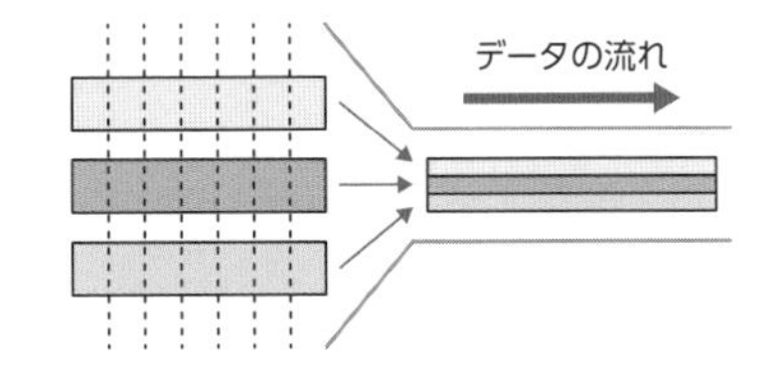

6 多元接続

なお、多重化を発展させて、1つの回線や通信媒体を複数の機器で共有し、それぞれ独立に接続できるようにすることを多元接続（MA：Multiple Access）という。多元接続の代表的な方式としては、詳しくは第2章で述べるが、CDMA（符号分割多元接続）、TDMA（時分割多元接続）、FDMA（周波数分割多元接続）の3つがある（➡ p.190 第2章 2 Lesson02 参照）。

例えばCDMAは、同一の周波数帯域内で2つ以上の複数の多地点通信を行うために用いる。スペクトル拡散を使う変調方式の一種で、与えられた信号を異なる符号を用いて変調することによって、チャネルを区別する方式である。秘匿性（ひとくせい）が高く、元々は軍用衛星通信技術として開発されたが、現在はデジタル携帯・自動車電話用標準の1つとして一般に利用されている。

重要ポイントを覚えよう！

1 □ FDM（周波数分割多重方式）は、アナログ伝送路で多く用いられる。

1つの回線に周波数帯の異なる複数の回線の信号を合成して送る。

2 □ TDM（時分割多重方式）は、デジタル伝送路で多く用いられる。

複数のデジタル信号を極めて短い時間ごとに均等に分割し、通信路に順番に割り当て、1本の伝送路で送る。

3 □ CDM（符号分割多重方式）は、デジタル伝送路で多く用いられている。

2種類以上の情報を送る場合、デジタル信号に符号をつけ「色分け」し、1本の伝送路で送る。

実践問題

問題

光ファイバ通信などに用いられる伝送方式に関する記述として、**適当でないもの**はどれか。

(1) 波長の異なる複数の光信号を多重化する方式は、TDM方式といわれる。
(2) 双方向多重伝送に用いられるTCMは、送信パルス列を時間的に圧縮し、空いた時間に反対方向からのパルス列を受信することで双方向伝送を実現している。
(3) FDMは、各端末からの複数の信号を分割された周波数に割り当て、1つの伝送路を利用する方式である。
(4) デジタル信号に符号をつけ「色分け」し、区別して1本の伝送路で送る方式をCDM方式という。

答え (1)

波長の異なる複数の光信号を多重化するのは、WDM方式である。

WDMは、**W**avelength（波長）
Division（分割）
Multiplexing（多重化）
TCMは、**T**ime（時間）
Compression（圧縮）
Multiplexing（多重化）
英単語の意味で考えるとイメージしやすいですね。

Lesson 05 OSI参照モデルとTCP/IP

一次 二次

学習のポイント 1級重要度 ★★☆ 2級重要度 ★★☆

● コンピュータやネットワーク機器相互接続の通信プロトコルとしてOSI参照モデルが構築されましたが、現在は、TCP/IPが事実上広く利用されています。

1 OSI（Open Systems Interconnection）参照モデル

OSI参照モデルは、通信を実現するためのプロトコル（通信規約）を整理、分類するために、国際標準化機構(ISO)により制定されたモデルである。ネットワークシステムに必要な処理機能を7階層に分け、その階層ごとにプログラムを分けることで機能分割を行う。たとえば、新しくソフトウエアを開発する際、開発者はその階層が担う役割に特化した機能のみ開発すればいいので効率化を図ることができ、責任の区分も明確にすることができる。

2 TCP/IP

TCP/IPとは、TCP（Transmission Control Protocol）とIP（Internet Protocol）を組み合わせて、コンピュータネットワークやインターネットを動かしている通信技術を一式として総称したものである。現在インターネットの世界では、プロトコルはTCP/IPに統一されている。

TCP/IPの、送信側コンピュータから相手のコンピュータへデータを送る場合のデータの流れは、次の通りである。

①アプリケーション層からネットワークインターフェース層へと順にデータを下降させつつ、それぞれの層でヘッダ*と呼ばれる情報を付与。

②インターネット層でルータと呼ばれる機器を用いながらデータを転送。

③ネットワークインターフェース層からアプリケーション層へとデータを上

昇させつつ、各ヘッダの情報を読み解き、指定のアプリケーションにデータを送り届ける。

用語

ヘッダ：ヘッダとは、通信データの先頭に付加される制御情報のこと。例えば、Ethernet、IP、TCPなどのプロトコルでは、パケットの送信元や宛先のアドレスなどの情報をヘッダに格納している。電子メールのヘッダには、宛先や差出人、タイトルのほか、中継したサーバ情報などが書き込まれている。

OSI参照モデル	TCP/IP	ネットワーク機器
第7層　アプリケーション層 最も利用者に近い部分で、ファイル転送や電子メールなどの機能が実現されている。	**第4層　アプリケーション層** HTTP、SNTP、POP3、FTP、SSH、SNMP、RIPなど	ゲートウェイ
第6層　プレゼンテーション層 データの表示形式を管理したり、文字コードやエンコードの種類などを規定する役割を持つ。		
第5層　セッション層 アプリケーションプロセス間での会話を構成し、同期を取ってデータ交換を管理するために必要な手段を提供する役割を持つ。		
第4層　トランスポート層 エラー検出／再送などを実現するために、ルーティング（通信経路選択）や中継などを行う役割を持つ。	**第3層　トランスポート層** TCP、UDP	
第3層　ネットワーク層 エンドシステム間のデータ伝送を実現するために、ルーティング（通信経路選択）や中継などを行う役割を持つ。	**第2層　インターネット層** IP、ARP、ICMP、OSPF	ルータ、L3スイッチ
第2層　データリンク層 隣接ノード間の伝送制御手順（誤り検出、再送制御など）を提供する役割を持つ。	**第1層　ネットワークインターフェース層** Ethernet、PPP	ブリッジ、L2スイッチ
第1層　物理層 物理的な通信媒体の特性の差を吸収し、上位の層に透過的な伝送路を提供する役割を持つ。		リピータ、リピータハブ

OSI参照モデルとTCP/IPとの対応関係

3 TCP

インターネットで標準的に使われる信頼性重視の通信プロトコル。OSI参照モデルのトランスポート層にあたるプロトコルで、通信相手とコネクションを行い、通信するデータの信頼性を保証する。

①コネクション識別

コネクション型は、通信しようとする2台のコンピュータ間で、データ転送時に、まずはコネクションの確立を行い、その状態の中でデータが届けられる。コネクション識別で必要なものは、宛先IPアドレス、宛先TCPポート番号、送信元IPアドレス、送信元TCPポート番号である。また、通信の途中で送信データが欠落した場合、欠落したデータの再送信を行う。分割して送信したデータの順序と宛先側で受信したデータの順序が異なった場合でも元のデータ順に戻すことができる。確実なデータ転送が保証され、信頼性が高いが、応答確認のため、コネクションレス型の通信プロトコルUDP*に比べスピードは遅くなる。

②TCPの信頼性保証の5大機能

- **コネクション管理**：バーチャルサーキット（VC）を用いて設定
- **応答確認**：宛先がパケットを受け取るごとに送信元にその到着を通知
- **シーケンス**：パケットごとに時系列による識別番号を付け、未到着パケットを特定
- **ウィンドウ・コントロール**：複数パケットを格納するバッファを設け、バッファ単位で応答確認
- **フロー制御**：宛先が受信可能なパケット量をあらかじめ送信元に通知

用語

UDP（User Datagram Protocol）：インターネットで標準的に使われる高速性を重視した通信プロトコルで、動画や音声など、遅延に敏感なストリーム系データを扱う場合などに使用される。

4 TLS (Transport Layer Security)

TCP/IP を使ったさまざまなサーバとクライアント間の通信で、セキュアな（安全な）チャネル（経路）を利用できるようにする仕組み。

・Webサーバと Webブラウザ間の安全な通信等のために用いられている。
・httpの通信がTLSで暗号化されるWebサイトのURLは、httpsで始まる。
・提供する機能は、認証、暗号化、改ざん検出。

5 ルーティングプロトコル（ routing protocol ）

ネットワーク上の経路選択を行うルータ間の通信に用いられるプロトコル（通信規約）の１つで、経路情報を交換するためのもの。

ルータが受信したパケットの宛先を見て次の転送先を決めることをルーティング（routing：経路制御）というが、そのためには宛先のネットワークに到達するための経路の情報が必要である。ルータは自分に隣接するルータの情報を持っているため、ルーティングプロトコルでこれを交換し合い、どのネットワークに届けるにはどの隣接ルータに転送すべきかをまとめたルーティングテーブル（経路制御表）を作成・更新する。代表的なルーティングプロトコルに、RIP や OSPF がある。

1 RIP（Routing Information Protocol）

定時間間隔ごとに、各ルータが一度学習した経路情報を交換し合うことで、ルーティングテーブルを自動更新する。OSPF より処理が遅い。

2 OSPF (Open Shortest Path First)

規模の大きい企業ネットワークに対応できるルーティングプロトコルで、概要は次の通りである。

・各ルータが収容しているネットワークのリンク状態を、ルータ間で相互交換することでルーティングテーブルを自動更新する。
・ネットワークの変化に素早く追従可能なため、小規模から大規模なネットワークにも適用可能なルーティングプロトコル。
・経路判断に通信帯域等を基にしたコスト*と呼ばれる重みパラメータを用いる。

用語
コスト:ルータのリンクごとの数値であり、宛先ネットワークまでの「近さ」を判断する。

3 EGPとIGP

インターネットのような独立した複数のネットワークが相互接続された大規模なネットワークでは、各組織が保有・運用するネットワークAS（Autonomous System）間の経路情報の交換を行うEGP（Exterior Gateway Protocol）と、AS内の経路情報の交換を行うIGP（Interior Gateway Protocol）の2種類のルーティングプロトコルが用いられる。

IGPの分類は次の通りである。

IGPの分類	特徴
ディスタンスベクタ型 (distance-vector routing protocol/距離ベクトル型)	どの隣接ルータを経由すれば最短のホップ数で宛先に届くかを基準に経路を指定するプロトコルで、RIPやIGRP/EIGRPが該当。
リンクステート型 (link-state routing protocol)	どのルータとどのルータが隣接しているかという接続情報（リンクステート）を交換し合い、この情報の集合に基づいて経路を選択するプロトコルで、OSPFやIS-ISが該当。

ディスタンスベクタ型は、ディスタンス（距離）とベクトル（方向）によって最も適したルートを決めるプロトコルです。

重要ポイントを覚えよう！

1 □ OSPFは各ルータが収容しているネットワークのリンク状態を、ルータ間で相互交換することでルーティングテーブルを自動更新する。

経路判断に通信帯域等を基にしたコストと呼ばれる重みパラメータを用いる。

2 □ EGPとIGPはインターネットのルーティングプロトコルである。

EGPは独立した複数のネットワークが相互接続された大規模なネットワーク。各組織が保有・運用するネットワークAS間の経路情報の交換を行う。IGPはAS内の経路情報の交換を行う。

実践問題

問題

OSI参照モデルの各層で中継する装置について、ネットワーク層→データリンク層→物理層の順に並べたものとして、**適当なもの**はどれか。

(1) ブリッジ→リピータ→ルータ

(2) ブリッジ→ルータ→リピータ

(3) リピータ→ブリッジ→ルータ

(4) ルータ→ブリッジ→リピータ

答え (4)

(➡ p.55の表参照)

Lesson 06 IP ネットワーク

学習のポイント　1級重要度 ★★★　2級重要度 ★★★

- **IP ネットワークは、インターネットプロトコル（IP）でデータの送受信を行うものです。最大規模の IP ネットワークはインターネットです。**

1　IP（Internet Protocol）

IP（インターネットプロトコル）とは、インターネットで通信相手を特定するためのIPアドレスに基づき、パケットを宛先ネットワークやホストまで届ける（ルーティング）ためのプロトコルで、現在の主流バージョンは4（IPv4）である（➡ p.64 参照）。複数のネットワークが相互に接続することで構築された世界規模の巨大なネットワークで、ネットワーク同士は、ルータで相互接続され、パケットは複数のルータを経由して宛先まで届けられる。宛先のネットワークやホストは、世界中で重複しない IP アドレスを持っていて、広大なインターネットでも相手先までパケットを届けることができる。

2　IP アドレス（Internet Protocol Address）

IP アドレスは、各ノード、つまりネットワーク上の機器（パソコンやスマートフォン等）を識別するために割り当てられたインターネット上での住所のようなものである。IP アドレスは数字の羅列で、現在普及している IPv4 では 32 ビット（bit）の 2 進数であるが、わかりづらいため、8 ビットごとに「.（ドット）」で区切り 10 進数で表す。8 ビットの値は 0 ～ 255（$2^8 = 256$）までである。次に、1 つの例で説明する。

例）・IPアドレスは、ネットワーク上の各ノードを区別するための32ビットの数値で、ネットワークアドレスとホストアドレスの2つの部分で構成される。

・上位3オクテット「192.168.1」の部分がネットワークアドレス部、最下位の1オクテット「128」の部分がホストアドレス部である。

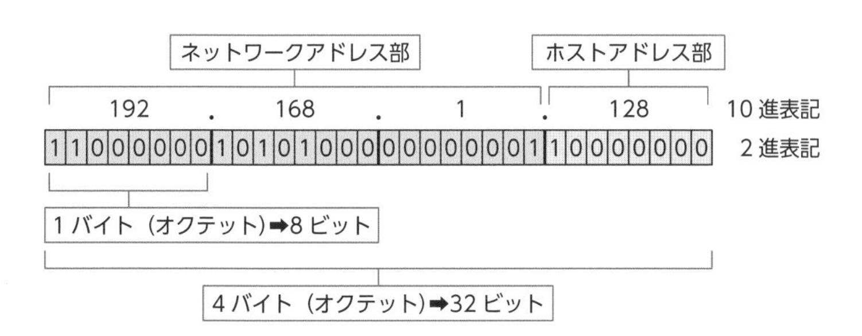

3 ネットワークアドレスとホストアドレス

ルータで相互に接続されたネットワーク（TCP/IPネットワーク）の場合、それぞれのネットワークやホストには異なる番号（ネットワークアドレスやホストアドレス）が付けられ、お互いを識別している（ホスト≒ノード）。

例えば、同じネットワーク上にAとBがあるとしたら、AがBと通信をしたければ、TCP/IPの下位ネットワーク（イーサネットなど）を使って、Bを宛先にしたパケットを送信すればよい。

異なるネットワーク上のホストと通信する場合は、まずはそのネットワークまでパケットを届ける。これをルーティングといい、ルータが実際にその作業を担当する。

ネットワークアドレスは、ネットワーク全体でお互いのネットワークの識別に使用し、ホストアドレスは、同一ネットワーク内でお互いのホストの識別に使用する。

4 サブネットマスク（subnet mask）

IPアドレスのうち、ネットワークアドレスとホストアドレスを識別するための数値で、ネットワーク部とホスト部の境目を表す。

サブネットマスクを2進法で表記したとき、1になるところがネットワークアドレス、0になるところがホストアドレスになる。

5 IPアドレスのクラス分け

IPアドレスは、クラスA～Eの5つに分類される。ただし、クラスD､Eは、A～Cと異なり、利用目的の決まった特殊なIPアドレスである。

クラスA	最上位の1bitが「0」固定(大規模ネットワークで使用) ➡ネットワークアドレスは2^7≒126個、ホストアドレスは、2^{24}≒1680万個
クラスB	最上位の2bitが「10」固定(中規模ネットワークで使用) ➡ネットワークアドレスは2^{14}＝16384個、ホストアドレスは、2^{16}≒65534個
クラスC	最上位の3bitが「110」固定(小規模ネットワークで使用) ➡ネットワークアドレスは2^{21}≒209万個、ホストアドレスは、2^8≒254個

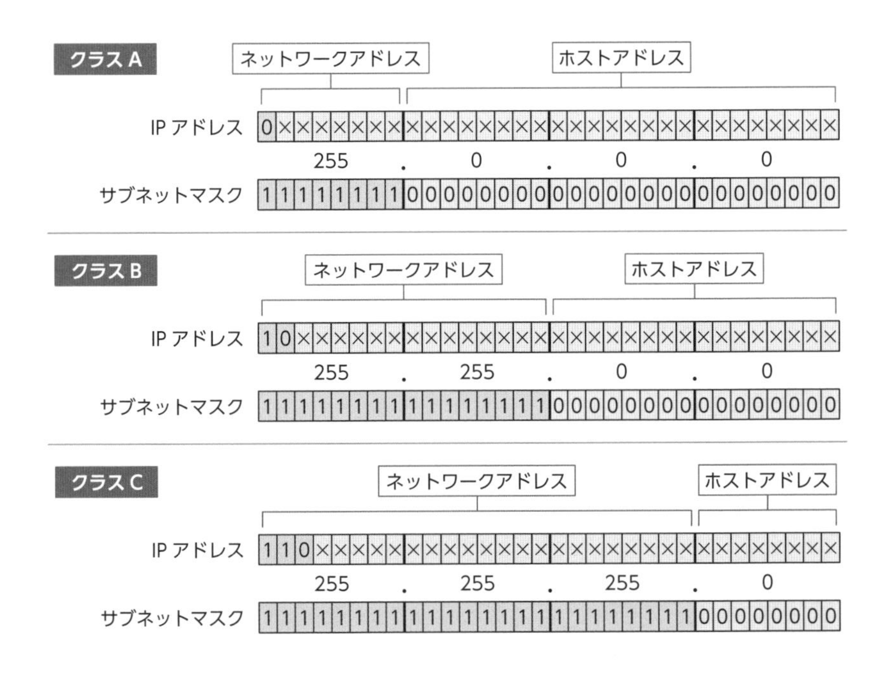

6 QoS（Quality of Service）

IPヘッダのToS（Type of Service）等を使ってネットワーク機器に品質レベルを伝え、ネットワーク機器は設定に従って優先制御、帯域制御などを行うこと。ネットワークの混雑でデータのやり取りが滞ることで、Webページがなかなか開かない、通話の音声が途切れる、動画がスムーズに流れない等の支障を生じさせないようにする。

・**ポリシング**：流れるトラフィックの通信速度の制限手法として、設定トラフィックを超過したパケットを破棄する。

・**シェーピング**：超過分のデータをいったんキューイングした後、一定時間待機後に出力する。キューイングとは、何らかの処理を待つための行列を作ること。

・**ベストエフォート型**：ネットワークにQoSを適用する場合のモデルの1つで、最大限の努力を払ってデータを相手に送ろうとする通信サービス。回線の負荷が高まると通信速度が低下することがあり帯域が保証されない。

・**ToS（Type of Service）**：IPv4において、送信しているパケットの優先度、最低限の遅延、最大限のスループット等の通信品質を指定する。

7 VoIP（Voice over Internet Protocol）とIP電話、SIP

1 VoIPとIP電話

・VoIPはIPを利用して通話をする技術で、IP電話には後述のSIP等の技術が用いられている。

・アナログ信号の音声をデジタル信号に変換する符号化方式にG.711がある。

・音声データに付加するヘッダは、IPヘッダ、UDPヘッダ、RTPヘッダ。

・IP電話のシグナルプロトコルで用いられる主要制御は、網アクセス制御、呼制御、端末間制御。

・距離が離れていても通話品質が低下せず、多くのプロバイダが通話料金を一定や無料（LINEやSkype）としている。

2 SIP (Session Initiation Protocol)

・VoIP を支えるプロトコルの１つ。
・インターネットを介して音声データをやり取りする技術で、IPプロトコル上で音声データをやり取りする（IP電話）。
・呼制御（シグナリング）と呼ばれる電話の接続や切断の処理を行う。
・SIPサーバは、プロキシサーバ、リダイレクトサーバ、登録サーバ、ロケーションサーバ等の機能で構成される。

8 IPv4 と IPv6

1 IPv4（Internet Protocol Version 4）

・IPアドレスを32ビットのデータとして表現。
・アドレス総数は2^{32}＝42億9496万7296個。
・インターネットの急速な普及で、IPv4だけではアドレス数が足りなくなる状況が生じてきたので、次世代のプロトコルのIPv6の導入が進みはじめている。

2 IPv6（Internet Protocol Version 6）

・ほぼ無限大の IP アドレス空間で、128 ビットのデータで表現。
・アドレス総数は 2^{128} ≒ 340 澗個（※澗（かん）➡１兆×１兆×１兆）。
・IPsec で IP パケットのデータを暗号化する、セキュリティ機能を標準装備する。IPsec とは、パケットの秘匿性と完全性といったセキュリティサービスを提供するプロトコルのことである。IPsec を構成するプロトコルには、パケットが改ざんされていないかどうか認証を行うもの（AH）や、パケットが改ざんされていないかどうか認証を行い、暗号化を行うもの（ESP）がある。
・IP アドレスが MAC アドレスを基に自動設定でき、エンドユーザの設定が簡単である。
・IPv6 ヘッダの物理的なヘッダ長さは 40 バイトの固定長である。

3 IPv6アドレスの表記法

・IPv4と異なり、IPv6では、16ビットごとに「:（コロン）」で区切り、16進数で表記する。16進法で表記しても長いので3つの省略推奨ルールに従い次のように短くする。

例）

「0192：0000：0000：0000：0001：0000：0000：0001」

➡ 192：：1：0：0：1

①フィールドごとに、先頭の0の並びは省略する。

192：0000：0000：0000：1：0000：0000：1

②フィールドのビット全てが0なら、1つの0に省略する。

192：0：0：0：1：0：0：1

③ビットが全て0のフィールドが連続していれば、その間の0を全て省略して二重コロン（：：）にできる。ただし「：：」は1つのIPv6アドレス内では1度しか使えないので、「：：」が複数作成できる場合は、最も多くのフィールドが省略できる方を省略する。

192：：1：0：0：1

9 バッファリング

複数の機器やソフトウェアの間でデータをやり取りする際に、処理速度や転送速度の差を補ったり、通信の減速や中断に備えて専用の記憶領域に送受信データを一時的に蓄えておく技術のこと。例えばインターネット回線の遅延で映像データが途切れたとしても、あらかじめためていた映像データから再生するため、途切れることなくスムーズに再生ができる。

10 誤り検出

ノイズやタイミングのズレなどの影響で、データを正しく伝送できないことを伝送誤りや伝送エラーという。正しくデータを送るためには、伝送誤りを検出し、訂正する必要がある。

誤り検出では、送信側は誤り検出のための情報を付加して送信し、受信側は誤り検出のための情報を使って、受信したデータをチェックする。誤りが検出されると、受信したデータを破棄し送信側に再送信を要求する。主な誤り検出は、次の通り。

①パリティ・チェック

・データの単位に余分の1つのビット（パリティ符号）を追加して、「1」の数が偶数個または奇数個になる状態をつくり、データの誤り検出を行う。シリアル通信等で利用される。

・1ビットをデータに追加するだけで使うことができ、検証が容易で高速だが、データが2ビット以上変化した結果、たまたま送信と受信のデータの1の数が同じになってしまった場合などには誤りを検出できない。

・偶数パリティと奇数パリティがある（➡ p.133　Lesson02　参照）。

〈偶数パリティの例〉

送信機側は送信データにパリティビット「0」（偶数パリティ）を付与して送信➡受信機側はそのデータを受信したときに、外部ノイズなどの影響で、データの一部のビットが反転➡受信機側がデータの1の数をチェックすると、受信データの1の数は送信時の偶数ではなく奇数の3➡このデータは正しくないと認識できる。

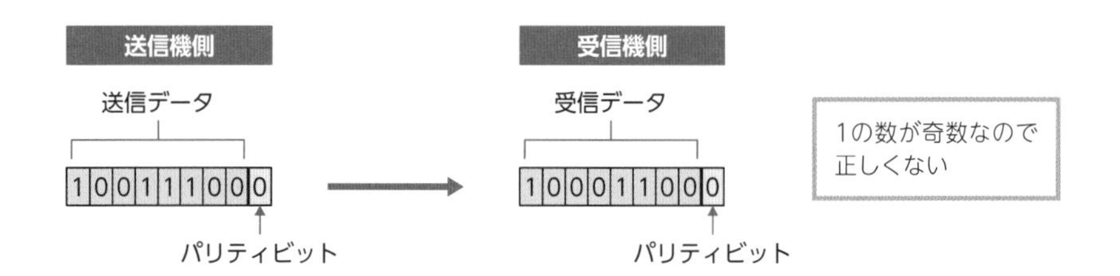

②チェックサム

・メモリに書き込んだデータをチェックするとき等に利用される。

・あるデータの和、つまり足し合わせて得られたデータをチェックして、データの誤りを検出。

〈フラッシュメモリの使用例〉

チェックサム値を計算したデータをフラッシュメモリに書き込む➡フラッシュメモリに書き込みしたデータを読み取る➡読み取ったデータのチェックサムを計算する➡事前に計算していたチェックサム値と比較することでエラーを検出する

③ CRC（Cyclic Redundancy Check：巡回冗長検査）

・メモリに書き込んだデータのチェックをするとき等に利用される。

・ビット列を多項式の係数に見立てた上で、あらかじめ定められた生成多項式で割り切れるように、余りを付加してデータを転送し、受信側で割り切れなかったら誤りがあると判断する。

11 誤り訂正（ハミング符号方式）

・データを送信する際に、本来のデータに一定の手順で計算したチェック用のデータを付加する。受信側で受け取ったデータに誤りがないかを検証するが、誤りがあった場合、1ビットの誤りであれば訂正が可能である。

・速度の要求されるECCメモリなどでよく使われる。

12 MPLS（Multi Protocol Label Switching）

IPネットワークにおけるルート提供機能は、通常、RIPやOSPFなどのIGPを用いた場合、宛先IPアドレスへの経路はルータのホップ数、各リンクのコスト（帯域幅に基づいて計算）等を足して、一番少ない経路が最短経路として選ばれる。ところが、選択された経路があるリンクに片寄ることで帯域幅の使用効率が悪くなり、最短経路を選ぶことが不都合な場合がある。MPLSでは、従来のルータでは難しかったパケットの経路の操作を簡単に実現し、さらにリンクの使用効率も高めることができる。概要は、次の通り。

・IP-VPNサービスを提供するために通信事業者の閉域網で使われている。

・MPLS網内のMPLS対応ルータは、LSR（Label Switch Router）と呼ばれ、特にMPLS網の出入り口におかれるLSRはLER（Label Edge

Router）と呼ばれる。

・IP網からMPLS網にパケットが入る際に、パケットにラベルが付与され、このラベルによりパケットの経路処理が行われる。MPLS網からIP網に出る際にラベルが取り除かれる。

重要ポイントを覚えよう！

1 □ サブネットマスクとは、IP アドレスのうち、ネットワークアドレスとホストアドレスを識別するためのビットデータ。

サブネットマスクを 2 進法で表記したとき、1 になるところがネットワークアドレスで、0 になるところがホストアドレスである。

2 □ QoS とは、ネットワーク帯域を確保して品質を保つ技術である。

ポリシングでは設定トラフィックを超過したパケットを破棄し、シェーピングは超過分データをいったんキューイング後、一定時間待機後に出力する。

3 □ IP アドレスとは、PC やスマートフォン等ネットワーク上の機器を識別するために割り当てられた住所のようなもので、IPv4 と IPv6 がある。

IPv4 は 32 ビット、IPv6 は 128 ビットで構成されている。

4 □ バッファリングとは、映像等を途切れることなく視聴できるようにするための技術である。

再生をスムーズに行うために、受信端末でパケットをある程度ためてから再生を開始する。

5 □ 主な誤り検出には、パリティ・チェック、チェックサム、CRC がある。

パリティ・チェックでは、ビット列に誤りがあることは検出できるが、誤りビットの訂正はできない。

実践問題

問題

LAN に繋(つな)がっている端末(たんまつ)の IP アドレスが「192.168.5.121」で、サブネットマスクが「255.255.255.192」のとき、この端末(たんまつ)のホストアドレスとして、**適当(てきとう)なもの**はどれか。

(1) 25
(2) 57
(3) 131
(4) 249

答え (2)

IP アドレス 192.168.5.121 を 2 進数に変換すると、「11000000　10101000　00000101　01111001」となる（➡ p.87 参照）。

サブネットマスク 255.255.255.192 を 2 進数で表記すると「11111111　11111111　11111111　11000000」となる。1 になるところがネットワークアドレス、0 になるところがホストアドレスなので、「1」の部分の先頭から 26 ビット目までがネットワークアドレス部になり、27 ～ 32 ビットまでがホストアドレス部となる。

ホスト部を求めるので下位 6 ビットがホスト部となり、IP アドレスの 2 進数表記で下位 6 ビット 111001 を抽出し、これを 10 進数に変換すると 57 となる。

Lesson 07 観測・警報設備等

学習のポイント　１級重要度 ★　２級重要度 ★

● 日本は山地が多く、河川が急峻（きゅうしゅん）で氾濫すると被害は深刻です。大雨災害等を未然に防ぐための観測・警報設備等を学びましょう。

1 ダムコンの概要

ダム管理用制御処理設備（通称「ダムコン」）は、放流設備を操作規則等に基づき確実かつ容易に操作するため、ダムの流水管理に関わる演算処理や放流設備の操作ならびに操作の支援を行うための設備で、上位機関などへの情報伝送もダムコンの重要な役割の１つである。

2 放流設備の処理と機能

ダムコンの放流設備の処理には、次の３通りがある。

①自動操作・半自動操作・一回限り操作は、放流操作装置、入出力装置、機側操作盤 PLC＊で行う。

②遠方手動操作は、遠方手動操作装置、機側操作盤 PLC で行う。

③機側操作は、機側操作盤 PLC で行う。

用語

PLC（Programmable Logic Controller）：機械の実行動作を事前に順序付けて記憶させ、順序通り正確に機械を動かせる装置である。

なお、ダムコンの基本的な機能には、入出力、ダム水文量演算、流域水文量演算、情報判定と警報通報、データ蓄積などがある。

3 放流警報設備

ダムや堰（せき）から放流する際、その河川下流住民に対して、サイレン、回転灯、表示盤やスピーカ放送にて警報を行う。これらのシステムは、河川流域において警報を発する警報局群と、ダム管理所等に設置し、警報局群を制御する制御監視局及び必要に応じて中継局で構成される。警報局制御操作は、任意に選択した警報局1局のみを手動制御する個別制御と、全警報局をあらかじめ定められた順序に従って点検を行う順次制御がある。

使用する無線周波数帯は、警報局装置までの伝送経路として渓谷や山間部など地形的に見通せない場所が多いため、超短波帯（VHF70MHz帯又は400MHz帯）を利用した自営無線回線である。

警報局装置は、警報装置、無線装置、空中線、スピーカ、サイレン及び集音マイク等で構成され、警報を伝達すべき地域に警報音の不感地帯が生じないよう配置される。

4 水文観測に関するシステム

水文観測（河川の水位観測等）では、自記観測に加え、無線などを利用した遠隔自動データ収集装置であるテレメータによる観測が行われている。雨量・水位等の観測所の計測部で計測された値は観測局を経て、監視局の記録部へ表示・印字される。テレメータのデータ転送には、次の方式がある。

①ポーリング方式

観測局を呼び出してデータを返送させる。一括呼び出し方式は、監視局から複数の観測局を一括で呼び出し、観測局からタイマーで逐次データを返送させる。一方、個別呼び出し方式では、監視局から個別に観測局を呼び出し、データを返送させる。

②観測局自律送信方式

定刻になると観測局はセンサデータを取り込み、決められたタイムスロットにデータを送出し、監視局では受信されたデータを蓄積して上位局に伝送を行う。

5 テレメータのセンサとしての雨量計、水位計

観測局で取得されたデータを近傍山頂の中継局へ無線で送信し、そこから監視局（整備局、工事事務所等）へ無線で送信する。

・**転倒ます型雨量計**：雨水は受水器から漏斗を通して転倒ますに導かれ、一定量の雨水が入ると転倒ますが転倒し発生したパルスから雨量を計測。

・**水圧式水位計**：水圧が水深に比例することを利用して、計測した水圧から水位を計測。

・**フロート式水位計**：水位の変化に対するフロートの上下動をワイヤを介してプーリーを回転させ、その回転角から水位を計測。

データ収集方式は、監視局から観測局を一括又は個別に呼び出して観測データを収集する観測局呼び出し方式と、観測局自らが正定時に観測データを自動送信し、監視局でデータ収集する観測局自律送信方式がある。観測局自律送信方式のテレメータは、収集時間の短縮、データの正時性確保、IP対応等のメリットはあるが、再呼び出し機能がないため、伝送回線の品質確保や欠測補填対策等が必要である。

重要ポイントを覚えよう！

1 □ ダム管理用制御処理設備とは、ダムの流水管理に関わる演算処理や放流設備の操作、操作の支援、上位機関などへの情報伝送を行う設備。

放流設備の処理は、次の3通りである。
①自動操作、半自動操作、一回限り操作 ②遠方手動操作 ③機側操作

2 □ 放流設備の処理のうち、遠方手動操作は、遠方手動操作装置、機側操作盤 PLC で行う。

機側操作は、機側操作盤 PLC で行う。

3 □ 放流警報設備は、ダムや堰から放流する際、その河川下流住民に対して、サイレン、回転灯、表示盤やスピーカ放送にて警報を行う。

使用する無線周波数帯は、超短波帯（VHF70MHz 帯又は 400MHz 帯）を利用。制御監視局、中継局、警報局群から構成される。

実践問題

問題

放流警報設備に関する記述として、**適当でないもの**はどれか。

(1) ダムや堰から放流する際、その河川下流住民に対して、サイレン、回転灯、表示盤やスピーカ放送にて警報を行う。

(2) 使用する無線周波数帯は、警報局装置までの伝送経路として渓谷や山間部など地形的に見通せない場所が多いため、超短波帯（VHF70MHz 帯又は 400MHz 帯）の自営無線回線である。

(3) 警報局装置は、警報装置、無線装置、空中線、スピーカ、サイレン及び集音マイク等で構成され、ダム管理所等からの制御監視によりサイレン吹鳴、疑似音吹鳴及び音声放送等で警報を発する。

(4) 放流警報局の個別制御方式は、全警報局をあらかじめ定められた手順に従って順番に起動させる。

答え (4)

(4) の放流警報局の個別制御方式は、全警報局ではなく、任意に選択した警報局 1 局のみを手動操作するものである。設問は、順次制御方式の内容である。

Lesson 08 CCTV カメラ設備

学習のポイント　１級重要度 ★☆☆　２級重要度 ★☆☆

● **防犯や、河川やダムの水量計測の監視等に用いられ、事故防止や災害防止になくてはならない CCTV について学びましょう。**

1 CCTV カメラ（Closed-Circuit Television Camera）

CCTV とは、閉鎖回路テレビの略で、CCTV カメラとは、特定の建物や施設内で、入力装置（カメラ）から出力装置（モニター）までが一体となって接続されているシステムのカメラのことである。防犯カメラ、地震などの自然災害や交通量測定、河川やダムの水量計測の監視等の防災目的のカメラがある。

レンズ部、CCD（電荷結合素子）、画像処理部分等で構成される。

2 レンズ、CCD/CMOS センサ、カメラ

1　焦点距離

焦点距離とは、レンズの中心から像を結ぶ焦点までの距離のこと（次ページの図参照）。焦点距離が長いほど、被写体を大きく写せるが、水平画角、垂直画角が小さくなる。

2　画角（水平画角、垂直画角）

撮像素子（CCD）に写る範囲を角度で表したもの。画角が広いと写る範囲は広くなり、画角が狭いと写る範囲は狭くなる。

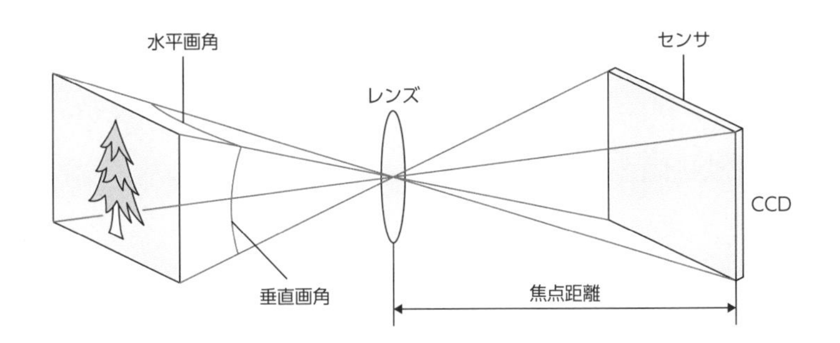

3 ズームレンズ、バリフォーカルレンズ

どちらも焦点距離を変えられるレンズだが、以下の違いがある。

①ズームレンズは、連続的に焦点距離を変えても、フォーカスが合うので、頻繁に撮影範囲を変えたい場合に向いている。

②バリフォーカルレンズは、焦点距離を変えると構造上、フォーカスが合わなくなるので、固定焦点レンズとして使用する。撮影範囲に調整幅を持たせて固定で使用したい場合に向いている。

4 アイリス(絞り)

カメラのレンズを通す光の量を調節して、適切な明るさで撮影する機能のことで「絞り」とも呼ばれる。絞りを開くと取り入れる光量が増え、絞ると取り入れる光量は減る。絞りの大きさを数値で表したものをF値といい、F1.4、F2、F2.8、F4、F5.6などと「F＋数字」で表記される。

・F値が大きい➡絞る➡取り入れる光が少ない

・F値が小さい➡絞りを開く➡多くの光を取り入れる

5 CCDセンサ(Charge Coupled Devices：電荷結合素子)

デジタルカメラの撮像素子として利用され、光を電気信号に変える半導体センサ。画素と呼ばれる小さな素子が集まってできていて、200万画素とか400万画素というのは、CCDセンサを構成する画素数のことである。画素の一つ一つには受光素子(フォトダイオード)があり、光の強さに応じた電荷が蓄えられ、電荷はバケツリレーの原理で次々に運ばれ、最終的に電気信号に変換される。

6　CMOSセンサ（Complementary Metal Oxide Semiconductor：相補性金属酸化膜半導体）

CCDと同じく光を電気信号に変える半導体センサだが、フォトダイオード1個につきアンプ1個が対をなす構造がCCDとの最大の相違点である。各素子からの電荷は、あらかじめアンプによって増幅された状態で画像処理部分へ転送されるので、転送の過程でノイズの影響を受けにくい。

7　単板式カメラ

光の三原色であるRed、Green、Blue（RGB）のカラーフィルタを装備した1枚のCCDで、光信号をRGBに色分解し、各画素でRGBの輝度値を演算処理後にカラー電気信号を生成、撮像を行う。

8　3板式カメラ

光の三原色に応じた3つの撮像センサを持ち、色分解プリズムにより入射光を三原色の成分に分けて撮像する。CCDを3つ使うので、カメラ本体が大きくなりやすいが、色の再現性の面では単板式に比べて有利。

重要ポイントを覚えよう！

1 □ CCTVカメラとは、カメラからモニターまでが一体接続のシステムを示す。

主な用途は、防犯、防災、計測・記録等。

2 □ 焦点距離とは、レンズの中心から像を結ぶ焦点までの距離で、画角とは、撮像素子（CCD）に写る範囲を角度で表したもの。

ズームレンズは連続的に焦点距離を変えてもフォーカスが合うが、バリフォーカルレンズは焦点距離を変えるとフォーカスが合わない。

3 □ **CCDセンサは、デジタルカメラの撮像素子で、光を電気信号に変える半導体センサである。**

CMOSセンサもCCDセンサと同じ光を電気信号に変える半導体センサだが、フォトダイオード1個につきアンプ1個が対になる構造が最大の相違点。

実践問題

問題

道路や河川の監視に用いられるCCTVカメラに関する記述として、**適当でないもの**はどれか。

(1) 単板式カラーカメラは、1つの撮像素子上で色情報のみを得る。
(2) 単板式カラーカメラは、一般的に色情報を得なくてはならない分だけ白黒カメラに比べて感度や解像度が劣る。
(3) 3板式カメラは、光の三原色（R、G、B）に応じた3つの撮像素子を持ち、色分解プリズムにより入射光を三原色の成分に分けて撮像する。
(4) 3板式カメラは、解像度、感度、色の再現性とも良いが、処理が複雑であり、レンズマウントも高精細度なものとなるため、比較的高価である。

答え (1)

単板式カラーカメラは、通常のモノクロエリアCCDの各画素の上にR、G、Bそれぞれの色のみを通す光学フィルタを装着し、画像を撮影後、各画素ともR、G、Bの輝度値を演算処理しカラーの画像に変換している。色情報だけでなく、色と輝度の両方の情報を得ている。

高度道路交通システム（ITS）と気象レーダ

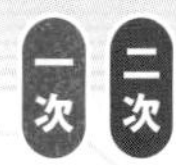

学習のポイント　１級重要度 ★☆☆　２級重要度 ★☆☆

● 人と道路と自動車の間で情報の受発信を行い、道路交通が抱える事故や渋滞、環境対策などの課題を解決するためのシステムです。

1 高度道路交通システム（ITS：Intelligent Transport Systems）

最先端のエレクトロニクス技術を用いて人と道路と車両とを一体のシステムとして構築することで、ナビゲーションシステムの高度化、有料道路等の自動料金支払いシステムの確立、安全運転の支援、公共交通機関の利便性向上、物流事業の高度化等を図るものである。

1 DSRC（Dedicated Short Range Communication：スポット通信）

DSRC は、車両との無線通信に特化して設計された 5.8GHz 帯の無線通信技術である。変調方式は ASK と QPSK の 2 種類で、路側機と車載器の双方向通信が可能である。

応用例として、有料道路料金収受の ETC があり、料金所ゲートに設置された路側機と ETC 車載器との間で双方向通信（変調信号速度は最大 4Mbps）を行い、車種情報、入口・出口情報などで通行料金を確定して引落し処理などを行う。

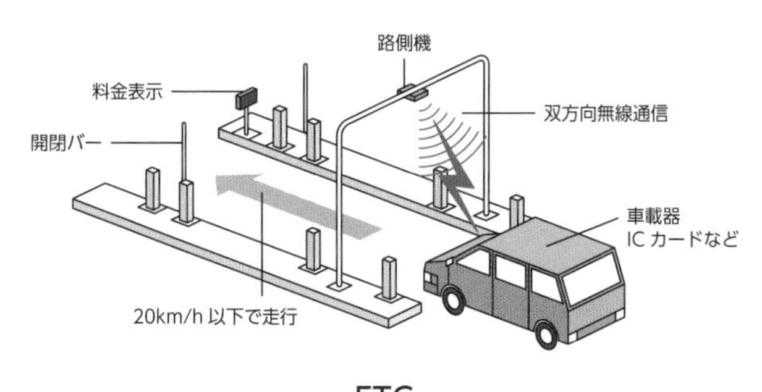

ETC

2 ETC2.0

料金収受システムだけだったETCが、高速道路を賢く使うように進化したものが、ETC2.0である。

高速道路と自動車がリアルタイムに情報連携することにより、渋滞の迂回ルートの提示、安全運転のサポート、災害時の適切な誘導等の多彩な情報サービスが受けられる。

2 気象レーダ

アンテナを回転させながら電波（マイクロ波）を発射し、半径数百 km の広範囲内に存在する雨や雪を観測する。発射した電波が戻ってくるまでの時間から雨や雪までの距離を測り、戻ってきた電波（レーダエコー）の強さから雨や雪の強さを観測する。また、戻ってきた電波の周波数のずれ（ドップラー効果）を利用して、雨や雪の動きすなわち降水域の風を観測することができる。

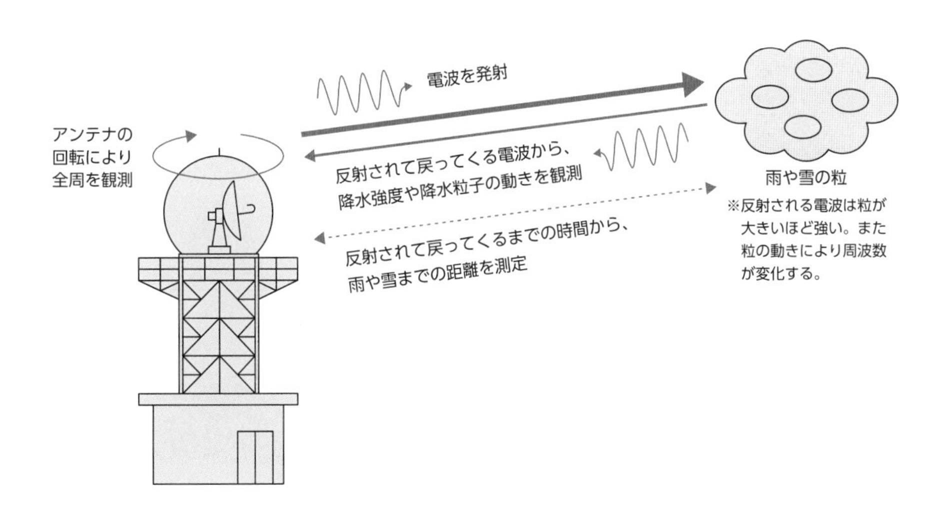

3 MP（マルチパラメータ）レーダ雨量計

MP レーダは、水平偏波と垂直偏波を同時に発射して降雨観測する。落下中の雨滴がつぶれた形をしている性質を利用し、偏波間位相差から高精度に降雨強度を推定する。また、MP レーダには X バンド MP レーダ雨量計と、C バンド MP レーダ雨量計がある。

X バンドの MP レーダにおいて、降雨減衰の影響で観測不能領域が発生する場合は、レーダのネットワークの別レーダでカバーすることにより解決している。

偏波間位相差は、C バンドよりも X バンドの方が弱から中程度の雨でも敏感に反応するため、X バンド MP レーダは電波が完全に消散して観測不可能とならない限り高精度な降雨強度推定ができる。

	X バンド MP レーダ雨量計	C バンド MP レーダ雨量計
周波数	9GHz帯（8～12GHz）	5GHz帯（4～8GHz）
波長	波長25～37mm	波長37～75mm
アンテナ径	波長が短いため小型のアンテナ(直径約2m)	波長が長いため大型のアンテナ(直径約4m)
観測範囲	電波が減衰しやすいため観測範囲が狭い(＊半径81km)	電波が減衰しにくいため観測範囲が広い(半径300km)
雨滴の扁平度の測定	感度が高いため、弱雨～強雨に対して雨滴の扁平度を測定可能	強雨に対して雨滴の扁平度を測定可能
欠損領域の発生	電波が減衰しやすいため、強雨時に欠測領域が生じやすい	電波が減衰しにくいため、強雨時に欠測領域が生じにくい

＊一部レーダ雨量計除く。

X バンド MP レーダ雨量計と、C バンド MP レーダ雨量計の比較

重要ポイントを覚えよう！

1 □ DSRC は、車両との無線通信に特化して設計された 5.8GHz 帯の無線通信技術である。

路側機と車載器の双方向通信速度は最大 4Mbps。

2 □ X バンド MP レーダ雨量計は、9GHz 帯、小型アンテナ、電波減衰が多く観測範囲が狭い。

感度が高いため、弱雨でも雨滴の扁平度が測定可能である。

3 □ C バンド MP レーダ雨量計は、5GHz 帯、大型アンテナ、電波減衰が少なく観測範囲が広い。

強雨に対して雨滴の扁平度が測定可能である。

実践問題

問題

ITS（高度道路交通システム）の路車間通信などに用いられる DSRC に関する記述として、**適当でないもの**はどれか。

(1) DSRC は、路側機と車載器の双方向通信が可能である。
(2) DSRC は、FS 変調方式を用いている。
(3) 有料道路料金収受で用いられる ETC は、DSRC を用いたシステムである。
(4) DSRC の無線周波数は 5.8GHz 帯である。

答え (2)

振幅偏移変調（ASK）方式と、4 相偏移変調（QPSK）の 2 種類である。

Lesson 10 情報表示設備

学習のポイント　１級重要度 ★☆☆　２級重要度 ★☆☆

● 状況や危険を知らせるための情報表示設備は、災害防止のため重要です。情報を表示するディスプレイの種類と特徴を学びましょう。

1 情報表示設備

主にドライバー等に刻々と変化する道路状況を速やかに伝達し、安全走行と利便性確保を目的とする道路情報表示設備や、洪水警報情報等を沿岸住民に提供する河川情報表示設備、ダムや堰の放流時に可視の警報状況等を提供する放流警報表示設備がある。

2 ディスプレイ（映像表示装置）

①発光ダイオード（LED）

・半導体レーザ（LD）と同じくPN接合（➡ p.121参照）に電流を流して発光させる半導体発光素子。

・色の三原色であるR（赤）、G（緑）、B（青）のLEDを発光・混合させ、あらゆる色を出すことができる。

・輝度が800～8,500［cd］と高く、遠くから見るのに適している。

②液晶ディスプレイ（LCD）

・液晶を透明電極で挟み、電圧を加えると液晶の分子配列が変わり、光が通過したり遮断されたりする原理を利用。

・カラー表示は、透明電極の外側に取り付けたカラーフィルタにより、画素ごとにRGBの三原色を作り行う。

・液晶自体は発光せず、LEDや蛍光管によるバックライトからの光が液晶を通過し文字や画像を表示させる。

・輝度が 700 ～ 2,500［cd］で、近くで見るのに適している。

・液晶ディスプレイの駆動方式の1つであるIPS方式は、液晶分子を回転させバックライトの光の量を調整し、液晶分子が垂直方向にならないので、視野角が広く、色変化も少なく、高級テレビなどに採用されている。

③有機 EL ディスプレイ

・有機EL素子が電気的エネルギーを受けると電子状態が変化し、電子が励起状態から基底状態に戻るときに、エネルギーの差分が光として放出される現象を利用。

・陽極と陰極の間に、正孔輸送層、有機物の発光層及び電子輸送層などを積層して構成される。

・自己発光のため、輝度が高く、コントラストが鮮明で、LCDと比べ広い視野角を持つ。

・熱を出さず、低電圧で駆動するため省電力。

・バックライトが不要で、薄型化・軽量化が可能。

・応答速度が速く、動画再生に適する。

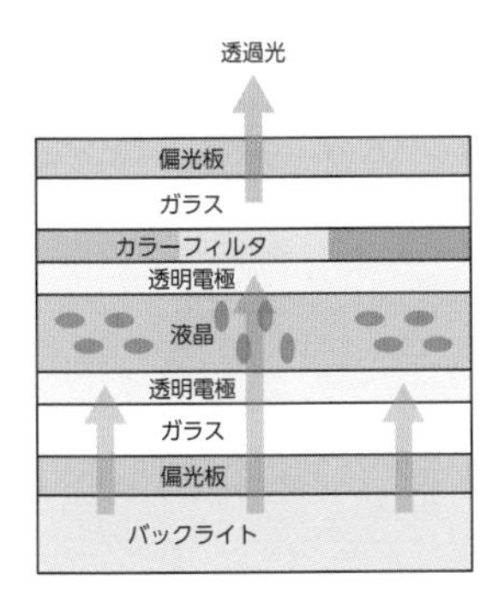

液晶ディスプレイ

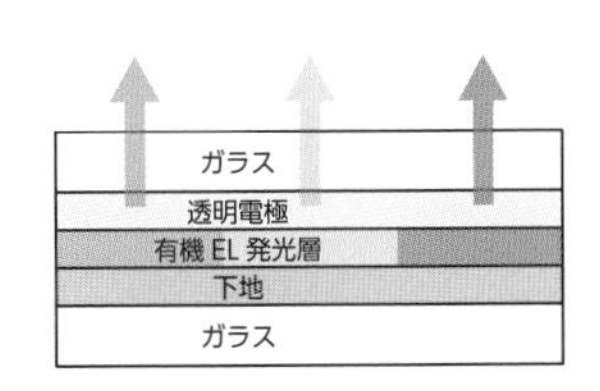

有機 EL ディスプレイ

重要ポイントを覚えよう！

1 ☐ **発光ダイオードは、PN接合に電流を流して発光させる半導体発光素子。**

色の三原色であるRGBのLEDを発光・混合させてあらゆる色を出すことができる。

2 ☐ **液晶ディスプレイは、液晶を透明電極で挟み、電圧を加えると液晶の分子配列が変わり、光が通過したり遮断されたりする原理を利用している。**

カラー表示は、透明電極の外側に取り付けたカラーフィルタにより、画素ごとにRGBの三原色を作ることで行う。

3 ☐ **有機ELディスプレイは、陽極と陰極との間に、正孔輸送層、有機物の発光層及び電子輸送層などを積層している。**

有機EL素子が電気的なエネルギーを受けると、電子の状態が変化し、励起状態から基底状態に戻るときに、エネルギーの差分が光として放出される。

語呂合わせで覚えよう！ 有機ELディスプレイ

ゆう（有機ELディスプレイ） **れいが**（励起状態）
きて（基底状態） **光出す**（光放出）

有機ELディスプレイでは、電子が励起状態から基底状態に戻るときに光が放出される。

問題

有機 EL ディスプレイに関する記述として、**適当なもの**はどれか。

(1) 有機 EL ディスプレイは、液晶を透明電極で挟み、電圧を加えると液晶の分子配列が変わり、光が通過したり遮断されたりする原理を利用している。

(2) 有機 EL ディスプレイは、陽極と陰極との間に、正孔輸送層、有機物の発光層及び電子輸送層などを積層した構成から成り立っている。

(3) 有機 EL ディスプレイは、有機 EL 素子が電気的なエネルギーを受け取ると電子が基底状態に移り、励起状態に戻るときにエネルギーの差分が光として放出される現象を利用している。

(4) 有機 EL ディスプレイは、発光を伴う物理現象を利用したディスプレイで、輝度が低く、コントラストが不鮮明である。

答え (2)

(1) は、液晶ディスプレイに関する記述である。液晶ディスプレイのカラー表示は、透明電極の外側に取り付けたカラーフィルタにより、画素ごとに RGB の三原色を作り行う。(3) は、有機 EL 素子が電気的なエネルギーを受け取ると、電子が励起状態になり、基底状態に戻るときに光が放出される。(4) は、有機 EL ディスプレイは輝度が高く、コントラストが鮮明である。

情報理論

学習のポイント　1級重要度 ★☆☆　2級重要度 ★★☆

● **コンピュータは2進数しか扱えませんが、2進数と相性が良い16進数を使うと扱いやすくなります。2進数と16進数を学びましょう。**

1　データの表現

1　2進数

人間はふだん10進数を使うが、コンピュータの世界では、磁気のNS、電荷の有無、電圧の高低（電流が流れているか否か）のように、全ての情報を2つの状態（オン、オフ）で表現する。コンピュータは1桁（けた）の1ビット（bit）で2つの状態（オン、オフ）を扱う。これを2進数という。

10進数	2進数	16進数	
0	0	0	1ビット
1	1	1	
2	10	2	2ビット
3	11	3	
4	100	4	3ビット
5	101	5	
6	110	6	
7	111	7	
8	1000	8	4ビット
9	1001	9	
10	1010	A	
11	1011	B	
12	1100	C	
13	1101	D	
14	1110	E	
15	1111	F	
16	10000	10	5ビット
17	10001	11	
18	10010	12	
ｓ	ｓ	ｓ	
255	11111111	FF	1バイト（＝8ビット）

・2桁の2ビットなら、「00」、「01」、「10」、「11」の4通りの状態を表現できる。

・1ビットを8つ並べた8ビットは1バイト（＝8ビット）で、表せる数は2^8で0～255までの256通り。

・2進数も、10進数同様、桁が上がれば表せるデータの量が増える。

例）2^{32}＝4,294,967,296
　　2^{64}＝18,446,744,073,709,551,616

2　10進数から2進数への変換

・例えば、10進数の60を2進数に変換すると111100となる。

・2進数を8ビットで表現するときは、足りない桁数分、上位（左側）に0を補充（下図参照）。

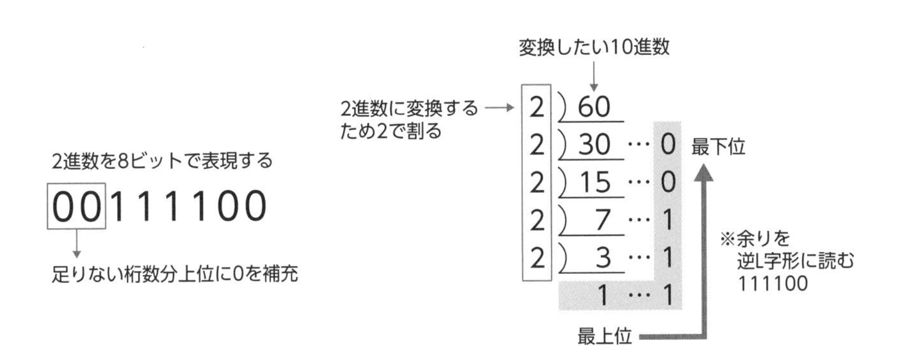

3　2進数から10進数への変換

例えば、2進数の11001を10進数へ変換すると25となる。

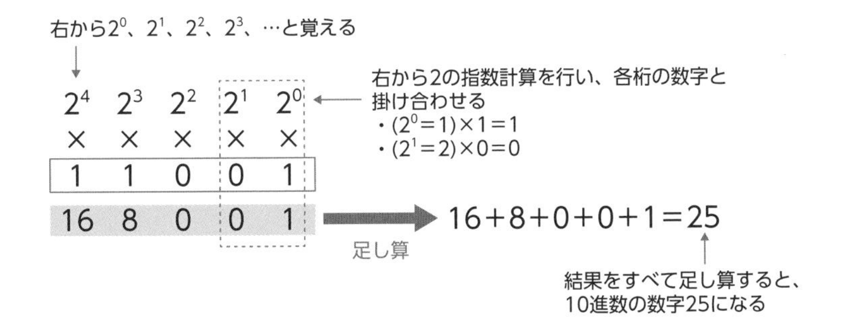

CPUやOSの32bitや64bitは、一度に処理できるデータの幅や量のことで、ビット幅ともいう。ビット幅が大きいと、それだけ一度に多くの処理を行えて、速度も向上する。CPUは、8bit→16bit→32bit→64bitと進化している。

4　16進数

2進法では、数値が大きくなると桁が長くなる。16進数では、2進数の4桁を1桁にできるため、短く、しかもわかりやすくなる。16進数では、p.86の表のように10進法の0～9に加えて10～15までの数字をA～Fで代用して用いる。例えば、10進数の255は2進数では11111111（1が8個）となるが、16進数ではFFと表すことができる。

もう1つ例をあげる。11101011101000011011001110の2進数は、長く扱いにくい量だが、これを4桁ごとに区切る。

11	1010	1110	1000	0110	1100	1110

このままだと先頭は2桁なので00を付けて4桁に合わせ、4桁を16進数に置き換えると次のようになる。

0011	1010	1110	1000	0110	1100	1110
3	A	E	8	6	C	E

区切りを外した値で3AE86CEとなる。

5　算術シフト

それぞれのビットを左または右にずらす操作のこと。左シフトの場合は、空いたビットに0を入れる。ただし、符号ビット（最上位ビット）は変わらない。右シフトの場合は、空いたビットに符号ビットと同じ値を入れる。

例えば、1100の場合、左シフト→1 1000、右シフト→1110 0となる。

2　文字コード

文字コードとは、文字や記号をコンピュータで扱うために、文字や記号一つ一つに割り当てられた固有の数値のことである。データ量が多いので、一般的に16進数で表現する。

種類	概要
ASCII（アスキー）(American Standard Code for Information Interchange)	文字コードの基本。キーボード上にある「数字」、「アルファベット」、「記号」を1バイトで表現。これらの文字の他に、改行コード（LF、CR）などがある。国際標準化機構（ISO）で国際標準となっている。
EUC (Extended Unix Code)	拡張UNIXコードとも呼ばれ、UNIX上で漢字、中国語、韓国語などを扱える。多言語対応の一環として制定され、ISOで標準化。
JISコード (Japanese Industrial Standards)	日本語表記で、日本産業規格（JIS）により定められた最も標準的に使用されている文字コード。
Shift-JIS(シフトジス)コード	Microsoft社により定められたコード。WindowsやMS-DOS等で使用。ASCIIコードの文字や日本語の文字を加え、半角カタカナは1バイトで、それ以外の全角文字は2バイトで表現。ASCIIコードとも互換性がある。
Unicode	文字を最長4バイトで表現し、アルファベット、漢字、カナ、アラビア文字など世界中の文字を表現。世界各国の文字を統一的に扱うことを目的にISOで標準化された。JavaやXMLは基本コードとしてUnicodeを採用している。

文字コードの種類と概要

3 二分探索法

数の集合の中から、ある数を探し出すアルゴリズムの1つ。アルゴリズム（algorithm）とは、コンピュータにある問題を解決させるための一連の計算方法である。例えば1から100までの間にある数字で99を探したい場合は、1、2、3、4、……と推測を始めると、正解にたどり着くまでに99回も比較が必要になる。二分探索では、毎回中央の数字を推測し、残りの数字の半分を除外し、この例では最大7回で探索を終了することができる。

また、二分探索は検索対象がソート（整列）されている場合に適用できる。ソート済みのデータ群の探索範囲を半分に絞り込む操作を繰り返すことで、高速に探索を行う手法で、この二分探索を行う時に二分探索木（➡ p.90参照）が使われる。

重要ポイントを覚えよう！

1 □	**2進数とは、1桁の1ビット（bit）で2つの状態（オン、オフ）を扱う。**
	2桁の2ビットなら、「00」、「01」、「10」、「11」の4通りの状態を表現でき、桁が上がれば表せるデータの量が増える。

2 □	**16進数は、10から15までの数字をA～Fで代用する。**
	2進法では、数値が大きくなると桁が長くなるため、16進数が使われる。1桁の16進数が最大値Fのとき、4桁の2進数も最大値1111になる。

3 □	**文字コードとは、文字や記号をコンピュータで扱うために、文字や記号一つ一つに割り当てられた固有の数値で、16進数で表現される。**
	全世界の文字を1つのコード体系で表現するために作られた。

実践問題

問題

空（から）の二分探索木（にぶんたんさくぎ）に、8、13、5、4、11、7、6の順（じゅん）にデータを与（あた）えたときにできる二分探索木（にぶんたんさくぎ）はどれか。

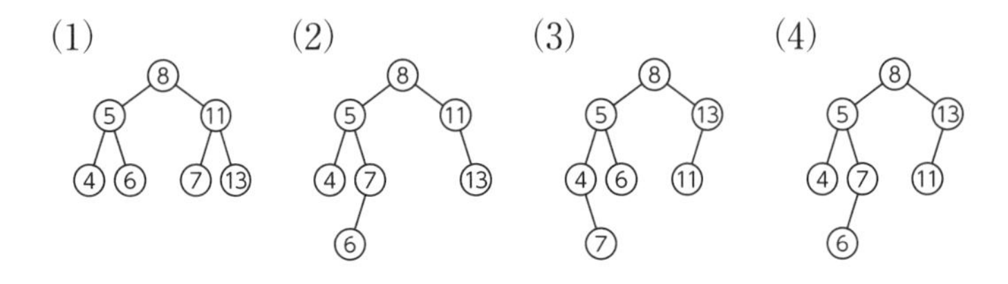

答え (4)

二分探索木は、二分木の各節にデータをもたせることで探索を行えるようにした木である。各節がもつデータは「その節から出る左部分木にあるどのデータよりも大きく、右部分木のどのデータよりも小さい」という条件があり、これを利用して効率的にデータを探索することが可能になっている。

❶まず8をルートノード（根）とする。➡❷13＞8なのでそのまま右の部分木に追加。➡❸5＜8なのでそのまま左の部分木に追加。➡❹4＜8なので左の部分木となる。さらに4＜5のため節点5の左の部分木に追加。➡❺11＞8なので右の部分木となる➡さらに11＜13なので節点13の左の部分木に追加。➡❻7＜8なので左の部分木となる。さらに7＞5なので節点5の右の部分木に追加。➡❼6＜8なので左の部分木となる。続いて6＞5なので節点5の右の部分木になり、さらに6＜7なので節点7の左部分木に追加。この過程を経て完成した二分探索木は（4）と同じ構造になる。

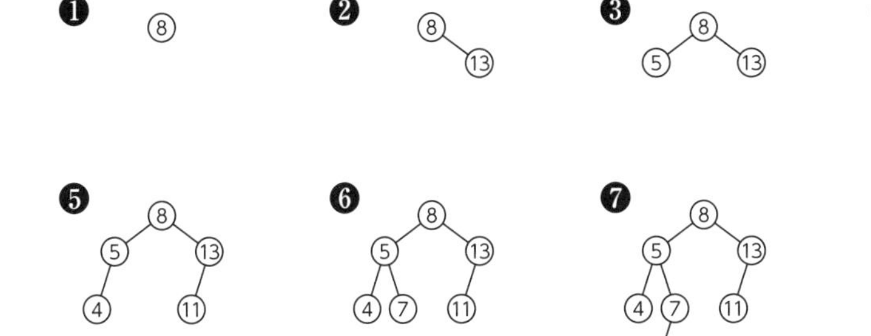

ソフトウェア

学習のポイント　　1級重要度 ★☆☆　2級重要度 ★☆☆

- **コンピュータの画面に文字などのグラフィックを表示させるため、コンピュータが理解できる言葉で命令をするソフトウェアをしっかり学びましょう。**

コンピュータ用のプログラムの総称をソフトウェアといい、ソフトウェアを開発するため、さまざまなプログラミング言語が存在している。

1　プログラミング言語

例えば、コンピュータ画面にグラフィックを表示する場合、コンピュータが理解できる言葉（プログラミング言語）で命令を出す必要がある。

プログラミング言語は、プログラムの実行方法で分類すると、コンパイラ型言語とインタプリタ型言語に大別できる。

①コンパイラ型言語

プログラムの実行前に全体を翻訳して、実行速度を速くする方式。C言語、C^{++}、Javaなどがある。

②インタプリタ型言語

プログラムを実行しながら翻訳を行う方式。1行ずつ読み込んで解釈して実行するため、実行速度はコンパイラ型より遅い。BASIC、PHP、Perl、JavaScriptなどがある。

種類	種類	特徴など	できること
コンパイラ型言語	C言語	汎用性・拡張性が高く、実行速度が速い。	・OS開発 ・ゲーム開発 ・アプリ開発 ・組込み系ソフトウェアの作成 など
	C^{++}	C言語の機能を拡張し「オブジェクト指向」という概念を取り入れる形で作られている。	
	Java	Javaの開発はオブジェクト指向で作られており、基本的にどんな環境でも使える言語。	・システム開発やWeb開発、アプリケーション開発など
インタプリタ型言語	BASIC	Beginner's All-purpose Symbolic Instruction Code（初心者向け汎用記号命令コード）の略。元々は教育用プログラミング言語として開発されたもの。	・Windows用のデスクトップアプリケーションを作成するRADツールなど
	PHP	HTMLにコードを埋め込んで使用するため、記述しやすい。サーバサイドの言語。	・ブログやＳＮＳ、ログイン画面、ショッピングサイトの作成など
	Perl	Webサーバの中でプログラムを実行するための言語。	・グラフィックや文書処理、データベースおよびネットワーク管理など
	JavaScript	Webブラウザ上で動く言語のこと。	・HTML/CSSの追加・書き換え ・イベント処理 ・非同期通信（Ajax）

この表に挙げた言語は高水準言語と呼ばれ、人間語に近く、抽象的で人間にとって理解しやすくなります。一方、低水準言語はコンピュータの細かい動作まで記述する機械語に近い（ハードウェア依存）言語です。

2 マークアップ言語

「タグ」と呼ばれる特殊な文字列を使用し、文章の構造やタイトル、文字の修飾情報などを埋め込んでいく言語。文章の構造とはタイトルやハイパーリンクなどのことをいい、文字の大きさや色なども指定できる。代表的なマークアップ言語に、XML、HTMLがある。

① XML（Extensible Markup Language（拡張可能なマークアップ言語））

文書のもつ「章見出し」「節見出し」「本文」･･･ などの論理構造を「タグ」と呼ばれる命令で記述し、異種のコンピュータ間で汎用的に文書を取り扱うことができる。

（例）私の引越先は <住所> A 区 B 町 1-2-3</住所>

➡ </住所> がタグの終わり。

妥当な（valid）XML 文書を作成するには、文書の構造や内容を記述した文法である文書型宣言を前書き部分に含める必要がある。

② HTML(Hyper Text Markup Language)

XML に対して少数のタグしか使えないが、主に Web サイトや電子商取引などで利用される。

3 オペレーティングシステム（OS：Operating System）

基本ソフトウェアとも呼ばれ、アプリケーションソフトウェアが効率的にハードウェアを利用できるように、ハードウェアとソフトウェアを仲介する役割がある。同じオペレーティングシステム上であれば、ハードウェアが違っても同じアプリケーションソフトウェアを使用できる。主な OS の種類には、以下のものがある。

種類	概要
Unix	マルチユーザ、マルチタスク対応OS。 ソースコードが公開されており移植性が高い。
Linux	PC上でUNIX環境を作るために開発され、無償で配布されるOS。
Windows	マルチタスク、プラグアンドプレイ等に対応。PC向けOSのデファクトスタンダード。
iOS	Appleが提供するスマホに搭載されるOS。
Android	Googleが開発したスマホに搭載されるOS。
TRON	家電機器や産業ロボットなど、あらゆる機械で使用する組込み用OS。

重要ポイントを覚えよう！

1 □ プログラミング言語のうち、コンパイラ型言語は、プログラムの実行前に全体を翻訳して、実行速度を速くする方式である。

C 言語、C^{++}、Java などがある。

2 □ プログラミング言語のうち、インタプリタ型言語は、プログラムを実行しながら翻訳を行う方式である。

BASIC、PHP、Perl、JavaScript などがある。

3 □ マークアップ言語の XML は、論理構造を「タグ」と呼ばれる命令で記述している。

異種のコンピュータ間で文書の互換が行える。なお、文書の構造や内容を記述した文書型宣言を前書き部分に含める必要がある。

4 □ マークアップ言語の HTML は、規格として決められたタグしか使えない。

主に Web サイトや電子商取引などで利用される。

5 □ OS は、基本ソフトウェアとも呼ばれ、ハードウェアとソフトウェアを仲介する役割である。

OS の種類には、Unix、Linux、Windows、iOS、Android、TRON などがある。

実践問題

問題

XMLに関する記述として、**適当でないもの**はどれか。

(1) 利用者独自のタグを使って、文書の属性情報や論理構造を定義することができる。
(2) 妥当な（valid）XML文書を作成するためには、文書の構造や内容を記述した文法である文書型宣言を前書きに含め、整形式のルールに従う。
(3) 文書の論理構造と表示スタイルを統合したもので、定められた要素のみ使用することができる。
(4) 要素名などのデータ構造を利用者が自由に定義できるため、拡張性が高い。

答え (3)

(1)、(2) は正しい。(3) 誤り。設問はHTMLの説明である。HTMLは、Webページを記述するためのマークアップ言語で、あらかじめ定義されたタグを用いる。XMLは、文章の見た目や構造を記述するためのマークアップ言語の一種で、主にデータのやりとりや管理を簡単にする目的で使われ、記述形式がわかりやすくなっている。利用者独自のタグを使って文書の属性情報や論理構造を定義することができるため、拡張性が高い。(4) 正しい。

コンピュータⅠ

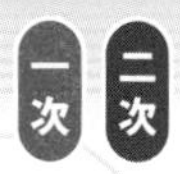

学習のポイント　１級重要度 ★★☆　２級重要度 ★★☆

● コンピュータと通信の融合により、情報化社会が今後ますます発展していくでしょう。コンピュータの基礎をしっかり学びましょう。

1 コンピュータ

1 コンピュータの基本構成（コンピュータの五大機能）

通常のコンピュータは基本的にプログラム内蔵方式であるため、ノイマン型コンピュータであり、主に５つの機器・機能から構成されている。

①**演算装置**：データに対し演算を行う。CPU（Central Processing Unit：中央演算処理装置）の一部に相当

②**制御装置**：各装置を制御。CPU の一部に相当

③**記憶装置**：データを記憶。メモリ、ハードディスク等

④**入力装置**：指示やデータを受ける。マウス、キーボード等

⑤**出力装置**：データや処理の結果を表示。ディスプレイ、プリンタ等

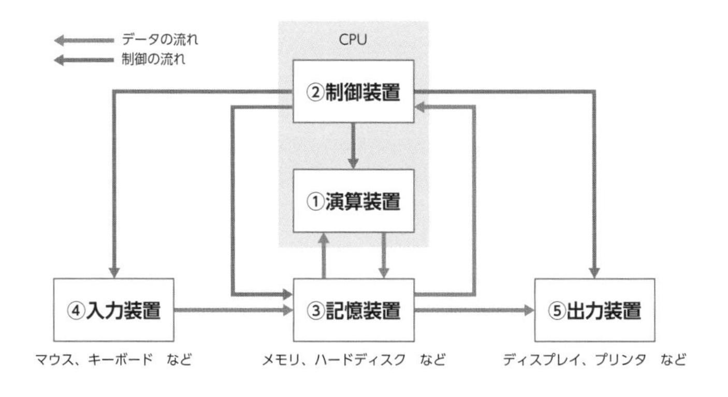

2 コンピュータの種類

①PC（パソコン、パーソナルコンピュータ）

個人が使う小型のコンピュータの総称。アプリケーションソフトが豊富にあるのが特徴。

②ワークステーション

３次元の設計（CAD）やCG（コンピュータグラフィックス）、科学計算（CAE）などに用いられる。一般のPCより高性能。

③メインフレーム（汎用コンピュータ、大型コンピュータ）

企業の基幹システムや銀行のオンライン・システムなどの大量のデータを扱う大型のコンピュータ。

④スーパーコンピュータ

高速処理が目的。大学や研究機関で、気象の予測などのシミュレーションなどに使われる。

⑤マイクロコンピュータ（マイコン）

家電や携帯電話、車などに組み込まれている。一般にPCよりも演算速度は遅いが、温度計測・モータを動かす等の専用の機能を搭載し、様々な大きさ、処理能力のものがある。

3 量子コンピュータ

量子の世界の「1でも0でもある」という状態の「量子もつれ」と呼ばれる現象を生かすことで、多くの情報を重ね合わせたまま、並列で処理することが可能。高速情報処理の可能性を秘めている。

2 サーバ（server）

サーバとは、サービスを提供するソフトウェアの機能が稼働しているコンピュータのことで、クライアント（サービスを利用するコンピュータ）からの要求に対し情報や処理結果を提供する機能を果たす。

主なサーバの種類と概要は次のとおりである。

① Web サーバ

Web 閲覧用ソフトにデータを送受信して Web ページを提供。

② FTP サーバ

ファイルの送受信を行う。

③ SMTP サーバ

電子メールの送信や転送を行う。

④ POP サーバ

届いた電子メールを保管しておく。

⑤ DNS サーバ

ホストネームやドメインネームと IP アドレスを交換する。

⑥ルートサーバ

ドメインネームシステム（DNS）の最上位に存在するサーバ。トップレベルドメイン（TLD）の情報を持つ。例えば、アドレスの最後の「jp」の部分が TLD にあたる。

⑦認証サーバ

ユーザ名やパスワードを確認する。

⑧ DHCP サーバ

IP アドレスなど、ネットワーク設定を自動で割り振る。

⑨ファイルサーバ

企業内などのファイルをまとめて保存する。

⑩プロキシサーバ

プロキシ（proxy）とは「代理」という意味で、PC の代理としてインターネットにアクセスする。一度アクセスしたページをキャッシュとして一定期間保存し、同じページへアクセスがあったとき、外部のサーバへアクセスせず、キャッシュを返すことで、応答性能の向上や通信量の削減が可能である。外部からは、PC ではなくプロキシサーバがアクセスしているように見えるため、PC の情報が外部に漏れずに済む。有害なサイトをプロキシサーバで遮断することも可能である。

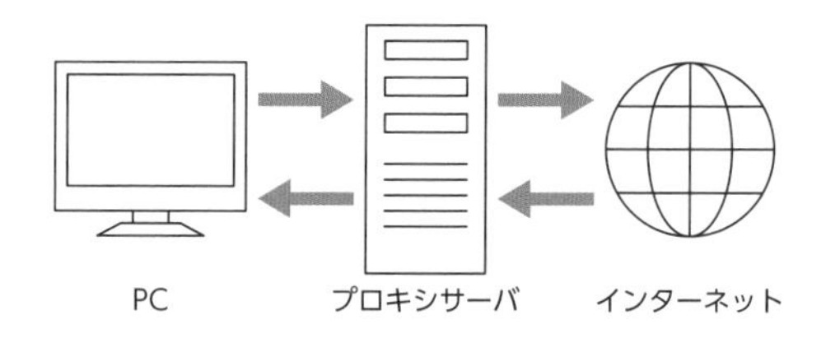

⑪リバースプロキシサーバ

インターネット（外部PC）からの要求を代理で受け付ける。外部の不特定多数のクライアントから寄せられたリクエストをいったん受け取り、その情報をWebサーバに中継する。複数台で構成され、1台のリバースプロキシサーバから複数のWebサーバにリクエストを振り分け、負荷を分散させる。Webサーバとインターネット間のSSL/TLS*による通信を行い、Webサーバの負荷を軽減する場合もある。

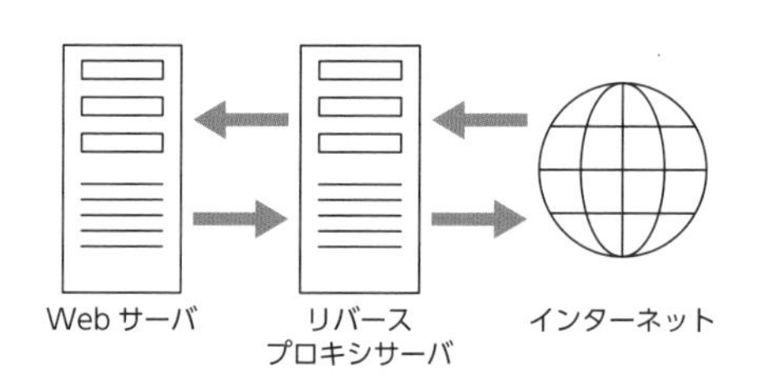

用語

SSL（Secure Sockets Layer）とTLS（Transport Layer Security）：いずれもインターネット上でデータを暗号化して送受信する仕組み（プロトコル）。暗号化することで第三者による盗聴・改ざんを防ぐ。TLSは、SSLの後継のプロトコル。

3 ドメインネームシステム（DNS：Domain Name System）

ネットワークに接続された機器に付けられた名前である「ホスト名」を、数字を組み合わせたコンピュータの住所である「IPアドレス」へと変換するための仕組みである。

DNSの機能を司るDNSサーバが仲介役になり、特定のコンピュータとの通信や、Webサイトの表示を可能としている。

例）コンピュータではブラウザ*を起動し、「http://www.○○○.com」などにアクセス➡コンピュータは「IPアドレス」を使って、特定のコンピュータにアクセスしているため、「http://www.○○○.com」では、どこにアクセスすればいいのか分からない。➡コンピュータは、DNSサーバに対し、「http://www.○○○.com」に紐づくIPアドレスを教えてもらうよう依頼している。

用語

ブラウザ：Webサイトを閲覧するために使うソフト。
「Microsoft Edge」「Google Chrome」「Safari」などがある。

4 仮想記憶システム

補助記憶の一部分をあたかも主記憶のように見せかけて、実際の主記憶よりもはるかに大きな記憶領域を仮想的に作り出す技術である。

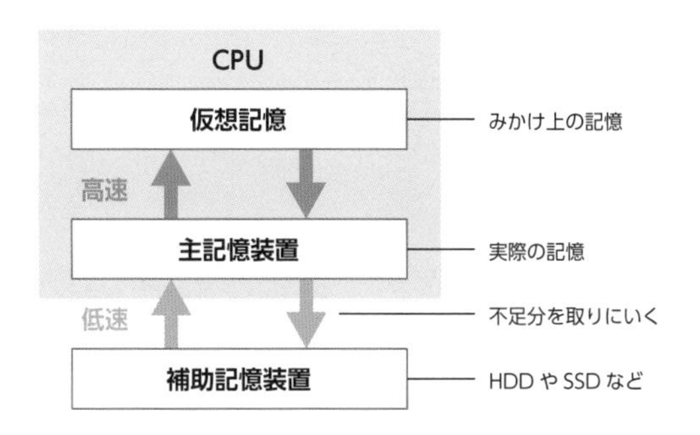

・主記憶であるかのように見せかけた部分を仮想記憶といい、主記憶をうまく連携させることで大きなプログラムや多くのプログラムを実行できる。
・実際には、主記憶装置上のプログラムしか実行できないので、実行する部

分を補助記憶装置から主記憶装置にロード（転送）して実行する。

・主記憶装置の容量が少ない状態で、アプリケーションプログラムソフトが大量に記憶領域を確保して作業をはじめた場合には、仮想記憶領域と物理記憶領域が、スワップイン*とスワップアウト*を繰り返しコンピュータの性能が急激に低下するスラッシングが発生しやすくなる。

・スラッシング防止対策としては、①プログラムの多重度を下げる②大量の記憶領域を使用しているプログラムを終了させることなどがある。

用語

スワップイン：スワップアウトによって一時的にハードディスクへ退避していたデータをメモリ上に戻すこと。

スワップアウト：メモリ上のデータを一時的にハードディスクへ退避させること。

5 周辺機器とインターフェース

周辺機器とは、コンピュータに接続するあらゆる装置のこと。インターフェースは、異なる２つのものを仲介する、という意味をもった言葉で、これらの各装置同士を接続するための規約を定めたものである。

1 USB（Universal Serial Bus）

・コンピュータ機器の接続規格の１つ。情報機器の間でデータを転送する接続規格。

・USB接続は、パソコンとUSBメモリやマウス等多くの情報機器相互を接続し、データ転送に使われる。ホットプラグやバスパワーに対応したシリアルインターフェースである。

・ハードディスクやUSBメモリなどの使用電力が小さい機器を動作させるための電力をパソコンから供給することができる。

・対応している転送速度の規格によってデータ転送速度が異なる。最大データ転送速度は、それぞれ以下のとおりである。

USB1.0/USB1.1 ➡ 12Mbps、USB2.0 ➡ 480Mbps
USB3.0 ➡ 5Gbps、USB3.1 ➡ 10Gbps
USB3.2 ➡ 20Gbps

なお、USB3.0からコネクタの形状が変わり、信号線が4本から9本に増えた。また、USB3.0以降はコネクタ内部が青色になっているものが多く、USB2.0以前と区別できる。

2 IEEE1394

コンピュータとビデオカメラやハードディスクなどの周辺機器をケーブルで接続するための通信規格の1つである。転送速度は最大400Mbpsである。

3 HDMI（High-Definition Multimedia Interface）

主にデジタル家電やAV機器を接続するためのコネクタの規格である。1本のケーブルで映像・音声をデジタル信号として伝送するため、伝送途上で品質が劣化することがない。

また、HDMIはHDCP（High-bandwidth Digital Content Protection）という、著作権保護技術にも対応している。

4 SATA（Serial ATA）

コンピュータと周辺機器の間でデータ転送を行うためのインターフェース規格の1つ。ATA仕様の後継仕様で、パラレル転送方式をシリアル転送方式に変更したものである。ハードディスクの接続や、光学ドライブなどに用いられている。

5 SCSI（Small Computer System Interface）

主にコンピュータなどのハードウェアと、周辺機器とのデータのやりとりを行うインターフェース規格の1つで、「スカジー」と読む。ANSI（American National Standards Institute）により規格化され、デイジーチェーン方式（数珠つなぎ方式）で7台まで接続することが可能なパラレルインターフェース規格。以前は、CD – R/RW ドライブ、外付けハードディスク、MO など、SCSI 対応の周辺機器が多かったが、最近はあまり使われていない。

6　PCI（Peripheral Component Interconnect）

① PCI バス

デスクトップパソコンに機能を追加するために、パソコンの内部に拡張ボードを取り付けるときに使用される規格。現在はあまり使われない。

② PCI Express

パソコン内部の部品や周辺機器を接続するための規格で、PCI バスがパラレル通信なのに対し、PCI Express はシリアル通信である。

6　フラグメンテーション

ハードディスクのファイルの変更・追加・削除を繰り返すうちにファイルがバラバラに保存された状態になり（断片化）、読み込みに時間がかかるようになる。これをフラグメンテーションという。この解消のためファイルの並びを整えるデフラグ（最適化）を行う。

語呂合わせで覚えよう！　フラグメンテーション

ファイルがバラバラしてふまん

（断片化）（フラグメンテーション）

ハードディスクのファイルの変更・追加・削除を繰り返すうちにファイルが断片化してしまうことをフラグメンテーションという。

7 RASIS（Reliability、Availability、Serviceability、Integrity、Security）

コンピュータシステムの信頼性設計の基本的な考え方として、RASISがある。意味は以下のとおりである。

「R」Reliability（信頼性）
　故障しにくいこと
「A」Availability（可用性）
　高い稼働率を維持できる
「S」Serviceability（保守性）
　障害が発生した場合に迅速に復旧できる
「I」Integrity（保全性）
　データが矛盾を起こさずに一貫性を保っていること
「S」Security（安全性）
　機密性が高く、不正アクセスがなされにくいこと

信頼性の代表的な指標にMTBF（Mean Time Between Failures）がある。稼働を開始（あるいは修理後に再開）してから次に故障するまでの平均稼働時間である。計算式は、

$$\mathrm{MTBF} = \frac{\text{システムの稼働時間}}{\text{故障回数}}$$

また、MTTR（Mean Time To Repair）は、平均修復時間のことで、保守性の代表的な指標である。システムが故障したときに修復に要した平均時間をいう。短いほど、システムの保守性が高いことを示し、稼働率の算出に利用される。計算式は、

$$\mathrm{MTTR} = \frac{\text{修復時間合計}}{\text{修復回数}}$$

重要ポイントを覚えよう！

1 □ コンピュータの種類は、PC、ワークステーション、メインフレーム、スーパーコンピュータ、マイクロコンピュータ、量子コンピュータ等である。

ワークステーションはCADやCG、CAEなどで、メインフレームは大量データを扱う。マイクロコンピュータは一般にPCよりも演算速度は遅い。

2 □ サーバとは、サービスを提供するソフトウェアの機能が稼働しているコンピュータのこと。

ルートサーバはDNSの最上位に存在する。プロキシサーバはPC情報が外部に漏れない。

3 □ 仮想記憶システムとは、補助記憶の一部分を主記憶のように見せ、実際の主記憶より大きな記憶領域を仮想的に作り出す技術である。

大きなプログラムや多くのプログラムを実行できるが、主記憶装置の容量が少ない状態で作業をはじめると、スラッシングが発生しやすい。

4 □ 信頼性の代表的な指標はMTBFである。

MTBFは、システムが障害なく動作することを示す指標で、長いほど信頼性が高い。

5 □ 保守性の代表的な指標はMTTRである。

MTTRは、平均修復時間のことで、障害発生時の保守のしやすさを示す指標である。短いほど保守性が高い。

問題

USB3.0に関する記述として、**適当でないもの**はどれか。

(1) 情報機器と周辺機器を接続するためのバス規格で、最大データ転送速度が5Gbpsにまで高速化されている。
(2) USB規格は上位互換が保証されているため、旧規格対応の機器も接続可能である。
(3) PCと周辺機器とを接続するATA仕様をシリアル化したものである。
(4) USB3.0からコネクタの形状が変わり、信号線が9本になった。

答え (3)

(1) 正しい。最大データ転送速度は、USB2.0のときは480Mbpsだったが、USB3.0では5Gbpsとなり、さらに、USB3.1で10Gbpsとなっている。(2) 正しい。USB規格は旧規格対応の機器でも接続可能である。ただし、通信速度は遅い方の規格になる。(3) 誤り。設問は、コンピュータにハードディスクなどを接続するための規格の1つ、SATA (Serial ATA) の説明である。ATAとは、コンピュータ本体にハードディスクなどのストレージ装置（外部記憶装置）を繋いで通信するための接続方式の標準規格の1つである。(4) 正しい。USB2.0のときは、信号線が4本だったが、USB3.0では9本に増えた。

Lesson 04 コンピュータⅡ

学習のポイント　1級重要度 ★★☆　2級重要度 ★★☆

● **リモートワークや在宅勤務の急増で、コンピュータの利便性向上が求められています。その技術を学びましょう。**

1 コンピュータの仮想化

ソフトウェアで複数のハードウェアを統合し、自由なスペックでハードウェアを再現する技術。限られた数量の物理リソース（CPU、メモリ、ハードディスク、ネットワーク等）を、実際の数量以上のリソース（論理リソース）が稼働しているように見せる。仮想化されたハードウェアはソフトウェアによって自由に設計できるため、柔軟性の高いシステムを構築できる。

1　サーバ仮想化

・1台のサーバ上で複数のオペレーティングシステム（OS）を同時動作させ、複数の業務システムの処理を可能にする。
・1つの業務システムがサーバを独占してしまう無駄がなくなり、サーバリソースをより有効に活用できる。
・CPUやメモリ等を増強するスケールアップや、サーバ台数を増やして処理能力を上げるスケールアウトも手軽に行える。

①ホストOS型

・ホストとなるOS上で仮想化ソフトウェアを使い、別のゲストOSを運用。
例）既に利用中のWindowsをホストOSとして、ゲストOSにMacintoshを運用する。
・ハイパーバイザ型と比べて処理速度が出にくい。

②ハイパーバイザ型

・ハードウェア上にハイパーバイザと呼ばれる仮想化ソフトウェアを直接

稼働させる方式。ハイパーバイザの上で複数のゲストOSを運用。

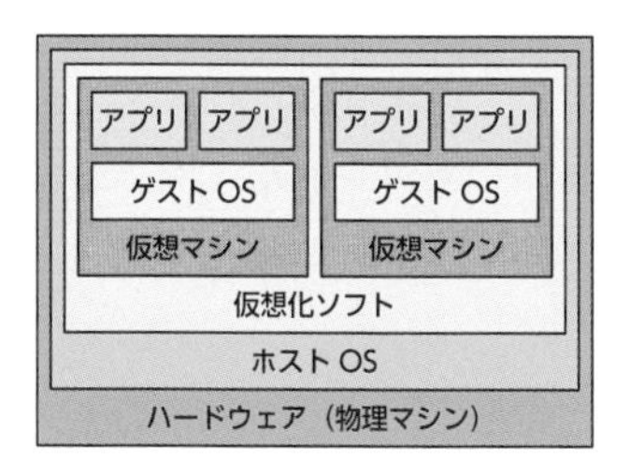

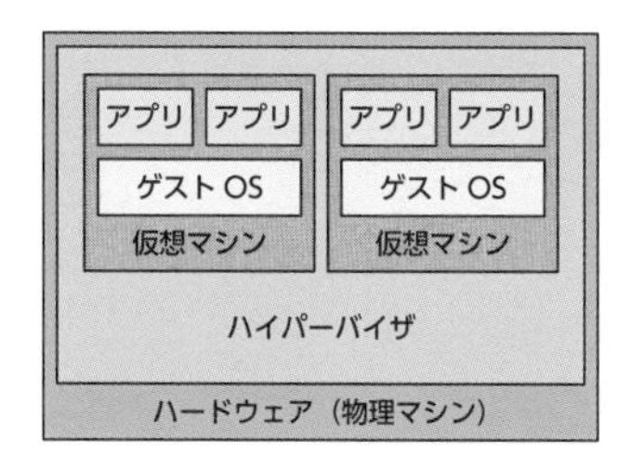

ホスト OS 型

ハイパーバイザ型

2　デスクトップ仮想化

・サーバ上に、クライアントPCのデスクトップ環境を構築し、クライアントPCの管理運用の省力化、セキュリティの向上、情報漏えいの対策などを可能にする技術である。

・クライアントPCの運用管理をサーバ側で一元管理できる。これができないと、運用管理に手間とコストがかかり、社用PCを紛失した際の情報漏えい等の危険性がある。

・外出先・出張先、自宅からでも、モバイルデバイス（PC、スマートフォン、タブレット端末等）を使い社内ネットワークにアクセスし通常業務PCのデスクトップ環境を利用できる。

・クライアントPC側にデータを残さないため、セキュリティ管理の面でも安全性が高い。

3　ストレージ仮想化技術

・複数台のストレージ装置（物理ストレージ）を統合した仮想的な大容量ストレージ（論理ストレージ）をコンピュータネットワーク上に設けることができ、業務の成長に合わせたストレージ装置の増強や業務量に応じた記憶領域の分割を柔軟に行える。

・統合された仮想ストレージを集中管理することができ、ストレージ装置ごとに空き容量を個別に管理する手間等もなくなる。

4　ネットワーク仮想化技術

・既設の物理的なネットワーク（通信回線、ルータ等のネットワーク関連装置）上に複数の異なる論理ネットワークを構築する。
・サーバ仮想化技術によって1台のサーバ上に複数の仮想サーバが設置されると、それらのサーバ間やクライアントPCと接続するためのネットワークが必要になる。
・ハードウェア構成やネットワーク設備を変更せずソフトウェア的に複数の論理ネットワークに分割することで、仮想サーバの増加に応じたネットワークの割り当てが可能。
・ネットワークへの投資コストを抑制することができ、ネットワーク管理も一元化できる。

2　コンピュータの記憶管理

メモリの容量を効率的に使用するため、OSによる記憶管理が行われており、その方法には実記憶管理と仮想記憶管理がある。

①実記憶管理

それぞれのプログラムとそのためのデータが使用する主記憶装置の領域の確保と解放を管理する機能のことである。区画方式には、固定区画方式、可変区画方式、スワッピング方式、オーバーレイ方式などがある。可変区画方式は、プログラムの大きさに応じて領域を割り当てる。スワッピング方式は、ジョブの優先度に応じてジョブを入れ替える。

②仮想記憶管理

仮想的なアドレスを設けて記憶領域を管理し、飛び飛びになっている領域を一連の領域として利用する。仮想記憶に分割して配置されたプログラムは、必要になった時点で実記憶に割り当てられる（動的再配置）。このとき、仮想アドレスを実アドレスへ変換するハードウェアを動的アドレス変換機構DAT（Dynamic Address Translation）といい、動的アドレス変換の代表的な方式には以下のものがある。

・**ページング方式**

仮想記憶装置の仮想アドレス空間と主記憶装置の実アドレス空間を固定サイズに分割して管理する方式。

・**セグメント方式**

仮想記憶装置の仮想アドレス空間と主記憶装置の実アドレス空間を論理上のまとまった記憶域で分割して管理する方式。

3 ライブマイグレーション

ホスト（物理サーバ）上で動作中の仮想マシンを、OSやソフトウェアを停止させずに別のホストへ移行できることを、ライブマイグレーションという。

従来、仮想マシンを別のホストへ移行する際は、OSやソフトウェアなどの動作を完全停止し行うのが常識だったが、ライブマイグレーションでは、サービスを停止させずに、仮想マシンが物理サーバ間を自由に行き来することが可能で、仮想マシンによるサービスを提供しながらホストのメンテナンスを行う場合などに活躍する。また、負荷の高いホストから他の余裕のあるホストへ動的に仮想マシンを移行することも可能である。

語呂合わせで覚えよう！ ライブマイグレーション

いくぜ！ノンストップ
（移行）　（停止させない）
マイライブ！
（ライブマイグレーション）

ライブマイグレーションとは、OSやソフトウェアを停止させずに別のホストへ移行できることである。

4 クライアントサーバシステム

クライアント部とサーバ部の2つの部分に分かれて処理を分担する。クライアントの要求をサーバに渡し、サーバではその要求に従い処理を行いその結果をクライアント部に返す。サーバでデータや処理を集中管理して、情報伝達や保守の効率向上が可能である。

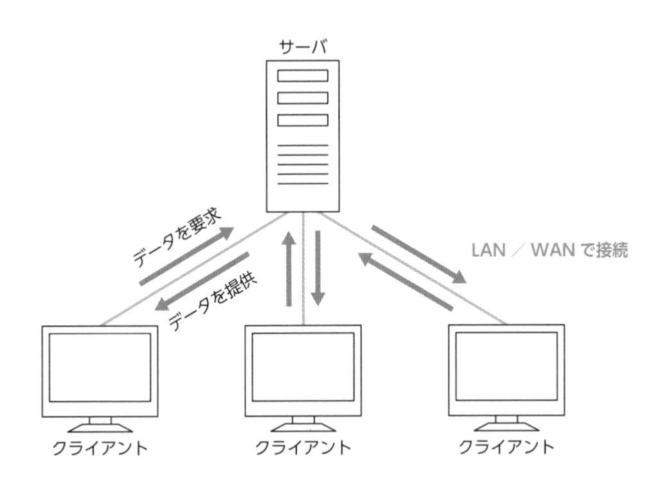

5 クラウドコンピューティングサービス

インターネット上のサーバにあるコンピュータが提供している機能を、インターネット経由で利用する仕組みで、インターネットの接続環境があれば、サーバ上で提供している機能やサービスを利用できる。会社のPCからでも、自宅でスマホからでも、同一のデータにアクセスでき、同一のサービスを利用できる。自身のPCにアプリケーションのインストールは不要である。

クラウドとは「雲」のことで、インターネットを図式化する際に雲の図柄で表すことから、インターネット上の環境のことをクラウドと呼んでいる。

6 ハードディスクの稼働率

稼働率とは、システムが動作している確率のことで、「稼働率＝動作した時間／全体の時間」で表すことができる。また、稼働率は、ディスクの信頼性を示す。

7 RAID（Redundant Arrays of Inexpensive Disks）

RAIDとは、直訳すると「安価なディスクの冗長な配列」という意味で、2台以上のハードディスクを仮想的に1つのドライブであるようにPCに認識させる技術である。RAIDレベルにはRAID 0～RAID 6があるが、ここでは試験によく出るRAID 0、RAID 1、RAID 5を説明する（次ページの図も参照）。

① RAID 0

- ストライピングとも呼ばれる。
- 1つのファイルを半分に分割して2台のハードディスクに分けて格納すると、ファイルを読み書きする時間は、それぞれのハードディスクが同時に半回転する時間で1/2になる。
- 他のRAIDは信頼性が向上するが、RAID 0だけは処理を速くするもので「信頼性の向上はゼロ」のため0の番号となっている。
- 他のRAIDと組み合わせて使う。
- 全体の稼働率は、単体の稼働率X、台数nとすると、X^n。

② RAID 1

- 複数台のハードディスクに同じデータ（鏡に映ったように同じデータ）を書き込むので「ミラーリング（mirror＝鏡）」という。
- 2台のハードディスクに同じデータを書き込めば、どちらか一方が故障しても、データを失わない。
- （2台のどちらか一方が動作する確率）＝1－（2台が同時に故障する確率）であり、稼働率Xの装置の並列接続と同等である。
- 全体の稼働率は単体の稼働率をX、台数をnとすると、$1-(1-X)^n$。

③ RAID 5

・複数のハードディスクにデータとパリティ情報をそれぞれ分散して記録。
・1台のハードディスクが故障しても残りのハードディスクのデータとパリティ情報から元のデータを復元できる。
・回復可能なのは1台のディスク故障までで、同時に2台以上が壊れると回復は不可能。
・耐障害性も実効容量も得たい場合に使用し、バランスが取れた構成で広く利用されている。

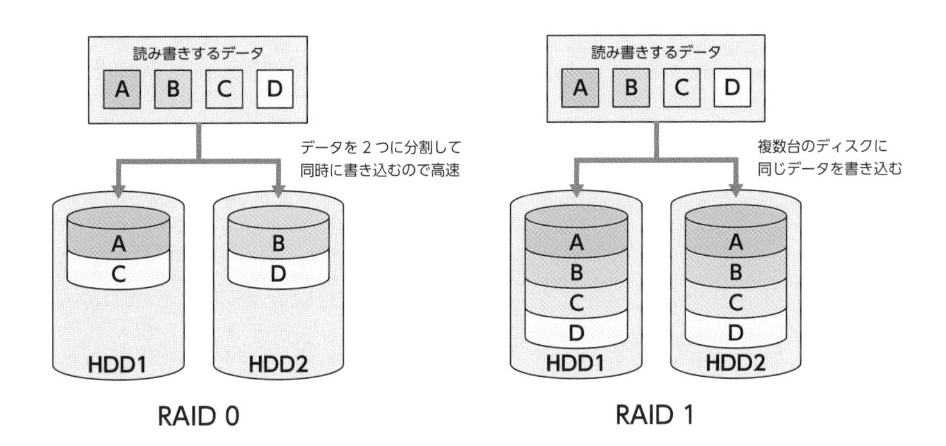

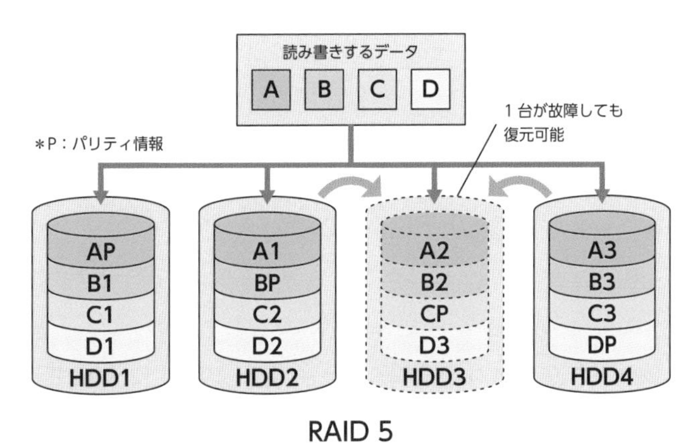

④ RAID の稼働率

RAID の稼働率は、以下のような計算で求められる。

例）２台のハードディスク（HDD）で構成した RAID 1（ミラーリング）を２組用いて RAID 0（ストライピング）構成とした場合の稼働率は？

➡ HDD 単体の稼働率は 0.8 とすると、RAID 1 の稼働率は、

$1 - (1 - 0.8)^2 = 0.96$

➡これを用いて RAID 0 にすると、

$(0.96)^2 \fallingdotseq 0.92$

8 データ伝送方式

①シリアル通信（直列伝送方式）

・１本の通信回線で、データを１ビットずつ順番に伝送。

・低コストであり、配線が簡単で、パソコンに標準で搭載されるなどしていた。RS-232Cなどが代表的なシリアル通信規格で、最も広く使われていた。

②パラレル通信（並列伝送方式）

・複数の通信回線で、データを一度に複数ビット伝送。

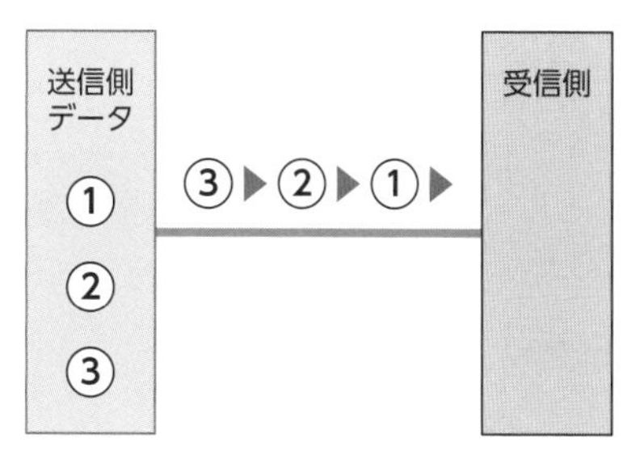

シリアル通信

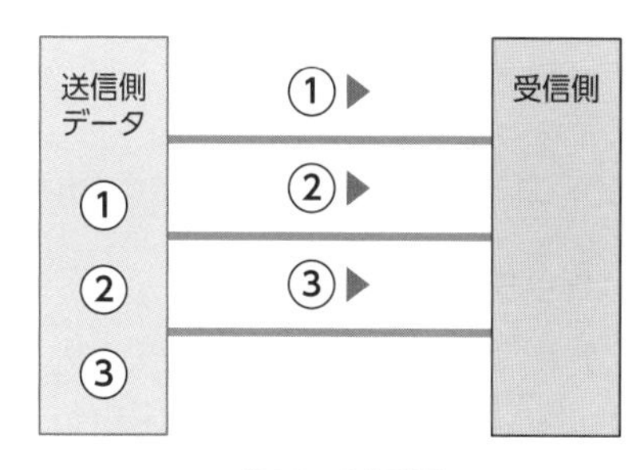

パラレル通信

9 データベース管理システム（DBMS：DataBase Management System）

データベースを管理し、データの結合や抽出、比較などを行うためのソフ

トウェアの総称を、データベース管理システム（DBMS）という。

・データベース定義機能：データ群の構造であるスキーマ（概念）を定義する。

・データベース操作機能：データベースの検索や更新をする。

・データベース制御機能：データのアクセス制御をする。

・保全機能：同時更新や障害に対してデータベースを保全するための排他制御や障害管理など。

10 コンピュータシステムの処理形態と利用形態

1 コンピュータシステムの処理形態

①集中処理方式

高性能コンピュータに複数の端末を接続しユーザ間で共有し、すべての処理を1台で行う。

②分散処理方式

複数のコンピュータをネットワークで接続し、演算処理などを分担しながら、全体で処理を進める。

③並列処理

仕事をいくつかに分割し、複数のCPUやコンピュータに割り当て同時並行に処理をすすめ、システム全体の処理効率を上げる。

2 コンピュータシステムの利用形態

①バッチ処理

処理すべきデータを溜めておき、一連の処理を自動化し、人手を使わずにまとめて一括処理して効率をあげる。

②リアルタイム処理

一つ一つの仕事を即時に処理すること。

③対話型処理

処理のたびにユーザからの指示を受け付け、それに応じた処理結果を返すことを会話のように繰り返す。

11 CPU の性能評価指標

CPU の性能を決める要素としては、コア数、スレッド数、クロック周波数、キャッシュ、バススピードなどがあるが、CPU の性能を評価する指標には、以下のようなものがある。

種類	概要
CPI (Clock cycles per instruction)	CPUにおける1命令当たりの平均クロックサイクル数
MIPS (Million instructions per second)	1秒間あたりの演算数（単位：100万回）
FLOPS (Floating-point operations per second)	1秒間あたりに実行可能な浮動小数点演算数

このほか、SPEC や EEMBC などのベンチマークテストも使われている。

1 □ 仮想マシンで稼働している OS を停止させることなく、別の物理ホストに移動させる技術を、ライブマイグレーションという。

負荷の高いホストから他の余裕のあるホストへ動的に仮想マシンを移行することが可能である。

2 □ 物理サーバのハードウェア上で、仮想化ソフトウェアを直接稼働させる方式をハイパーバイザ型という。

ハードウェア上にハイパーバイザと呼ばれる仮想化ソフトウェアを動作させ、ハイパーバイザの上で複数のゲスト OS を運用する。

3 □ 物理サーバの OS 上で、仮想化ソフトウェアを動作させる方式をホスト OS 型という。

ホストとなる OS 上で仮想化ソフトウェアを使い、別のゲスト OS を運用する。ハイパーバイザ型と比べて処理速度が出にくい。

4 □ RAID とは、2 台以上の HDD を仮想的に 1 つのドライブであるように PC に認識させる技術である。

RAID 0 ～ RAID 6 がある。

5 □ RAID 1 は、複数台のハードディスクに同じデータを書き込む（ミラーリング）方式である。1 台が故障しても、データが失われない。

RAID 0（ストライピング）は、1 つのファイルを半分に分割して 2 台のハードディスクに分けて格納する。RAID 5 は、複数のハードディスクにデータとパリティ情報をそれぞれ分散して記録する。

6 □ 2 台の HDD で構成した RAID1（ミラーリング）を 2 組用いて RAID0(ストライピング) 構成とした場合の稼働率は、$\{1-(1-X)^2\}^2$ で求められる。

RAID0 の全体の稼働率は、単体の稼働率を X、台数を n とすると、X^n で求められる。

7 □ データ伝送方式には、シリアル通信（直列伝送方式）とパラレル通信（並列伝送方式）がある。

シリアル通信は、1 本の通信回線で、データを 1 ビットずつ順番に伝送し、パラレル通信は、複数の通信回線で、データを一度に複数ビット伝送する。

8 □ データベース管理システム（DBMS）の機能として、データベース定義機能、データベース操作機能、データベース制御機能、保全機能がある。

データベース定義機能では、データ群の構造であるスキーマを定義する。

9 □ **CPUの性能を評価する指標には、CPI、MIPS、FLOPSがある。**

CPIは1命令あたりの平均クロックサイクル数で、MIPSは1秒間あたりの演算数（単位：100万回）、FLOPSは1秒間あたりに実行可能な浮動小数点演算数である。

実践問題

問題

サーバの仮想化技術に関する記述として、**適当なもの**はどれか。

(1) 仮想サーバで稼働しているOSやソフトウェアを停止することなく、別の物理サーバへ移行できる技術を、フラグメンテーションという。

(2) 1台のサーバ上で複数オペレーティングシステムを同時動作させ、複数の業務システムの処理が可能で、サーバリソースをより有効に活用できる。

(3) サーバの数を増やして処理を分散することで処理能力をあげる方法をスケールアップという。

(4) 物理サーバのハードウェア上で、仮想化ソフトウェアを直接稼働させる方式を、ホストOS型という。

答え (2)

(1) 誤り。ライブマイグレーションについての記述である。フラグメンテーションは、空き領域が細分化されて利用しにくくなることである。(2)正しい。(3)誤り。スケールアウトについての記述である。スケールアップは、CPUやメモリを増強することである。(4) 誤り。ハイパーバイザ型の記述である。ホストOS型は、ホストとなるOS上で仮想化ソフトウェアを使って別のOSを運用する。

半導体デバイス

学習のポイント　1級重要度 ★★★　2級重要度 ★★★

- **半導体デバイスとは一般的には単体で特定の機能を持つ半導体を用いた電子部品・機器・周辺機器のことを指します。**

物質は、抵抗率（電気の流れにくさ）を基準とし、導体、半導体、絶縁体に区分される。半導体のうち、不純物をほとんど含まない状態の真性半導体は、そのままだとつながりが強固であるため高い抵抗値を示す。真性半導体にある種の元素などを混ぜると電気を通しやすくなる。

1　半導体

温度が上昇すると抵抗率が減り電気を通しやすくなる。次に述べるP形半導体とN形半導体の接するPN接合面では、キャリア（後述の正孔と電子を指す）がほとんど存在しない空乏層（絶縁状態）ができるが、P形に電源の正（+）を、N形に電源の負（−）をつなぎ電圧をかけると電流が流れる。

1　単元素半導体

① P形半導体：(Positive) 形半導体

4価のシリコン(Si)やゲルマニウム(Ge)の真性半導体に、3価のホウ素(B)やインジウム（In）を加えると、価電子が1個不足して正孔ができ、この正孔が移動し電流が流れる（次ページの図の❶部分）。

② N形半導体：(Negative) 形半導体

4価のシリコン（Si）やゲルマニウム（Ge）の真性半導体に、5価のヒ素（As）やアンチモン（Sb）を加えると、価電子が1個余り、電子が移動し電流が流れる（次ページの図の❷部分）。

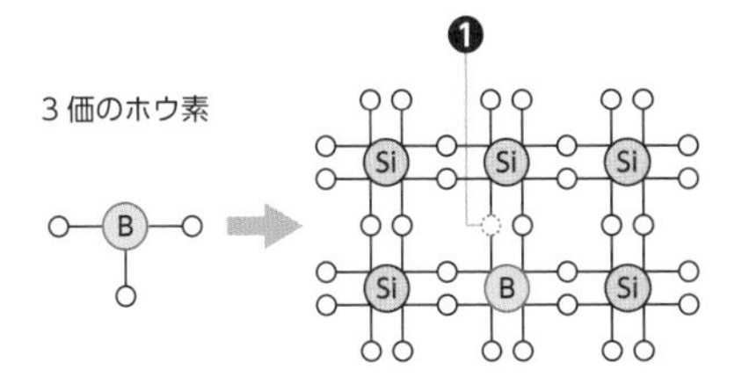

P形半導体の例

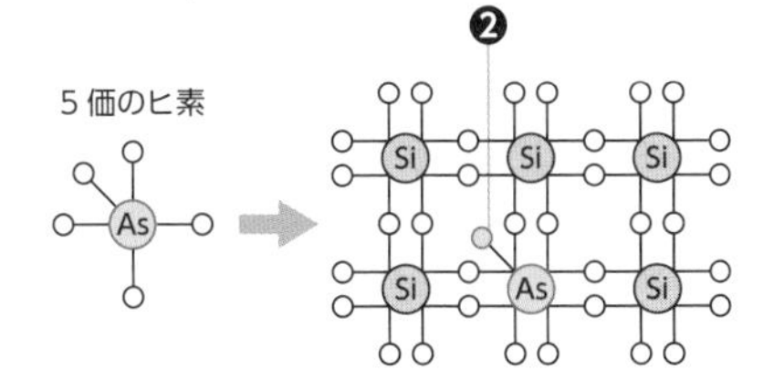

N形半導体の例

2 化合物半導体

複数の元素からなる化合物を材料にしている半導体で、シリコンよりも電子の移動速度がはるかに速いため電子回路の高速動作が可能で、電子機器に広く使われている。

2 ダイオード

ダイオードとは、電気の流れ（電子の流れ）を一方通行に制御（整流）する電子部品のことである。

1 整流作用

ダイオードの素子はPN接合と呼ばれる構造で、P形半導体からの端子をアノード、N形半導体からの端子をカソードといい、電流はアノードからカソードへ流れ、その逆はほぼ流れない。また、交流を直流に変換することができる。この半導体のPN接合の性質を利用したものとして整流作用、太陽電池、発光ダイオード等がある。

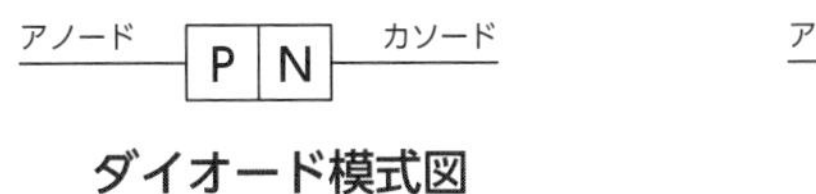

ダイオード模式図

アノード　カソード

ダイオード図記号

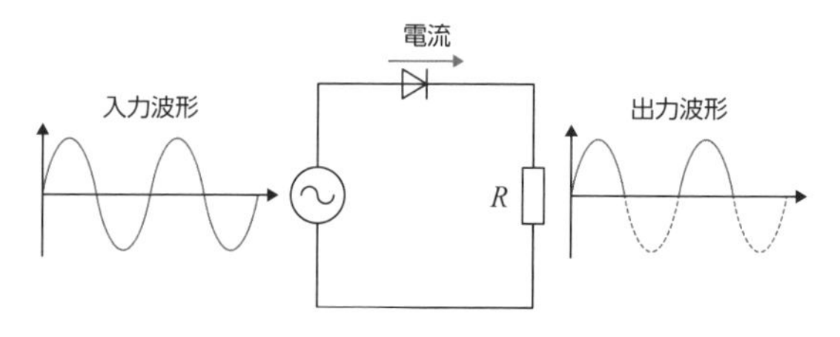

ダイオードの整流作用

名称	概要
PN ダイオード	PN接合の整流性が現れる。
ショットキーバリアダイオード	高速のスイッチングが可能。
定電圧ダイオード (ツェナーダイオード)	一定の電圧値を得る。
定電流ダイオード	一定の電流値を得る。
トンネルダイオード (エサキダイオード)	量子トンネル効果で順方向電圧を大きくすると電流値が少なくなる負性抵抗をもつ。
PIN ダイオード	順方向バイアス時に高周波電流を通過させる。
レーザダイオード	半導体レーザで半導体の再結合発光を利用している。
フォトダイオード	光を当てると電流が流れる（光を検出）。
バリスタ	一定電圧を超えると電気抵抗が低くなる。サージ（異常電圧）から回路を保護する素子。
点接触ダイオード	ゲルマニウムなどの半導体の表面に金属の針を立て点状に接触させたときの整流現象を利用する素子。
発光ダイオード	発光（赤、緑、青など）する。

ダイオードの種類と概要

2　波形整形回路

・**スライサ回路**：入力波形の一部をうすく切りとる（スライスする）ように機能する。

・**ピーククリッパ回路**：クリッパ*のうち、波形の上の部分を切り取り、残りを出力する回路。
・**ベースクリッパ回路**：クリッパのうち、波形の底の部分を切り取り、残りを出力する回路。
・**リミッタ回路**：ベースクリッパとピーククリッパを組み合わせた回路。入力波形の振幅を制限する機能をもつ。

用語

クリッパ：入力電圧を、ある一定電圧で切り取り、残りの部分を出力する回路。

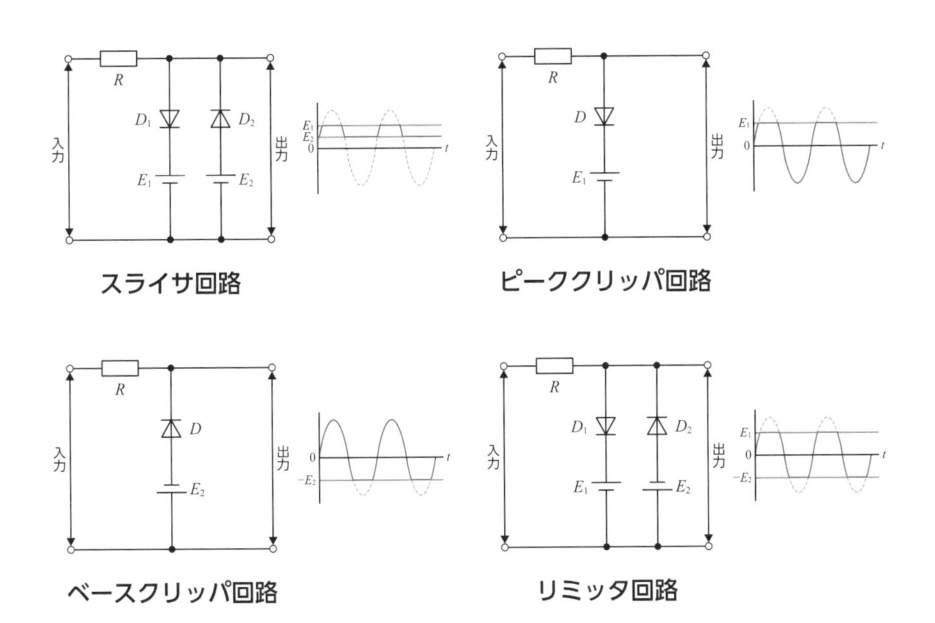

3 トランジスタ（transistor）

主にシリコンで構成され、P形半導体とN形半導体をNPN、またはPNPのサンドイッチ状に接合した半導体デバイスである。各トランジスタにはエミッタ、ベース、コレクタの3つの端子がある。

特性はスイッチング作用と電流電圧の増幅作用の2点である。入力端子から外部信号を受け取り、オンオフを切り替えるスイッチング作用を行う。このスイッチング作用と増幅作用を活用し、パソコン、スマートフォン、家電、デジタルカメラなど、私たちの身の回りのあらゆる機器にトランジスタは組み込まれている。トランジスタの種類と概要を以下に示す。

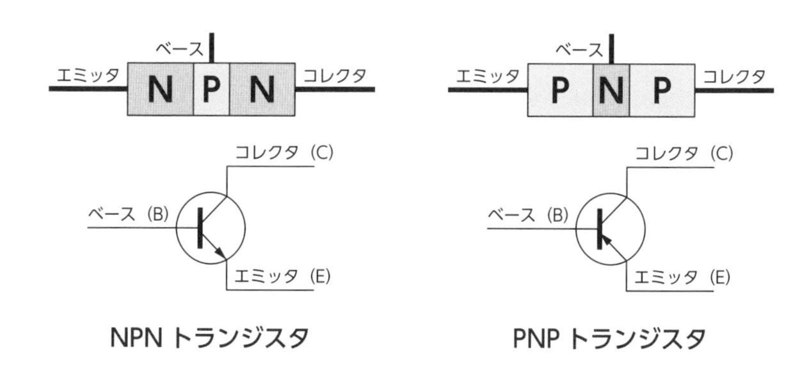

名称	概要
バイポーラトランジスタ	NPNトランジスタと、PNPトランジスタがあり、ベース-エミッタ間を流れる電流でコレクタ-エミッタ間の電流を制御。
電界効果トランジスタ (FET)	ゲート部にかかる電圧（ゲート電圧）でソース-ドレーン間の電流を制御。LSIの中では最も一般的に使用されている。接合形とMOS形（MOS-FET）がある。
MOS トランジスタ	MOS（金属酸化膜半導体）構造のゲート電極を持つ電界効果トランジスタ。ゲート電圧によりソース-ドレーン間の電流を制御し、電気信号の増幅やスイッチングの動作を行う。
絶縁ゲートバイポーラトランジスタ (IGBT)	出力部分にバイポーラ型トランジスタを組み込んだパワー半導体デバイスの一種。電圧制御で電車のモータ制御のような大電力のスイッチングが可能。
トレンチ MOS 構造アシストバイポーラ動作 FET	遮断状態はFETのように動作するが、導通状態ではFETとバイポーラトランジスタを混成したような動作となるトランジスタ。

フォトトランジスタ	光信号で電流を制御する。パッケージには、光を透過する樹脂またはガラスが用いられ、主に光センサとして用いられる。同一パッケージ中に発光素子と組み合わせて封止したフォトカプラは、電源系統の違う回路間で絶縁を保ったまま信号伝達するのに用いられる。
パワーバイポーラトランジスタ	大電力の電動機の制御等を行うために開発されたバイポーラトランジスタ。特性の良いパワーMOS-FETやIGBTに置き換えられつつある。

トランジスタの種類と概要

1　入力信号の増幅作用

微弱な電流を❶ベースに送り込むと❷コレクタ、❸エミッタのラインに大きな電流が流れる。

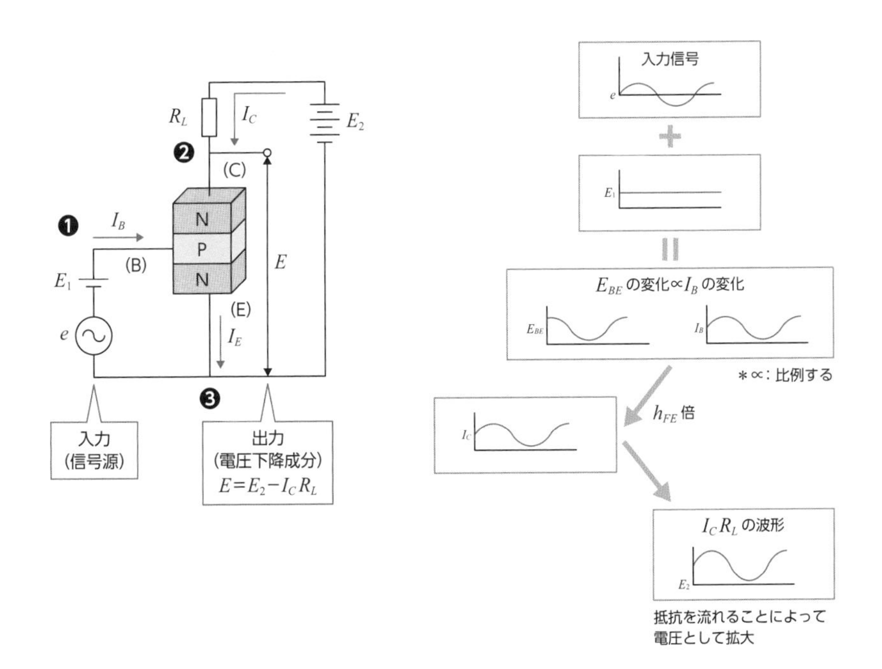

[問題例]

下図のトランジスタ回路の V_{CE} ［V］を求めなさい。
ただし、V_{BE} = 0.7 ［V］、直流電流増幅率（h_{FE}） = 200とする。

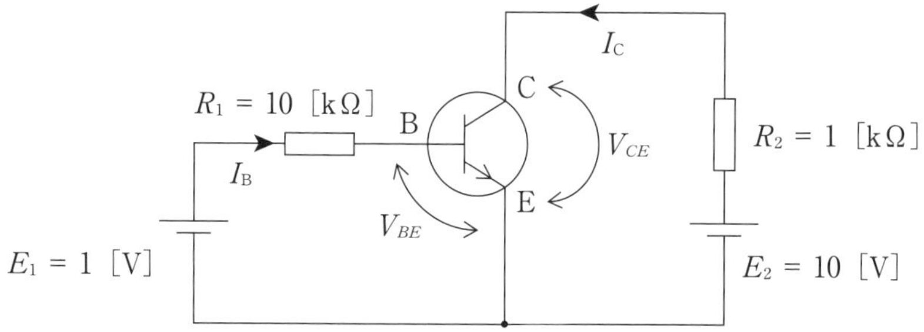

[解答例]

まず、ベース電流 I_B を求める。

R_1 にかかる電圧は、$E_1 - V_{BE} = 1 - 0.7 = 0.3$ ［V］

$I_B = 0.3/R_1 = 0.3/(10 \times 10^3) = 0.03 \times 10^{-3} \rightarrow 0.03$ ［mA］

次に、コレクタ電流 I_C を求める。

$I_C = h_{FE} \cdot I_B = 200 \times (0.03 \times 10^{-3}) = 6 \times 10^{-3} \rightarrow 6$ ［mA］

R_2 にかかる電圧は、$I_C \cdot R_2 = (6 \times 10^{-3}) \times (1 \times 10^3) = 6$ ［V］

よって、$V_{CE} = E_2 - 6 = 10 - 6 = 4$ ［V］

2　エンハンスメント形MOS-FETの特徴

MOS-FETはゲート、ドレーン、ソースの端子からなり、ゲート電極が半導体酸化物の絶縁膜を介しているトランジスタで、電圧駆動のための駆動損失が小さく、近年の主力デバイスである。MOS-FETにはいくつか種類があるが、このうちエンハンスメント形の特徴は次の通り。

・ゲートに電圧を加えないとドレーン電流が流れない。
・ゲート電圧を大きくするとドレーン電流が増加する。
・NchFETの場合、ゲートにかける電圧が正の領域で動作する。

・ゲート電圧を加えるとゲート直下に反転層が形成される。

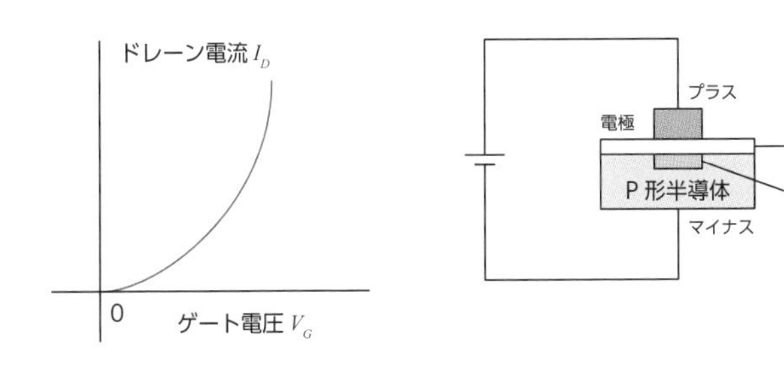

4 集積回路（IC:Integrated Circuit）

大きさ数 mm ～十数 mm 角のシリコン（Si）ウエハ上に、トランジスタやダイオード、抵抗、コンデンサなどの回路素子を作り込み、それぞれの素子間を相互に配線することで、ある機能をもった電子回路として機能させる。これを IC チップ（Chip）というが、このままでは取り扱いが不便で他の IC との接続も困難になるので、通常はパッケージに入れて使われる。SSI、MSI、LSI、VLSI、ULSI は１個の IC チップのなかに集積される素子数（トランジスタ数）で区分したものである。

略号	意味	素子数	主な年代
SSI（Small Scale IC）	小規模IC	100素子以下	1958～1960年代
MSI（Medium Scale IC）	中規模IC	100～1000素子レベル	～1960年代
LSI（Large Scale IC）	大規模IC	1000素子以上	1970年代～
VLSI（Very Large Scale IC）	超大規模IC	100万素子以上	1980年代～
ULSI（Ultra Large Scale IC）	超々大規模IC	1000万素子以上	1990年代～

集積回路と種類

5　マイクロプロセッサー（MPU：Micro-Processing Unit）

CPUの機能を、1個または数個程度の集積回路に収めたもの。CPUと同じ意味として使われることが多いプロセッサー*である。

マイクロプロセッサーの誤動作の原因には、中性子線やアルファ線、静電気放電、雷等による電源ノイズなどがある。

用語

プロセッサー：コンピュータにて様々な処理を行う装置。

6　発振回路

1　原理

増幅回路と帰還回路から構成される。

帰還回路は、出力信号の中に含まれる信号のうち、発振を持続させたい周波数を選択し、これを増幅器の入力として正帰還させる。正帰還された信号は増幅回路で増幅されるが、増幅回路の非直線性や増幅回路の飽和特性により、やがて一定振幅に落ち着き持続した交流を作る。

2　発振現象

増幅器で増幅された出力信号を再び入力側に戻すことを繰り返すと、信号はどんどん大きくなり、やがて一定の大きさ（振幅）で振動する電気的な波になる。例えば、ハウリング*もこの発振現象である。

用語

ハウリング：マイクとスピーカを近づけたとき、マイクが拾った音をアンプが増幅し、その音がスピーカから出力され、さらにその音をマイクが拾う。これを繰り返し、大きな音になること。

3 用途

電波の放射や、デジタル回路におけるクロックパルス（デジタル回路が動作する時に、タイミングを取る（同期を取る）ための周期的な信号）を発生させる。

4 ハートレー発振回路

ハートレー発振回路は、LCによる正帰還発振回路のうちの1つである。発振現象を起こしているのはコイル2つとコンデンサ1つの組み合わせ(LC発振）である。コイルは抵抗があるため、振動電流は減衰し最後には消滅し発振回路にはならないのでトランジスタ増幅回路を加えて、電気振動を継続させる。

ハートレー発振回路における発振周波数f_0の式は、次のように表す。

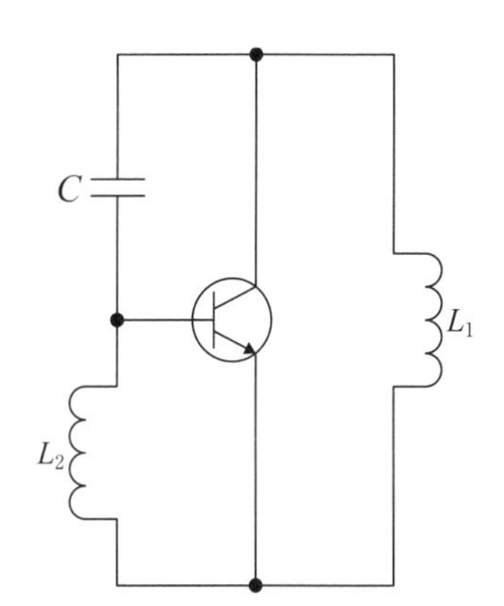

$$f_0 = \frac{1}{2\pi\sqrt{(L_1 + L_2 + 2M)\ C}}$$

M：相互インダクタンス

5 コルピッツ発振回路

ハートレー発振回路の、コイルをコンデンサに、コンデンサをコイルに置き換えた発振回路。

$$f_0 = \frac{1}{2\pi}\sqrt{\frac{1}{L}\left(\frac{1}{C_1} + \frac{1}{C_2}\right)}$$

重要ポイントを覚えよう！

1 □ 物質は、抵抗率（電気の流れにくさ）を基準として導体、半導体、絶縁体に区分される。

導体は、電気をよく通す物質で、半導体は導体と絶縁体の中間の性質、絶縁体は電気を通さない物質である。

2 □ 半導体は、温度が上昇すると抵抗率が減り電気を通しやすくなる。P形半導体とN形半導体がある。

P形半導体は、4価の真性半導体に3価の元素を加えると価電子が1個不足して正孔ができ、これが移動して電流が流れる。N形半導体は4価の真性半導体に5価の元素を加え、価電子が1個余り電子が移動し電流が流れる。

3 □ 波形整形回路は、スライサ回路、リミッタ回路、ピーククリッパ回路、ベースクリッパ回路がある。

リミッタ回路は入力波形の振幅を制限するように機能し、ピーククリッパ回路は、クリッパのうち波形の上の部分を切り取って残りを出力、ベースクリッパ回路は波形の底の部分を切り取り、残りを出力。

4 □ バイポーラトランジスタとは、主にシリコンで構成される半導体デバイスで、NPNトランジスタとPNPトランジスタがある。

特性は、スイッチング作用と電流電圧の増幅作用の2点である。パソコン、スマートフォンなど、あらゆる機器にトランジスタは組み込まれている。

5 □ マイクロプロセッサーとは、CPUの機能を、1個または数個程度の集積回路に収めたもの。CPUと同じ意味として使われることが多い。

マイクロプロセッサーの誤動作の原因には、中性子線やアルファ線、静電気放電、雷等による電源ノイズなどがある。

実践問題

問題

FETに関する次の記述の［　　］に当てはまる語句の組合せとして、**適当なもの**はどれか。

「FETは、［(ア)］電圧により生じる電界によってソース、ドレーン間の電流を制御する素子であり、接合形と［(イ)］形がある。次の記号は接合形の［(ウ)］チャネルFETを示す。」

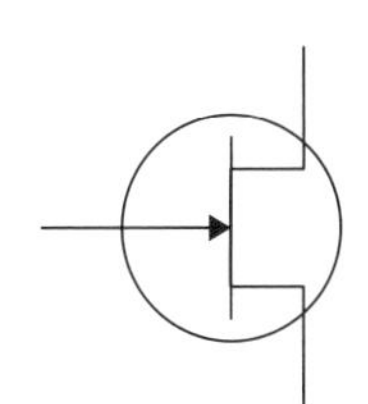

	(ア)	(イ)	(ウ)
(1)	ゲート	MOS	n
(2)	ドレーン	MSI	n
(3)	ベース	MOS	p
(4)	ドレーン	DPI	p

答え (1)

トランジスタはベース電流によって制御するが、FETはゲート電圧で制御する。トランジスタと同様に、増幅作用とスイッチングの機能がある。スイッチング速度は、トランジスタより速く消費電力が少ない。CPUなどのデジタルICには、ほとんどMOS-FETが用いられている。トランジスタとFETの各端子は、以下のように対応している。

ベース⇔ゲート

コレクタ⇔ドレーン

エミッタ⇔ソース

Lesson 02 電子回路

学習のポイント　1級重要度 ★★☆　2級重要度 ★★★

● **電子回路にはアナログ回路とデジタル回路があり、現代の電子機器の多くは、これらの回路で成り立っています。各回路の特徴を学びましょう。**

1 アナログ回路

アナログ回路は、電流または電圧が連続的に変化する電子回路である。基本構成部品として、配線、抵抗器、コンデンサ、コイル、ダイオード、トランジスタなどがある。

人間が見たり、聞いたり、触ったりするユーザインターフェースは、アナログそのものである。人間が作用するものは全てアナログなので、デジタルを利用しても最終的にはアナログへの変換が必要である。下図のように連続的な情報であるアナログ信号を取り扱う回路をアナログ回路、離散的な情報であるデジタル信号を取り扱う回路をデジタル回路と呼ぶ。

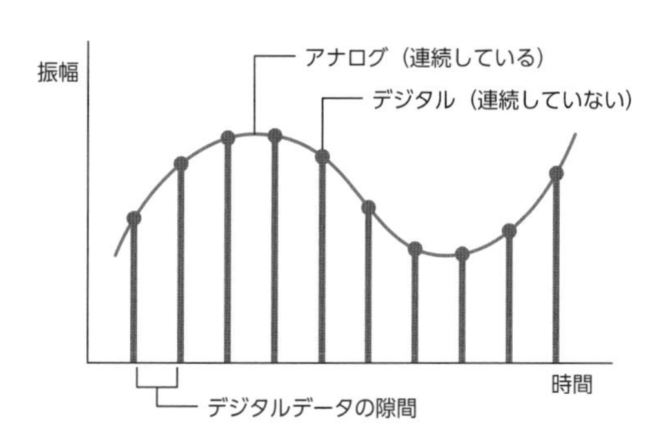

アナログ信号とデジタル信号

2 デジタル回路

デジタル回路とは、離散的な情報である「0」や「1」などのデジタル信号（パルス）を入出力して真理値や数値を表す回路のことで、論理回路とも呼ばれる。

論理素子であるAND、OR、NOTなどを組み合わせて、論理回路を構成する。また、論理回路が入力信号に対しどのように応答するかを表したものが真理値表である。

デジタル回路では、パリティビット*を設けることで、1ビットエラーが起きたときに誤りを検出することができる。

用語

パリティビット：データ内の「1」の個数が偶数か奇数かを表す目印のこと。送り手側でデータの中にある「1」の個数を数え、「1」の個数が偶数か奇数かの目印を付ける。
例）偶数だったら「0」奇数だったら「1」を付ける➡目印を付けたデータを相手に送る➡受け手側でデータの中にある「1」の個数を数える➡目印の示す偶数・奇数と実際の「1」の個数の偶数・奇数が一致するか判定する。

3 論理回路

論理回路とは、コンピュータなどのデジタル信号を扱う機器において、論理演算を行う電子回路のことである。AND素子、OR素子、NOT素子、NAND素子、NOR素子などがある。次ページに、各論理素子に対する論理式と回路図、真理値表の一覧を示す。

論理素子	論理式	回路	真理値表
AND	$F=A \cdot B$		入力 | 出力 A B | F 0 0 | 0 0 1 | 0 1 0 | 0 1 1 | 1
OR	$F=A+B$	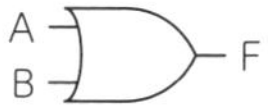	入力 | 出力 A B | F 0 0 | 0 0 1 | 1 1 0 | 1 1 1 | 1
NOT	$F=\overline{A}$	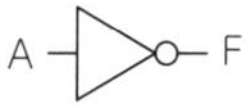	入力 | 出力 A | F 0 | 1 1 | 0
NAND	$F=\overline{A \cdot B}$		入力 | 出力 A B | F 0 0 | 1 0 1 | 1 1 0 | 1 1 1 | 0
NOR	$F=\overline{A+B}$	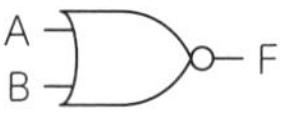	入力 | 出力 A B | F 0 0 | 1 0 1 | 0 1 0 | 0 1 1 | 0

① AND（論理積）

入力のAとBが1の時のみ1を出力する。入力のAとBのどちらか又はどちらも0なら0を出力。

② OR（論理和）

入力のAとBのどちらか又はどちらも1の時のみ1を出力。入力のAとBのどちらも0なら0を出力。

③ NOT（論理否定）

出力が常に入力の論理値を反転した値。入力が0なら1を出力し、入力が

1なら0を出力。

④ NAND（論理積の否定）

AND素子の反転である。AND素子は、入力のAとBが1の時のみ1を出力するが、NAND素子では出力は反転し0になる。AND素子で入力のAとBのどちらか又はどちらも0なら0を出力するが、NAND素子では出力は反転し1になる。

⑤ NOR（論理和の否定）

OR素子の反転である。OR素子は、入力のAとBのどちらか又はどちらも1の時のみ1を出力するが、NOR素子では出力は反転し0になる。OR素子は入力のAとBのどちらも0なら0を出力するが、NOR素子では出力は反転し1になる。

1 □ アナログ回路は、電流や電圧が連続的に変化する回路で、デジタル回路は、「0」と「1」のデジタル信号を入出力させる回路である。

デジタル回路では、1ビットエラーが起きてもパリティビットを設けることで誤り検出が可能である。

2 □ 論理回路とは、コンピュータなどのデジタル信号を扱う機器において、論理演算を行う電子回路である。

AND素子、OR素子、NOT素子、NAND素子、NOR素子などがある。
NAND素子、NOR素子は、それぞれ、AND素子、OR素子の反転である。

実践問題

下図に示す論理回路と同じ出力が得られる論理回路として、**適当なもの**はどれか。

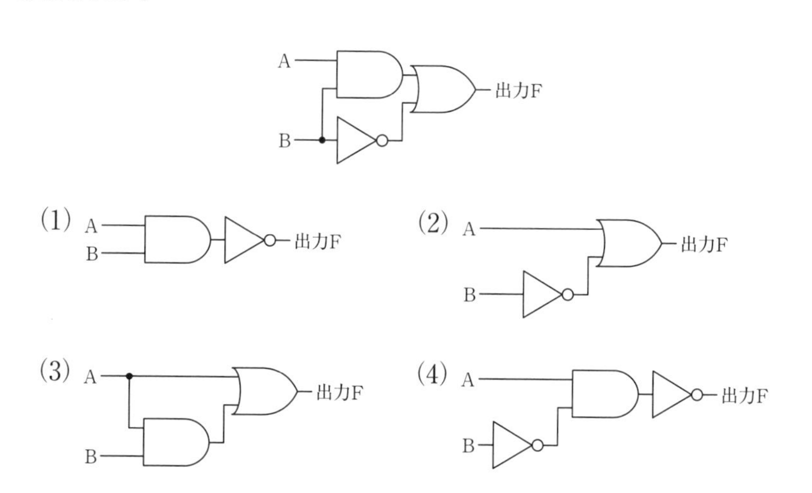

答え (2)

設問の論理回路に（A = 0、B = 0)、(A = 1、B = 0)、(A = 0、B = 1)、(A = 1、B = 1）の4つの値を入力すると、Fには下記表のような値が出力される。

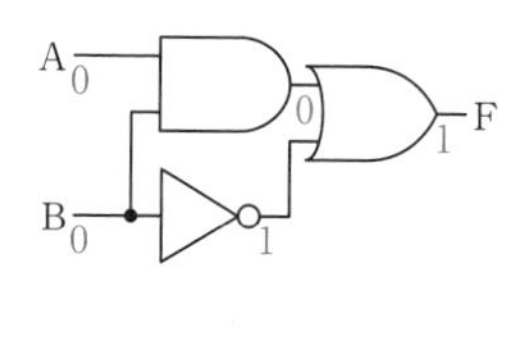

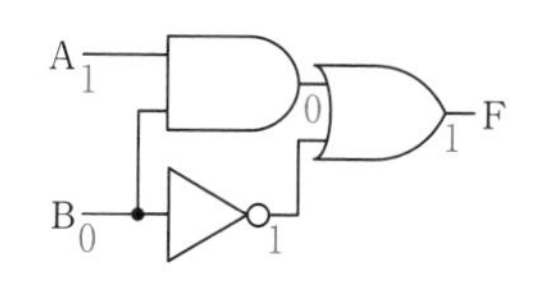

入力		出力
A	B	F
0	0	1
1	0	1
0	1	0
1	1	1

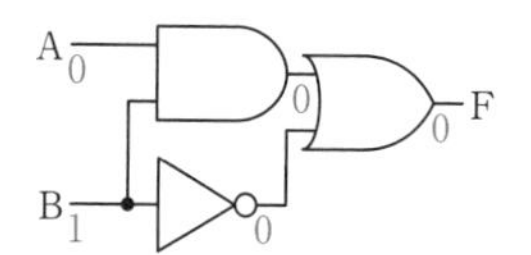

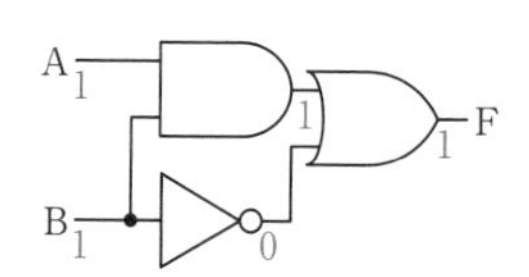

各選択肢の論理回路についても同様に地道に値を入力し、入力値と出力を表にしてみると（2）が正解とわかる。

（1）

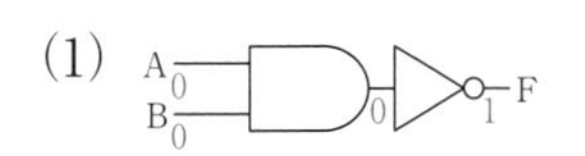

（2）

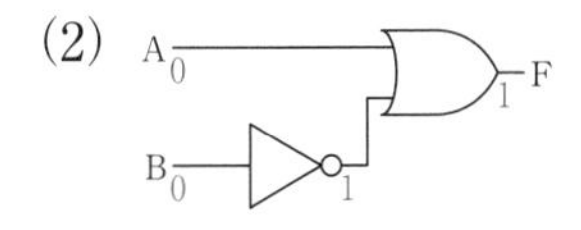

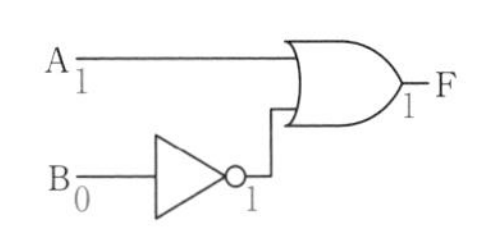

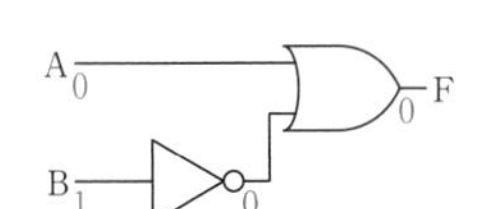

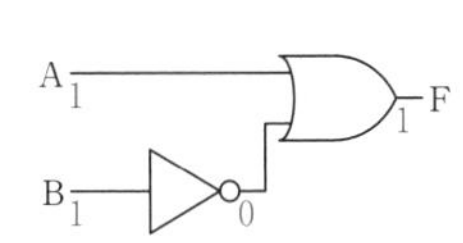

入力		出力
A	B	F
0	0	1
1	0	1
0	1	0
1	1	1

（3）

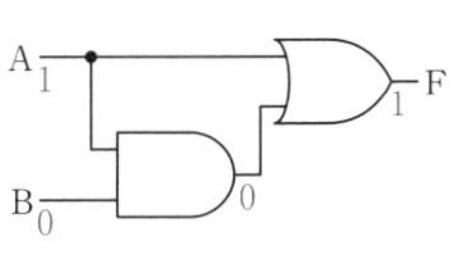

入力		出力
A	B	F
0	0	0
1	0	1
0	1	0
1	1	1

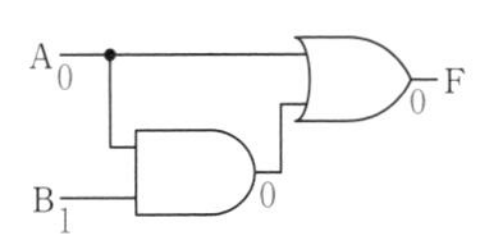

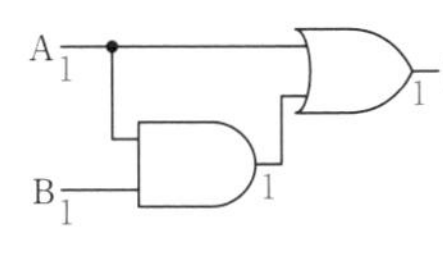

（4）

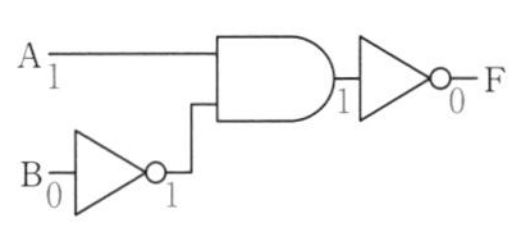

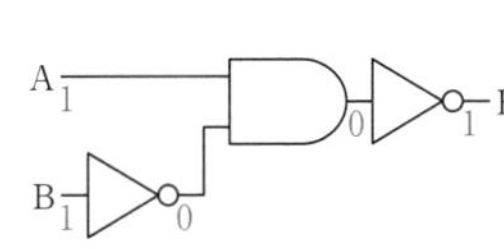

入力		出力
A	B	F
0	0	1
1	0	0
0	1	1
1	1	1

問題 2

下図(かず)に示(しめ)す論理回路(ろんりかいろ)において、出力(しゅつりょく)Fの論理式(ろんりしき)として、**適当(てきとう)なもの**はどれか。

(1) A

(2) $\overline{A} \cdot B + A \cdot \overline{B}$

(3) B

(4) $A \cdot B + \overline{A} \cdot \overline{B}$

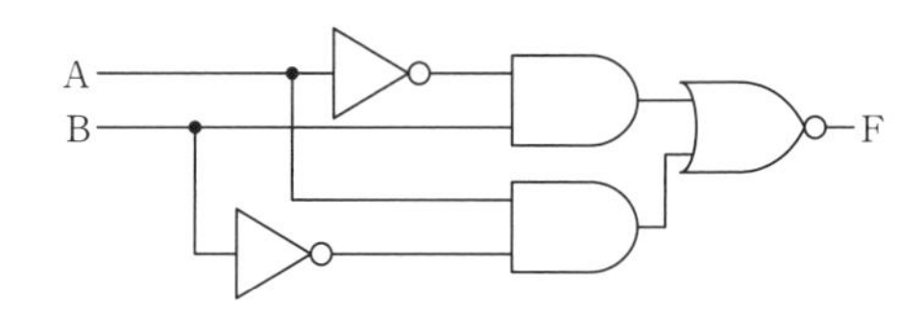

答え (4)

右図のように、各点の出力をC、Dとおくと、

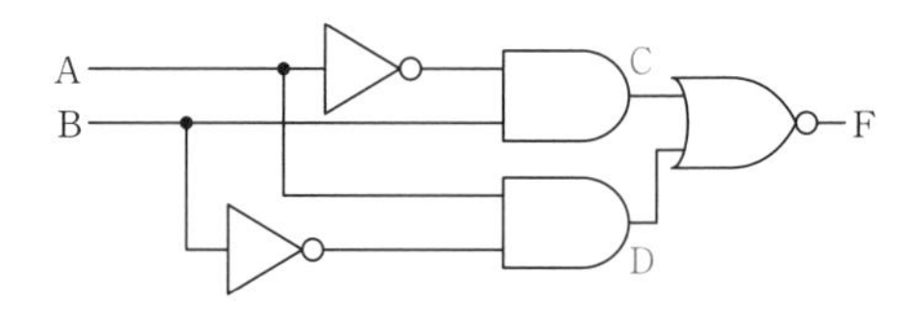

ド・モルガンの法則より
$\overline{A+B}=\overline{A} \cdot \overline{B}$
$\overline{A \cdot B}=\overline{A}+\overline{B}$

$F = \overline{C + D}$

$C = \overline{A} \cdot B$、$D = A \cdot \overline{B}$

$F = \overline{(\overline{A} \cdot B) + (A \cdot \overline{B})} = \overline{(\overline{A} \cdot B)} \cdot \overline{(A \cdot \overline{B})}$

$= (\overline{\overline{A}} + \overline{B}) \cdot (\overline{A} + \overline{\overline{B}})$

$= (A + \overline{B}) \cdot (\overline{A} + B)$

$= \underbrace{A \cdot \overline{A}}_{0} + A \cdot B + \overline{B} \cdot \overline{A} + \underbrace{\overline{B} \cdot B}_{0}$

$= A \cdot B + \overline{A} \cdot \overline{B}$

第2章

電気通信設備

Lesson 01 有線 LAN

学習のポイント　　1 級重要度 ★★★　2 級重要度 ★★☆

- 有線電気通信設備とは、有線電気通信を行うための機械、器具、線路その他の電気的設備をいいます。ここでは、代表的な有線電気設備である有線 LAN についてしっかり学びましょう。

電気通信の普及は、1800 年代半ばに鉄道線路に沿って敷設した電線によってモールス信号を伝送する電線網が広がったことにはじまり、その後アナログ信号を伝える電話回線網が張り巡らされ、今日ではアナログ信号や各種情報をデジタル信号に変換（AD 変換）して光ファイバ・LAN ケーブル等で伝えることができるようになった。LAN（ローカルエリアネットワーク：Local Area Network）は、事業所内などの限られたエリアで接続できるネットワークで、今日では、無線 LAN とともに有線 LAN が広く使われている。

1　有線 LAN

LAN には、無線 LAN と有線 LAN があるが、無線 LAN は、電波に対する障害物や他の機器（電子レンジ等）が発する電波の影響を受け、通信速度が低下することがある。しかし、有線 LAN であれば、LAN ケーブル等をつなげることで、各機器間の距離があっても、安定的に通信を行うことができる。

ただし、LAN ケーブルは扱い方によっては数年ほどで劣化してしまう場合もあり、劣化が進むと通信に障害が生じる可能性がある。また、ケーブルが長いほど損傷を受けるリスクも高くなる。

有線 LAN を構築するためには、ルータやハブ等が必要で、その間を LAN ケーブルでつないで通信する（次ページの図参照）。それぞれの機器の役割や LAN 用に用いられる技術については次の通り（➡ p.55　第１章 2

Lesson05 の表も参照)。

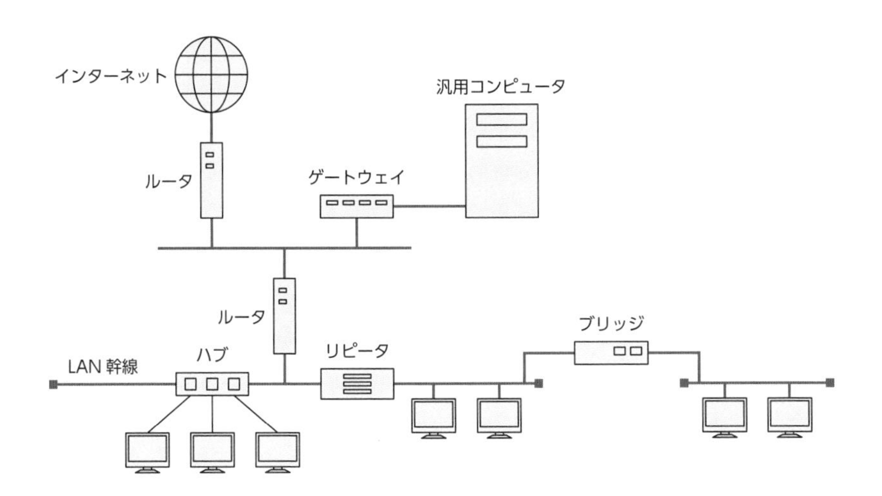

1　ゲートウェイ

コンピュータネットワークをプロトコルの異なるネットワークと接続するネットワークノードである。例えば、VoIP＊ゲートウェイは、音声信号とIP パケットを相互に変換し、電話網と IP ネットワークをつなぐ。アプリケーション・ゲートウェイ型ファイアウォールは、アプリケーション・プロトコルを解釈し、社内ネットワークとインターネットを直接的に接続せず内部ネットワークを保護し、不正アクセスなどの攻撃をブロックできる。

用語

VoIP（Voice over Internet Protocol）：音声をデジタル化し、TCP/IP ネットワークによって送受信する技術。

2　ルータ

異なるネットワーク上にある装置間の通信を可能にするための装置。どのルートを通して転送すべきかを判断するルート選択機能を持つ。

3 ハブ

機器間をケーブルで結んで通信する際に、複数のケーブルを接続して相互に通信できるようにする集線装置、中継装置。

① L3 スイッチ（レイヤ 3 スイッチ）

OSI 参照モデルのネットワーク層のスイッチで、集線装置の一種。受信したデータの IP アドレスの宛先を見て、接続された各機器へ転送する。スイッチングハブの機能にルーティングの機能を備えたもので、ルータと機能的に似ていて、区別が曖昧になってきている。多くのプロトコルに対応し、主にソフトウェアで処理を行うものがルータ、イーサネット*を中心に対応し、主にハードウェアで処理を行うものが L3 スイッチである。

② L2 スイッチ（レイヤ 2 スイッチ）

データリンク層のスイッチで、MAC アドレス*を基にフレームの中継を行う。

用語

イーサネット（ethernet）：TCP/IP プロトコルのネットワークインターフェース層に対する有線の規格。主に室内・建物内でコンピュータや電子機器をケーブルで繋ぎ通信する有線 LAN（構内ネットワーク）の標準の１つ。

用語

MAC アドレス（Media Access Control address）：通信ネットワーク上で各通信主体を一意に識別するために物理的に割り当てられた、48 ビットの識別番号。データリンク層の通信規約である MAC で用いられるアドレスで、物理アドレスなどと呼ばれることもある。

4 ブリッジ

複数のネットワークセグメントを結ぶ中継機器のうち、受信したデータの MAC アドレス等のデータリンク層の宛先情報を参照して中継の可否を判断する。

5　リピータ

電気信号の中継器である。受信信号を増幅して再送信するが、波形の整形などを行う場合は、何段階も連結すると波形の歪みなどで正常に通信できなくなるので、実用的には 2 ～ 3 段階までで用いられる。何本ものケーブルの接続口があり、それらの間ですべての信号を中継する装置をリピータハブという。

6　VLAN（Virtual LAN）

物理的な接続形態とは独立して、仮想的な LAN セグメントを作る技術。スイッチ内部で論理的に LAN セグメントを分割するために使用される。

VLAN を使用することで　ルータや L3 スイッチと同じように L2 スイッチでもブロードキャストドメイン*の分割を行える。

例）同一グループに所属しているもの同士であれば通信ができ、異なるグループに所属しているもの同士であれば通信をできなくすることができる。

用語

ブロードキャストドメイン（broadcast domain）：イーサネットで全端末を対象とする一斉配信（ブロードキャスト）フレームが届く範囲のこと。一般的にはルータを介さず通信できる範囲を指す。

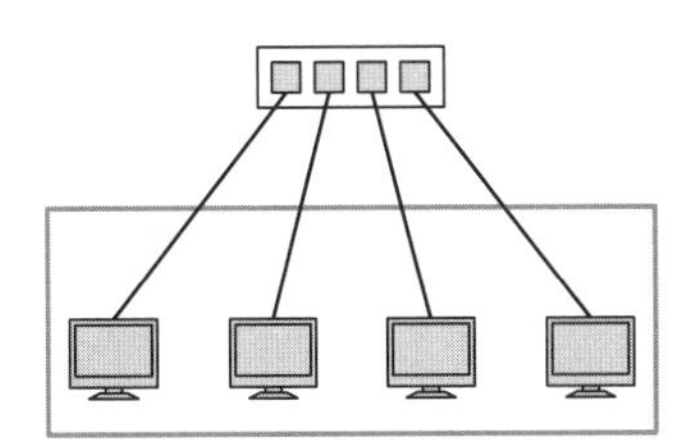

VLAN 概念のない 1 つの
ブロードキャストドメイン

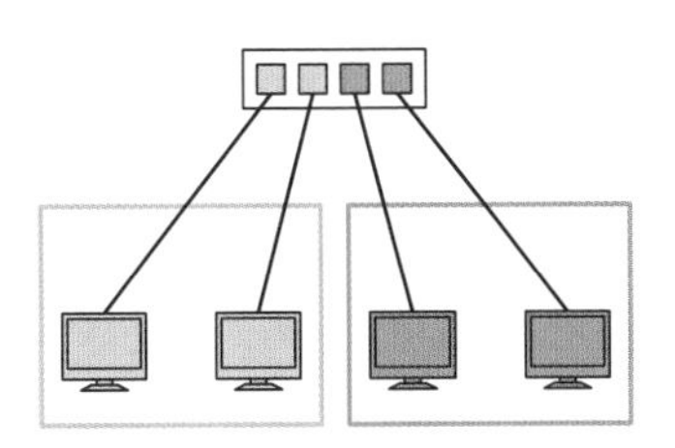

VLAN により分割された
ブロードキャストドメイン

7　リンクアグリゲーション

2台のイーサネットスイッチ間を接続する複数の物理リンク（回線）を最大8本まで束ねて1本の論理リンクとする技術で、データ伝送の高速化や、一部のリンクに障害が発生しても他のリンクで通信を継続することができる。

リンクアグリゲーションを活用することで、スイッチ間の帯域幅の拡大や、リンクの冗長性を高めることができる。

2　ケーブル

有線通信の通信ケーブルには、銅線ケーブルと光ファイバケーブルがある。銅線ケーブルには、UTPケーブルやSTPケーブルなどのツイストペアケーブルと、同軸ケーブルが使われる。

1　UTPケーブル（Unshielded Twisted Pair cable）

最も使用されているLANケーブルで、電線を2本対で撚り合わせたツイストペアケーブル4ペアで構成される。ペアとなる2本のうち1本が電圧の「+」、もう1本が電圧の「−」で、電圧を変化させ「0」と「1」のデジタル信号でデータ送受信を可能にしている。シールドが施されていないため、STPケーブルよりも安価だがノイズには弱い。施工時の水平配線の長さは、コネクタ部分のパッチコード等も含め100 m以内とされている。

語呂合わせで覚えよう！　UTPケーブルの総長

YOUのTPOは
（UTPケーブル）
パーフェクト（100点）やね！
（100m以内）

UTPケーブルの水平配線の長さは、パッチコードも含めて100m以内とする。

カテゴリ	最大周波数	主な用途
CAT1	-	電話線
CAT2	1MHz	低速なデータ通信
CAT3	16MHz	10Base-T、100BaseT-4、トークンリング(4Mbps)
CAT4	20MHz	CAT3までの用途、トークンリング(16Mbps)、ATM(25Mbps)
CAT5	100MHz	CAT4までの用途、100Base-TX、ATM(156Mbps)
CAT5e	100MHz	CAT5までの用途、1000Base-T
CAT6	250MHz	CAT5eまでの用途、10GBase-T（最大伝送距離55m)、ATM(622Mbps)、ATM(1.2Gbps)
CAT6a	500MHz	CAT6までの用途、10GBase-T（CAT6を改良したことにより最大伝送距離を伸ばす)
CAT7	600MHz	CAT6aまでの用途、10GBase-T（現在のところSTPケーブルのみ)

ツイストペアケーブルの分類

また、UTP ケーブルの敷設作業中は、ケーブルに損傷を与えないように行い、水平配線の配線後の許容曲げ半径はケーブルの外径の4倍以上とする。

2 STP ケーブル（Shielded Twisted Pair cable)

外からの雑音などを減らすために、ケーブル4組8本の銅線にシールドを施したもの。対ノイズ性では優れているが、コストは高い。ノイズの多い工場や高い周波数の 10GBase-T の通信でよく使用される。

ただし、STP ケーブルは、ネットワーク機器にアース処理を施すなど、適切に接地しないと、シールドにノイズがたまり、通信状態が不安定になることがある。

3 同軸ケーブル

同心円を何層にも重ねたような構造で、内部導体（芯線）を覆う外部導体が電磁シールドの役割を果たし、外部到来電磁波などの影響を受けにくい。

主に高周波信号の伝送用ケーブルとして無線通信機器や放送機器、ネットワーク機器、電子計測器などに用いられる。

なお、JISでは次のように表示される。

S − 5C − FB（S①、5②、C③、F④、B⑤）

①Sがつけばシールドで BS や CS に対応可
②外部導体の内側の直径（5➡5mm）
③特性インピーダンス（C➡75Ω、D➡50Ω）
④絶縁体の材料（2➡充実ポリエチレン、F➡発泡ポリエチレン）
⑤外部導体の形状（V➡網線、W➡網二重、B➡網＋アルミ）

・10BASE5（テンベースファイブ）は直径0.375インチ=約9.5mmの、太くて硬い同軸ケーブルを利用したイーサネットである。10BASE5より細くて配線がしやすい10BASE2や10BASE-Tの普及後もLANの基幹線として使用されていた。
・同軸ケーブルを低圧屋内配線と交差させて敷設する場合は、十分な長さの難燃性のある堅牢な絶縁管に同軸ケーブルを納めて直接接触しないように敷設する。
・同軸ケーブルの相互接続は、同軸ケーブルの種類に応じた同軸コネクタを用いて施工し、屋外に設ける場合は防水形コネクタで接続したのち防水処理を施す。

UTPケーブルとSTPケーブル、同軸ケーブルの違いを整理しておきましょう。特にUTPケーブルは出題される可能性が高いので、よく確認しておきましょう。

重要ポイントを覚えよう！

1 □ ゲートウェイとは、コンピュータネットワークをプロトコルの異なるネットワークと接続するネットワークノードのことである。

VoIP ゲートウェイは、音声信号と IP パケットを相互に変換し、電話網と IP ネットワークをつなぐ。

2 □ ルータとは、ルート選択機能を持った、インターネット接続の装置である。

受信したデータの IP アドレスやその他条件を見て、データの転送経路を選択、制御する交通整理のような役割をもつ。

3 □ ハブは、複数のケーブルを接続して相互に通信する集線装置である。

L3 スイッチは、集線装置の一種で、受信したデータの IP アドレスの宛先を見て、接続された各機器へ転送する。L2 スイッチは、MAC アドレスを基にフレームの中継を制御。

4 □ VLAN とは仮想的な LAN セグメントを作る技術である。

VLAN によって、スイッチ内部で論理的に LAN セグメントを分割し、L2 スイッチでもブロードキャストドメインの分割を行える。

5 □ リンクアグリゲーションとは、複数の回線を束ねて、仮想的に 1 回線とする技術である。

スイッチ間の配線を束ねて多重化する技術である。2 台のスイッチ間で最大 8 本までの物理リンクを 1 本の論理リンクで束ねることができる。

6 □ UTP ケーブルの施工について、水平配線の許容曲げ半径はケーブルの外径の 4 倍以上とする。

UTP ケーブルの敷設作業中は、ケーブルに損傷を与えないように行う。

実践問題

LAN 間接続装置に関する記述として、**適当なもの**はどれか。

(1) ゲートウェイは、OSI 基本参照モデルにおける第 1 ～ 3 層に対応している。

(2) ルータは、トランスポート層に位置し、機器間をケーブルで通信する際の集線装置である。

(3) L3 スイッチは、ネットワーク層のスイッチで、ルーティング機能を備えている。

(4) リピータは、受信したデータの MAC アドレス等の宛先情報を参照して中継の可否を判断する。

答え (3)

(1) 誤り。ゲートウェイは、OSI 参照モデルの第 4 層以上を処理し、ネットワークの接続を行う機器である。(2) 誤り。ルータは、ネットワーク層に位置し、ルート選択機能を持つ機器である。(3) 正しい。L3 スイッチは、スイッチングハブの機能にルーティング機能を備えイーサネットに対応し、主にハードウェアで処理を行う。(4) 誤り。リピータは、電気信号の中継器で、受信信号を増幅再送信する。何段階も連結すると波形が歪み正常に通信できなくなるので 2 ～ 3 段階までで使用する。MAC アドレス等のデータリンク層の宛先情報を参照して中継の可否を判断するのは、ブリッジである。

OSI 参照モデルの表は、本書 p.55 でしっかりと覚えておきましょう。

光通信設備

学習のポイント　1級重要度 ★☆☆　2級重要度 ★☆☆

- **光通信設備は、低損失で、電磁ノイズの影響を受けず高速通信を実現するための設備です。光変調方式や多重化方式など、内容をしっかり整理しましょう。**

1 光通信設備の概要

光通信設備は電気信号を電気 / 光変換器（E/O）で光信号に変換し、この光信号を光ファイバケーブルと中継器を経由し光 / 電気変換器（O/E）で電気信号に変換する。

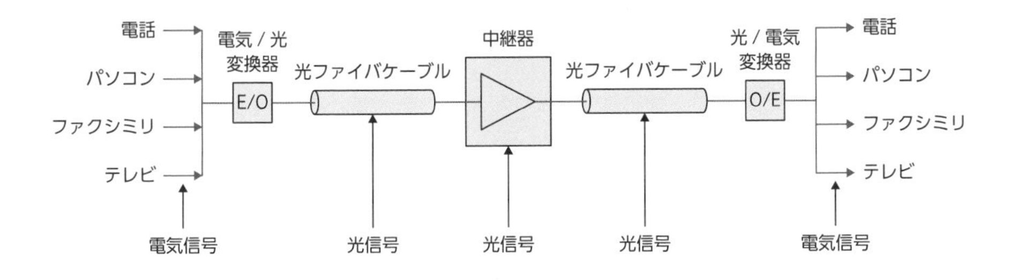

2 電気 / 光変換器（E/O：Electrical/Optical Converter）

電気信号を光信号に変換する装置である電気 / 光変換器には、半導体レーザ（LD：Laser Diode）または発光ダイオード（LED）が用いられる。

おもな半導体レーザには、次のようなものがある。

① FP型（ファブリペロー型）半導体レーザ

最も単純なレーザ構造だが、複数の波長で発振し信号波形が広がることによりエラーが発生するため、長距離通信には利用できない。また、通信速度は次に述べるDFB型半導体レーザより遅いが、低コストで製造できる。

② DFB 型半導体レーザ（分布帰還型レーザ）

1つの波長しか出ないレーザである。単一波長の DFB レーザダイオードを信号源として使うと信号波形の劣化が小さくてすむので長距離・大容量光通信で利用されている。DFB は、Distributed Feedback の略。

3 変調方式

光ファイバ通信では、光源からの出力光の強度を変化させる光強度変調方式が主に用いられる。電気信号により強度変調する方式は、大きくは直接変調方式と、外部変調方式に分けられる。

①直接変調方式

半導体レーザ（LD）を用いて、電気信号（変調信号）の変化をそのまま光源の強度変化にする。構成が簡単で、小型化も可能なためこれまで広く採用されてきたが、数 GHz 以上の高周波になると半導体レーザの持つチャーピング*により、伝送速度に制限が生じてしまう。

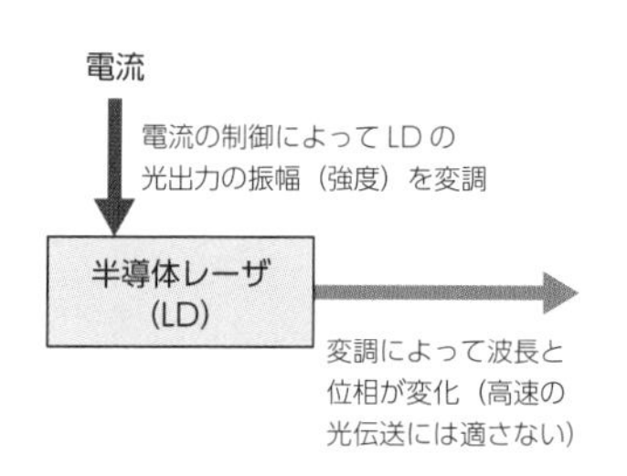

直接変調方式

②外部変調方式

半導体レーザからの出力光に対し、外部から変調を加える方式。半導体レーザからの安定光に電気光学効果などで変調を加えるため、チャーピング問題がなく、高速で長距離伝送が可能。

主な外部変調器には、$LiNbO_3$ の電気光学効果を利用した LN 変調器と、半導体の電界吸収効果を利用した EA 変調器がある。

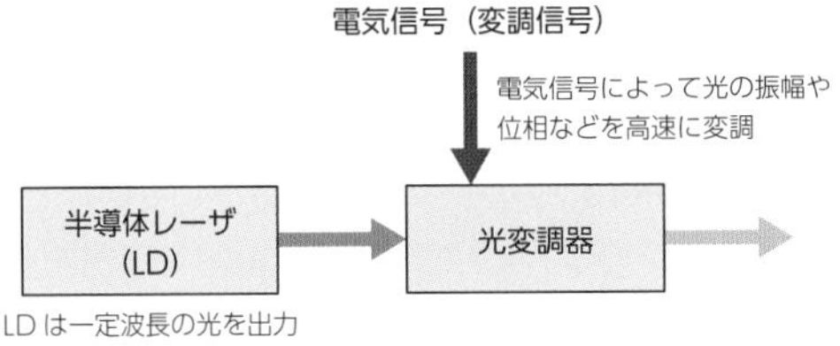

電気信号（変調信号）

電気信号によって光の振幅や位相などを高速に変調

半導体レーザ(LD) → 光変調器 →

LD は一定波長の光を出力

外部変調方式

用語

チャーピング：印加電流を直接変調してレーザダイオードを高速動作した場合、電流変調により生じたキャリア密度の変動を介して、発振波長が時間的に変動する。

4 多重化方式

多重化により、1本の伝送路を複数の通信で効率的に使用し多くの情報を送ることができる。伝送路には、アナログ伝送路、デジタル伝送路、光の伝送路がある。光の伝送路の多重化の方式には、次のようなものがある。

①空間分割多重（SDM：Space Division Multiplexing）

空間分割多重は、一般的にケーブルに収容する光ファイバ心線数を増やす方法である。

②光符号分割多重（OCDM：Optical Code Division Multiplexing）

各チャネルのデータを、チャネルごとに異なる光直交符号で符号化して多重化を行い、1本の光ファイバケーブルの伝送路で送る。携帯電話などの無線通信に使われていたCDMAの光ファイバ版。

③波長分割多重（WDM：Wavelength Division Multiplexing）

送信側では異なる波長の光を出射する複数の半導体レーザ(LD)を用意し、各LDを変調して信号光をつくる。これらの信号光を合波器（Multiplexer: Muxともいう）を使って1本の光ファイバケーブルの伝送路で送る。

波長分割多重

④同期多重（SDH：Synchronous Digital Hierarchy)

デジタル信号を多重化するための基本となる国際標準の枠組みで、同期光ファイバネットワークのこと。155.52Mbpsを基本速度としている。

5 GE-PON

光ファイバによる公衆回線網において、1本の回線を複数の加入者で共用するPON（Passive Optical Network）*上でギガビットイーサネット（GE）の信号をそのまま流す技術で、最高1GbpsのFTTH（Fiber to the home）*サービスを提供することができる。OLT（Optical Line Terminal）*からONU（Optical Network Unit）*に向かう下りの光信号とONUからOLTに向かう上りの光信号にそれぞれ異なる波長を使い、1心の光ファイバで双方向の光信号を伝送する。上りの光信号では、TDMA方式でONUがデータを送信し、下りの光信号では、ONUはTDM方式で割り当てられた自分宛の信号のみ取り込む。

用語

PON：光ファイバを用いた公衆網で、光信号を分岐・合流させ、1本の光ファイバ回線を複数の加入者で共有する方式。

FTTH：光ファイバを使った家庭向けの通信サービス。

OLT：PON方式の加入者回線網において、通信会社の局（収容局）側に設置される光回線の終端装置。

ONU：PON方式の加入者回線網において、加入者宅側（集合住宅等）に設置される光終端装置。

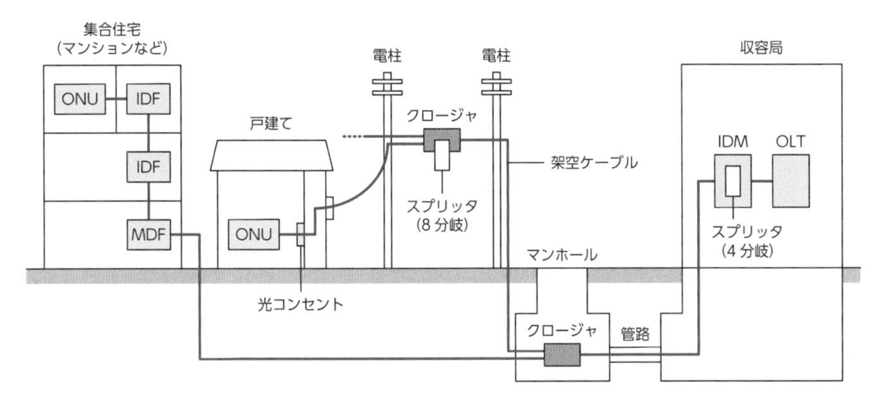

GE-PON概要図

GE-PONでは、上図のスプリッタにより、1本の回線が局内で4分岐、局外で8分岐、合計32分岐する。IDM（Integrated Distribution Module）の先から延びた光ファイバは最終的にOLTにつながる。

①戸建て

- 加入者宅のONUと収容局のOLTを光ファイバで結ぶ。
- ONUに接続した光ファイバケーブルは、宅内のインドアケーブル、宅外のドロップケーブルを経て電柱間に架けられた架空ケーブルにつながる。
- 架空ケーブルはクロージャと呼ばれる箱で束ねる。ここには、スプリッタと呼ばれる光部品が入っており、光ファイバを分岐させている。
- 収容局に近付いた地点で、架空ケーブルは地下の管路を通り洞道に入る。
- 洞道は通信会社の収容局に通じ、そこから光ファイバを局内に引き込む。
- 光ファイバはIDMにつながりここで局内と局外の光ファイバをつな

ぐ。

・IDM はスプリッタを内蔵している。つまり光ファイバは収容局と宅外の電柱の 2 カ所で分岐する。

②集合住宅（マンション）

・光ファイバを MDF（Main Distribution Frame）という光配線盤でまとめてから地下や電柱で引き回す。

・IDF（Intermediate　Distribution Frame）で、MDF で分配した回線をさらに中継する。収容局からクロージャまでの間は戸建てと同様である。

6 光中継伝送方式

光通信は、大容量長距離伝送に適しているが、光信号は光ファイバケーブル特有の損失により減衰やひずみを受け情報を取り出すことが困難になる。そのため、減衰信号を増幅し、ひずみを補正するために中継器の設置が必要になる。主な光中継伝送方式は以下のとおりである。

①再生中継伝送方式

光信号の損失補償だけでなく、ひずみや雑音などのノイズ除去、信号の再生を同時に行うため、長距離伝送でも安定的で高品質な信号伝送が可能である。

②線形中継伝送方式 / 光ファイバ増幅器

光信号を電気信号に変換することなく光のまま増幅する装置である。

語呂合わせで覚えよう！　GE-PON 上りの光信号

おぬしは上でただ待ってて
（ONU）　（上り）　（TDMA）

ONU から OLT に上りの光信号を送信する際は、TDMA 方式で割り当てられたタイムスロットを使って送信する。

重要ポイントを覚えよう！

1 □ 電気 / 光変換器（E/O）とは、電気信号を光信号に変換する装置で半導体レーザ（LD）又は発光ダイオード（LED）が用いられる。

ファブリペロー (FP) 型半導体レーザは、通信速度が遅く、長距離通信には利用できないが、低コスト。DFB 型半導体レーザは 1 つの波長しかなく、信号波形の劣化が小さいので長距離・大容量光通信で利用されている。

2 □ 光ファイバを用いた伝送システムの変調方式には、光強度変調方式が主に用いられる。

電気信号により強度変調する方法には、大きく分けて直接変調方式と、外部変調方式がある。

3 □ 光の伝送路の多重化の方式には、SDM、OCDM、WDM、SDH などがある。

SDM は空間分割多重、OCDM は光符号分割多重、WDM は波長分割多重、SDH は同期多重である。

4 □ WDM（波長分割多重）は、複数の異なる光波長を利用し、波長間の干渉がないようにして 1 心の光ファイバに複数の波長の光を伝送するものである。

送信側では異なる波長の光を出射する複数の半導体レーザ（LD）を用意し、各 LD を変調して信号光をつくる。

5 □ GE-PON は、光ファイバ公衆回線網の 1 本の回線を複数の加入者で共用する PON 上でギガビットイーサネット（GE）の信号をそのまま流す技術。

OLT（Optical Line Terminal）と ONU（Optical Network Unit）間の下りの光信号と上りの光信号に異なる波長を使い、1 心の光ファイバで双方向の光信号を伝送する。

実践問題

光通信設備の変調方式又は多重化方式に関する記述として、**適当でないもの**はどれか。

(1) 直接変調方式は、半導体レーザ（LD）を用いて変調信号の変化をそのまま光源の強度変化にするが、チャーピングにより、伝送速度に制限ができる。
(2) 外部変調方式は、半導体レーザからの出力光に対し、外部から変調を加える方式で、高速で長距離伝送が可能である。
(3) 空間分割多重（SDM）は、一般的にケーブルを増やす方法である。
(4) 光符号分割多重（OCDM）は、各チャネルのデータを、チャネル毎に異なる光直交符号で符号化して多重化を行い、1本の光ファイバケーブルの伝送路で送る。

答え (3)

(1) 正しい。直接変調方式は、構成が簡単で、小型化も可能だが数GHz以上の高周波になるとチャーピングによって伝送速度に制限ができる。(2) 正しい。外部変調方式は、半導体レーザからの安定光に電気光学効果などで変調を加えるため、チャーピング問題がなく高速長距離伝送が可能である。(3) 誤り。設問の空間分割多重（SDM）は、ケーブルを増やす方法ではなく、ケーブルに収容する光ファイバ心線数を増やす方法であるため、誤りである。(4) 正しい。

光ファイバケーブルの構造と種類等

学習のポイント　1級重要度 ★☆☆　2級重要度 ★★☆

● **光ファイバケーブルは、電磁気の影響を受けず極細で高速信号の長距離伝送が可能なため、多くの通信用途に使用されています。**

通信用情報は、音声、画像等のアナログ信号やデータ等のデジタル信号からなり、その伝送方式には、これらの信号をそのまま電流の変化になおして伝送するベースバンド伝送方式と、何回線分かをまとめて伝送する多重伝送方式がある。多重伝送方式には、非常に高い周波数帯が必要で、従来は、同軸ケーブルなど特殊なケーブルが使用されていたが、最近では、広帯域、低損失しかも無誘導（電気や磁気に影響されない）という特徴を有する光ファイバ（光ファイバ心線、光ファイバコード）が広く使用されるようになった。なお、光ケーブルまたは光ファイバケーブルとは、光ファイバにシースと呼ばれる保護被覆を施したケーブルのことである。

1　光ファイバの構造と種類

中心部のコア（石英ガラスやプラスチック）と、その周囲を覆うクラッドの二層構造となっている。コアは、クラッドより屈折率が高く、光は全反射という現象によりコア内に閉じこめられた状態で伝搬する。

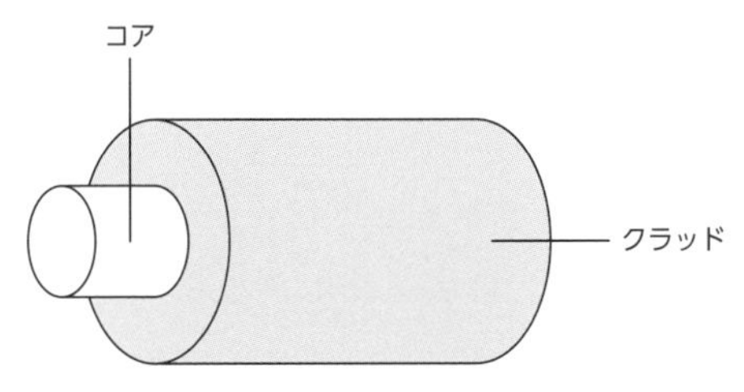

光ファイバケーブルの構造

また光ファイバの種類は以下のとおりである。

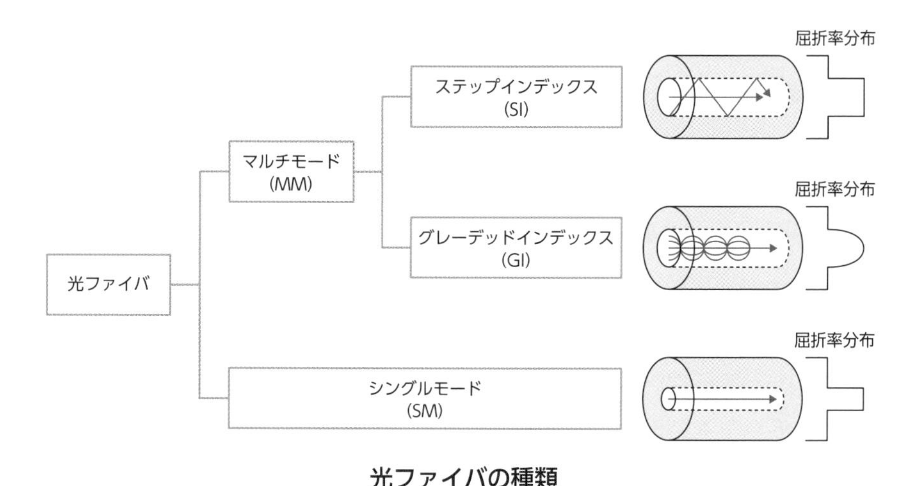

光ファイバの種類

①ステップインデックス・マルチモード光ファイバ（SI）

コアの屈折率が一定で、光はコア内を多くのモード（光の通り道）に分かれて伝搬する。パルス信号光を入射した場合、光が進むにつれパルス光の幅が広がり前後のパルスが重なる。最近はあまり使われない。

②グレーデッドインデックス・マルチモード光ファイバ（GI）

コアの屈折率を滑らかに分布させパルスが広がるステップインデックス・マルチモード光ファイバの欠点を改良したもの。コアの屈折率が一様ではなく、中心が高く外側にいくほど低くなっている。中心に近いほど光の進む距離は短いが、屈折率が高いので進む速度が遅くなる。逆に、中心を外れるほど進む距離は長いが、屈折率が低いので進む速度が速くなる。いずれの進み方をする光も同じファイバ長をほぼ同時間で進むのでパルス光の広がりが小さくなる。

また、光ファイバ接続が簡単でネットワーク機器も安価なため、LANなどの近距離情報通信用途として広く使用されている。

③汎用シングルモード光ファイバ（SM）

コア径を十分小さくし光の進み方を直線的に進む1つだけにしているた

め、伝搬信号のひずみは発生せず、多くのパルス信号を送ることができる。伝送損失が低く優れた特性を有し、高品質で安定した通信が求められる幹線網に用いられている。

④その他

分散シフト・シングルモード光ファイバ（DSF）は、伝送損失が1310nm帯よりも低い1550nm帯を零分散波長としたシングルモード光ファイバで長距離伝送に適している。

非零分散シフト・シングルモード光ファイバ（NZ-DSF）は、1550nm帯の非線形現象を抑制した光ファイバで、波長分割多重（WDM）伝送に向き、超高速の長距離伝送に適している。

マルチモード光ファイバは、シングルモード光ファイバより伝送損失が大きく長距離大容量伝送には不向きです。

2 光ファイバの心線

光ファイバケーブルの中心部のコア（石英ガラスやプラスチック）は非常に脆弱（ぜいじゃく）で、通常125μm（0.125mm）と極めて細いので、周囲に保護被覆を被せている。この被覆を被せた状態を心線と呼び、次ページの表のように、0.25mm素線、0.9mm心線、テープ心線の３種類に大きく分類される（光ファイバケーブルの構造・用途と敷設の分類については、➡ p.165～166 Lesson04　参照）。

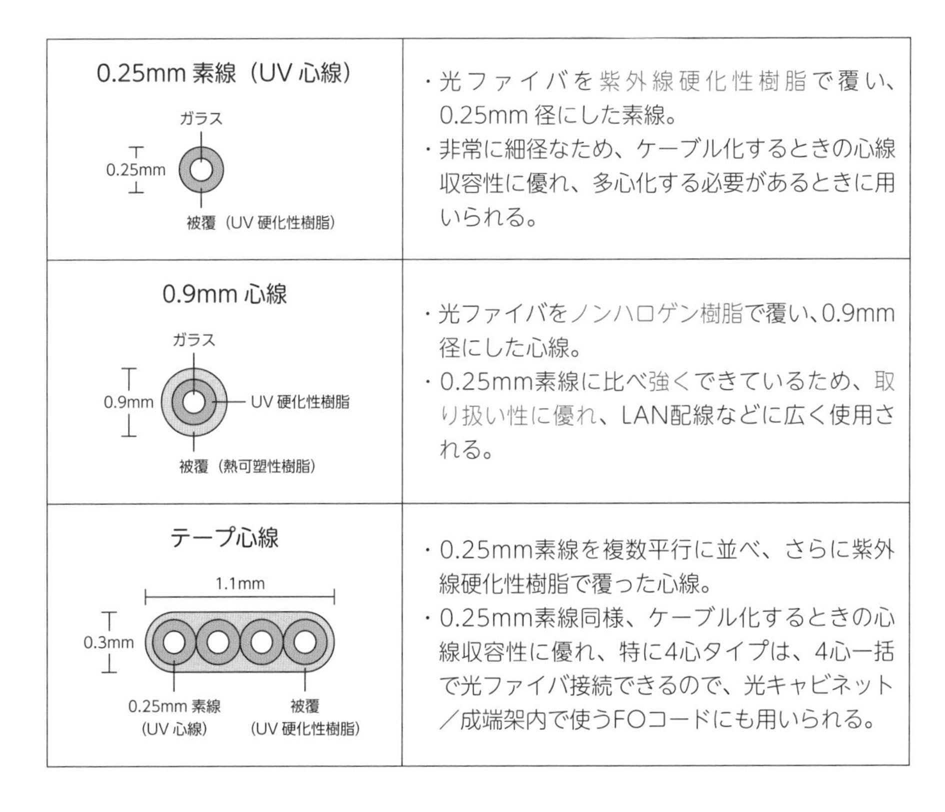

0.25mm 素線（UV 心線） ガラス 0.25mm 被覆（UV 硬化性樹脂）	・光ファイバを紫外線硬化性樹脂で覆い、0.25mm 径にした素線。 ・非常に細径なため、ケーブル化するときの心線収容性に優れ、多心化する必要があるときに用いられる。
0.9mm 心線 ガラス 0.9mm UV 硬化性樹脂 被覆（熱可塑性樹脂）	・光ファイバをノンハロゲン樹脂で覆い、0.9mm 径にした心線。 ・0.25mm素線に比べ強くできているため、取り扱い性に優れ、LAN配線などに広く使用される。
テープ心線 1.1mm 0.3mm 0.25mm 素線（UV 心線） 被覆（UV 硬化性樹脂）	・0.25mm素線を複数平行に並べ、さらに紫外線硬化性樹脂で覆った心線。 ・0.25mm素線同様、ケーブル化するときの心線収容性に優れ、特に4心タイプは、4心一括で光ファイバ接続できるので、光キャビネット／成端架内で使うFOコードにも用いられる。

3 光ファイバの分散

パルス信号の伝送中に分散が発生すると、パルス幅が広がり、隣のパルスと重なるため符号誤りが発生する。

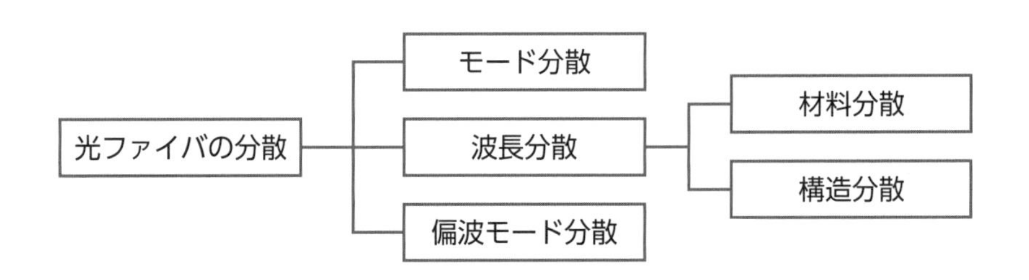

①モード分散

光ファイバ内に複数のモードで伝搬する際に、各モードの伝搬速度が異な

るために生じる。

②波長分散

光ファイバの屈折率の波長依存性により生ずる。パルス幅が広がり、隣のパルスと重なるため符号誤りが発生する。

③偏波モード分散

光ファイバに外部から応力が加わった場合などにおいて、直交する２方向に偏波した２つのモード間に遅延誤差が生ずる分散。

④材料分散

光ファイバの材料に起因する分散。

⑤構造分散

コアとクラッドの屈折率差が小さいことが原因で境界面において光の一部がクラッドにしみ出すことにより生ずる。

4 光ファイバの損失

光ファイバの中で失われる光の量（伝送損失）は 1km 当たり数パーセント程度である。

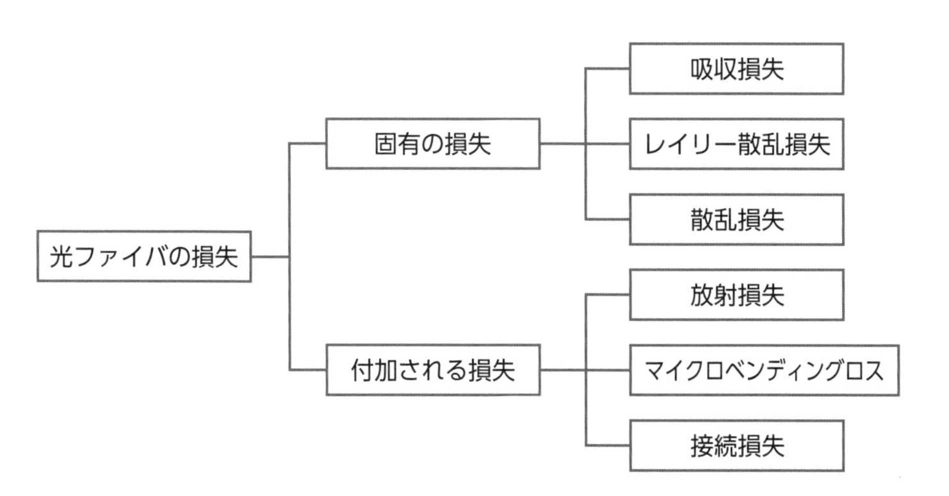

1　固有の損失

①吸収損失

光ファイバ自身により吸収され、熱に変換される損失である。ガラスが本来持っている固有の吸収と不純物による吸収を合わせたもの。

②レイリー散乱損失

コアの屈折率の不均一によって生ずるもので、波長の4乗に反比例する。

③散乱損失

構造の不均一性による光の乱反射により生じる。

2　付加される損失

①放射損失

曲げられた光ファイバ中で、光の反射角が大きくなり生じる。

②マイクロベンディングロス

光ファイバ側面に不均一な圧力が加わると、ファイバの軸が曲がり生じる。

③接続損失

光ファイバ接続時に、コア軸がずれると光の一部が接続部で入射できず放射されて生じる。

5　光ファイバの伝送特性試験

①透過法

光ファイバに光を入射し、入射光パワーと出射光パワーの差によって光ファイバの損失を測定する。

②カットバック法（切断法）

入射端から1～2m程度の点で被測定光ファイバを切断し、その点における光パワーを測定し、これを入射光パワーと評価する方法。

③ OTDR 法（後方散乱法）

光ファイバに入射した光は、レイリー散乱によりその反射光の一部が光パルスの進行方向と逆の方向に進み戻ってくる。この原理を利用した方法。

④挿入損失法

被測定光ファイバ及び両端に固定される端子に対して非破壊で光損失を測定できる。

⑤ツインパルス法

光ファイバに波長が異なる2つの光パルスを同時に入射し、伝搬後の到着時間差から波長分散を測定する。

1 □ 光ファイバの主な種類に、SI、GI、SMがある。

SIは、コアの屈折率が一定で、パルス光の幅が広がり前後のパルスが重なる。GIは、コアの屈折率を滑らかに分布させたもの。SMはコア径を小さくして光の進み方を直線的に進む1つだけにしたもの。

2 □ 光ファイバにおいて、パルス信号の伝送中に分散が発生すると、パルス幅が広がり、隣のパルスと重なるため符号誤りが発生する。

パルスの幅が広がると、隣のパルスの符号の識別が困難になり、符号誤りが発生しやすくなる。

3 □ 偏波モード分散は、光ファイバに外部から応力が加わり、直交する2方向に偏波した2つのモード間に遅延差が生ずる分散のことである。

モード分散は、複数のモードで伝搬する際に、各モードの伝搬速度が異なるために生じる。

4 □ 光ファイバの損失には、固有の損失（吸収損失、レイリー散乱損失、散乱損失）と付加される損失（放射損失、マイクロベンディングロス、接続損失）がある。

レイリー散乱損失は、コアの屈折率の不均一で生じ、波長の4乗に反比例する。また、接続損失とは、光ファイバを接続する場合に、軸ずれ、光ファイバ端面の分離等によって生じる損失である。

実践問題

問題

光ファイバの分散又は光ファイバの損失に関する記述のうち、**適当でないもの**はどれか。

(1) モード分散は、光ファイバ内に複数のモードで伝搬する際に、各モードの伝搬速度が異なるために生じる。
(2) 波長分散は、コアとクラッドの屈折率差が小さいことが原因で境界面において光の一部がクラッドにしみ出すことにより生ずる。
(3) 吸収損失は、光ファイバ自身により吸収され熱に変換される損失でガラス自身の固有の吸収と不純物による。
(4) マイクロベンディングロスは、光ファイバ側面に不均一な圧力が加わるとファイバの軸が曲がり生じる。

答え (2)

(1) 正しい。マルチモード光ファイバにおいて、光の伝搬経路が異なるために到着時間が違ってしまうことによる波形の広がりをモード分散と呼ぶ。(2) 誤り。設問は、構造分散の説明である。波長分散は、光ファイバの屈折率の波長依存性により生じてパルス幅が広がり、隣のパルスと重なるため符号誤りが発生する。(3) 正しい。(4) 正しい。マイクロベンディングロス防止のために、光ファイバ心線の構造設計において、側面からの圧力から保護する工夫が行われている。

光ファイバケーブルの分類と施工

学習のポイント　　1級重要度 ★★★　2級重要度 ★★★

● **光通信設備の伝送路としての光ファイバケーブルの分類と施工をしっかり学びましょう。**

1　用途分類と敷設分類

光ファイバケーブルの用途による分類と敷設による分類を以下にそれぞれ示す。

1　用途分類

テープスロット型 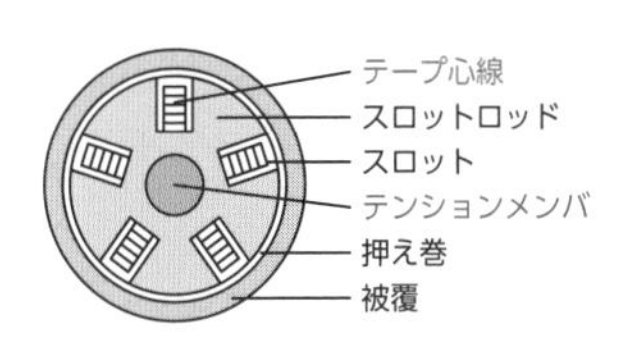 	・テープ心線をテンションメンバ周りの一方向撚りスロットに収容し、押え巻を施す方式。 ・心線移動しにくいため、主に幹線系の敷設に最適。 ・収容するテープ心線の種類や心線数によりスロット数量や寸法が異なる。
層撚(より)型 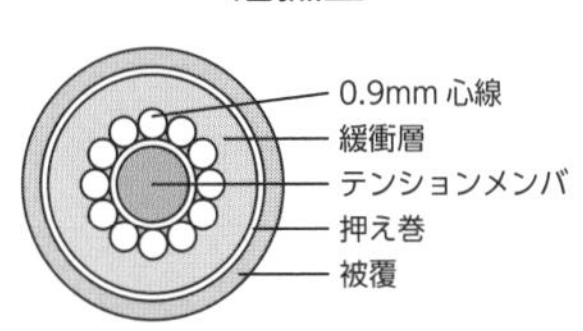 	・テンションメンバの周囲に光ファイバ心線（単心線）と介在紐等を配列。 ・心線数の少ない光ケーブルとして使用。 ・LAPシースのため遮水性もある。
コード集合型 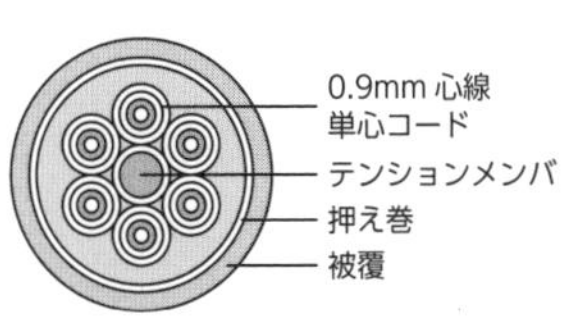 	・コードを束ねシースで覆った構造で、圧迫に強く、架間や室内の露出される部分に使われる。 ・鋼線のテンションメンバが入っていて、引っ張りに強く、配線が楽にできる。 ・心線数の少ない端末ケーブルとして使用。

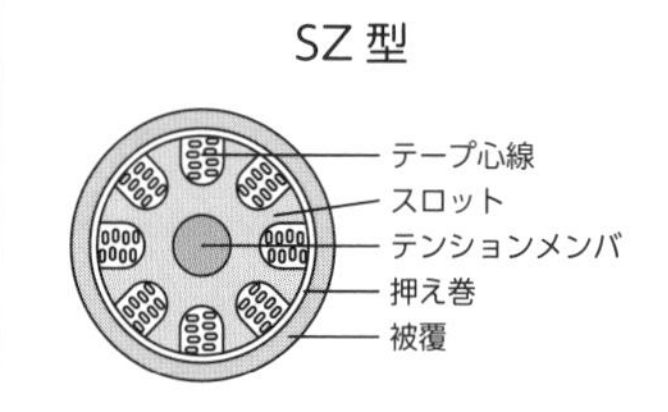	・心線移動しにくいため、架空敷設に最適。 ・テープ心線をSZ撚りスロットに収容しており、中間分岐が容易である。

2　敷設分類

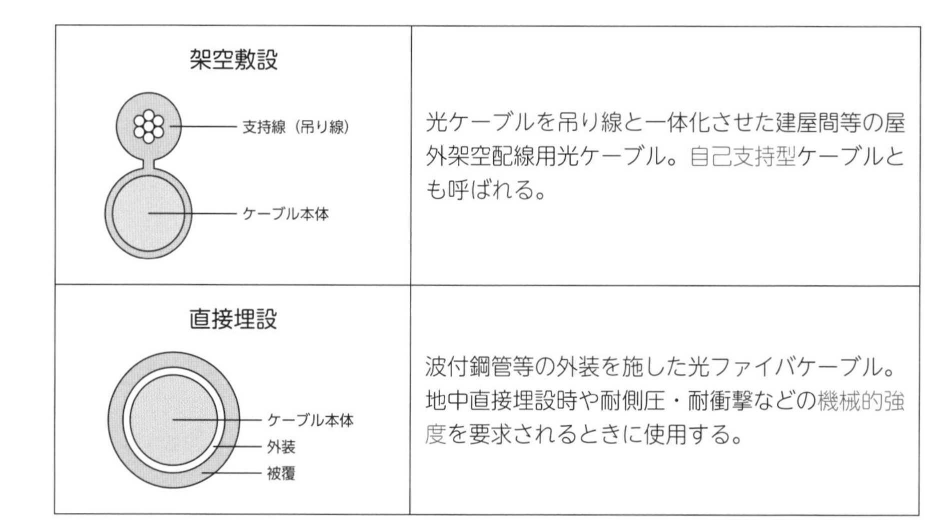

架空敷設 支持線（吊り線） ケーブル本体	光ケーブルを吊り線と一体化させた建屋間等の屋外架空配線用光ケーブル。自己支持型ケーブルとも呼ばれる。
直接埋設 ケーブル本体 外装 被覆	波付鋼管等の外装を施した光ファイバケーブル。地中直接埋設時や耐側圧・耐衝撃などの機械的強度を要求されるときに使用する。

2　光ファイバの接続方法

光ファイバの接続方法は永久接続の融着接続とメカニカルスプライス接続、そして繰り返し着脱が可能なコネクタ接続がある。光ファイバの接続では、光が通るコア部分を対向させ、正しく位置決めすることが必要である。

①融着接続

・2本の光ファイバの主体であるコアとクラッドのガラス部の両断面のみを熱（アーク放電）で直接溶かし、ガラスを突き合わせ接続する。

・接続部は裸線になっているためもろいので、保護スリーブで強化する。

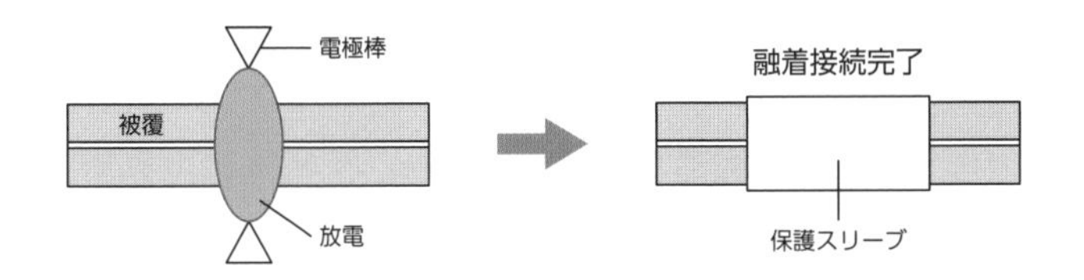

②メカニカルスプライス接続(一般的にメカスプという)

・光ファイバの断面を高精度のV溝を使用して、ファイバ同士を突き合わせて固定し接続。
・接続部が、メカスプに覆われているため、保護スリーブは不要。

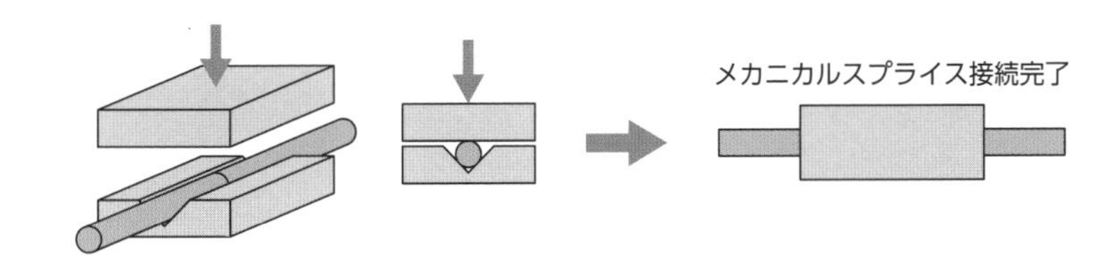

③コネクタ接続

・2本の光ファイバの先端に光コネクタを使用して接続し、着脱可能な接続とする。
・一般的に、両者ともオスなので間に変換アダプタが必要。
・着脱可能なため、着脱時コネクタ同士の接着面に埃や指紋が付着しやすく、光が損失するためクリーナーが必要である。

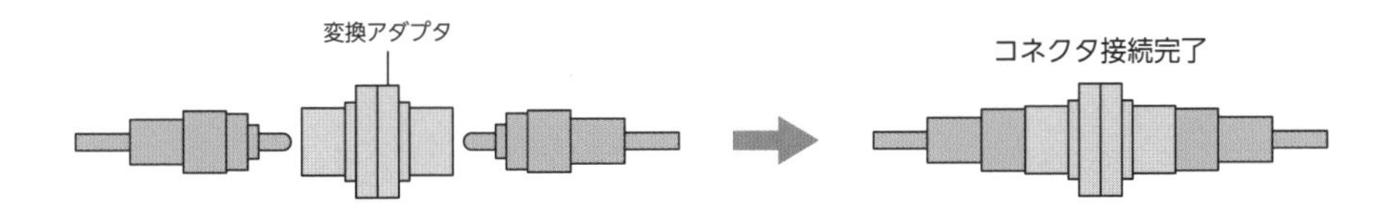

3 SZ工法

・ケーブルの途中分岐が容易なSZ型光ファイバケーブル専用の後分岐工法。

・ケーブルの途中でシースを剥ぎ取り、分岐する光ファイバ心線だけを取り出し分岐光ファイバ心線のみを切断し、その他の通過心線（分岐しない心線）及びスロット（テンションメンバを含む）を切断する必要はない。

4 光ファイバの接続損失

軸ずれ	接続する光ファイバ間の光軸のずれが接続損失の原因。汎用のシングルモードファイバの場合、おおよそ軸ずれ量の2乗に0.2を乗じた値が接続損失になる（光源波長1310nmの場合の例：1μmの軸ずれで約0.2dB）。
角度ずれ	接続する光ファイバの光軸間の角度ずれにより接続損失が発生。たとえば、融着接続前の光ファイバカッタでの切断面角度が大きくなると、光ファイバが傾いて接続される場合がある。
間隙	光ファイバ端面間の間隙により接続損失が発生。たとえば、メカニカルスプライス接続で光ファイバの端面が正しく突き合わされていないと、接続損失発生の原因になる。

5 光ファイバの施工

光ファイバの施工については、電気通信設備工事共通仕様書に以下のように記載されている。

- 光ケーブル敷設作業中は、光ケーブルが傷まないように行い、延線時許容曲げ半径は、仕上り外径の20倍以上とする。また、固定時の曲げ半径は、仕上り外径の10倍以上とする。
- クロージャ内の防水のため、気圧を高めて密封された器内の気密が十分か、確認の試験を行う。
- 光ケーブルの敷設作業中は、許容張力及び許容曲率を確認しながら施工するとともに、他のケーブルとの接触、柱間のケーブルのたるみ及び脱落等の監視を行う。

また、光ファイバケーブルの架空電線については、有線電気通信設備令及び有線電気通信設備令施行規則で以下のように定められている。

- 架空電線が道路上にあるときは、横断歩道橋の上にあるときを除き、路面から5m以上。
- 架空電線が横断歩道橋の上にあるときは、その路面から3m以上。
- 架空電線が鉄道又は軌道を横断するときは、軌条面から6m以上。
- 架空電線は、原則として、他人の建造物との離隔距離が30cm以下となるように設置してはならない。
- 架空電線を低圧または高圧の架空強電流電線と2以上の同一の支持物に連続して架設するとき、高圧の強電流ケーブルとの離隔距離は50cm以上。

重要ポイントを覚えよう！

1 □ 光ファイバケーブルの分類は、用途分類（テープスロット型、層撚型、コード集合型、SZ型）と敷設分類（架空敷設、直接埋設）がある。

層撚型は、テンションメンバの周囲に介在紐等を配列し、コード集合型は、心線数の少ない端末ケーブルに使用。テープスロット型は、主に幹線系の敷設に最適。

2 □ 光ファイバの接続方法には、融着接続、メカニカルスプライス接続、コネクタ接続がある。

メカニカルスプライス接続（メカスプ）は、光ファイバ断面を高精度のV溝を使用し、ファイバ同士を突き合わせて固定し接続する。コネクタ接続は、2本の光ファイバの先端に光コネクタを使用。着脱可能な接続。

3 □ 光ファイバの接続損失の原因には、軸ずれ、角度ずれ、間隙がある。

軸ずれは、接続する光ファイバ間の光軸のずれで生じる損失で、角度ずれは、接続する光ファイバの光軸間の角度ずれで生じる損失。間隙は、光ファイバ端面間の間隙で生じる損失である。

語呂合わせで覚えよう！　メカニカルスプライス接続

メカしか勝たん！
（メカニカルスプライス）（V溝）

接続部品のV溝に光ファイバを両側から挿入し、押さえ込んで接続する方法をメカニカルスプライス接続という。

実践問題

問題

光ファイバケーブルの敷設分類又は光ファイバの接続方法と接続損失に関する記述として、**適当でないもの**はどれか。

(1) コード集合型は、コードを束ねシースで覆った構造で、圧迫に強く、架間や室内の露出される部分に使われる。

(2) 架空敷設は、光ケーブルを吊線と一体化させた建屋間など屋外架空配線用光ケーブルで、自己支持型ケーブルとも呼ばれる。

(3) 融着接続は、２本の光ファイバの主体であるコアとクラッドのガラス部の両断面のみを熱（アーク放電）で直接ファイバを溶かし、ガラスを突きあわせ接続する。

(4) 光コネクタ接続は、接続部品のＶ溝に光ファイバを両側から挿入し、押さえ込んで接続する方法で、押さえ部材により光ファイバ同士を固定する。

答え (4)

(1) 正しい。コード集合型は、配線が楽にでき、心線数の少ない端末ケーブルとして使用される。(2) 正しい。架空敷設に対し、直接埋設は、波付鋼管等の外装を施した光ファイバケーブルを地中に直接埋設する時や耐側圧・耐衝撃などの機械的強度が要求されるときに使用する。(3) 正しい。(4) 誤り。設問は、メカニカルスプライス接続の説明である。光コネクタ接続は、光コネクタを使用して接続する方法で、接続が容易なため、比較的頻繁に着脱が行われる箇所に使用される。

無線通信

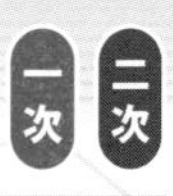

学習のポイント　1級重要度 ★★★　2級重要度 ★★★

● 今日では、誰もが携帯電話などを持ち、Bluetooth など様々な無線通信が身の回りに存在しています。ここでは、IoT（Internet of Things）に必須の機能である無線通信を学びましょう。

1　無線通信と電波の分類

無線通信とは、アンテナから信号を空間に放射し別の地点でアンテナにより受信し情報をやり取り（伝送）することである。この信号は、下図のように電波(電磁波)という形で空間を伝わる。大気中を伝搬する電波は、雨、雪、霧、みぞれなどで吸収・散乱されて減衰し、高周波数ほどその影響が無視できず減衰が大きくなる。また、周波数によっては、山岳回折で電波が到達しないはずの山の裏手に回り込むことがある。

電波は、波長が長いほど一般に遠くまで伝搬する。また、周波数が高いほど、情報伝送容量が大きくなる。

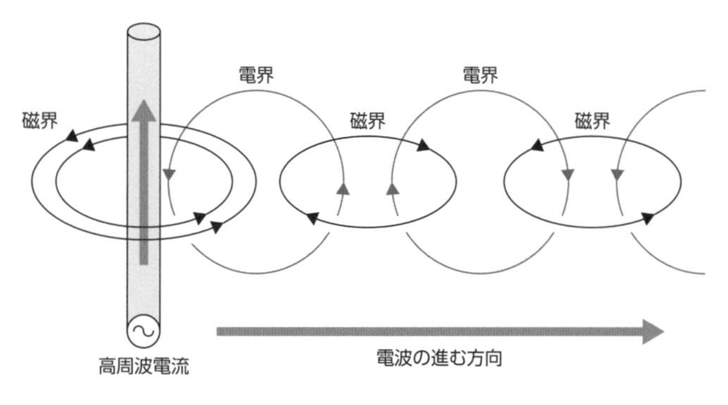

電波(電磁波)の伝わり方

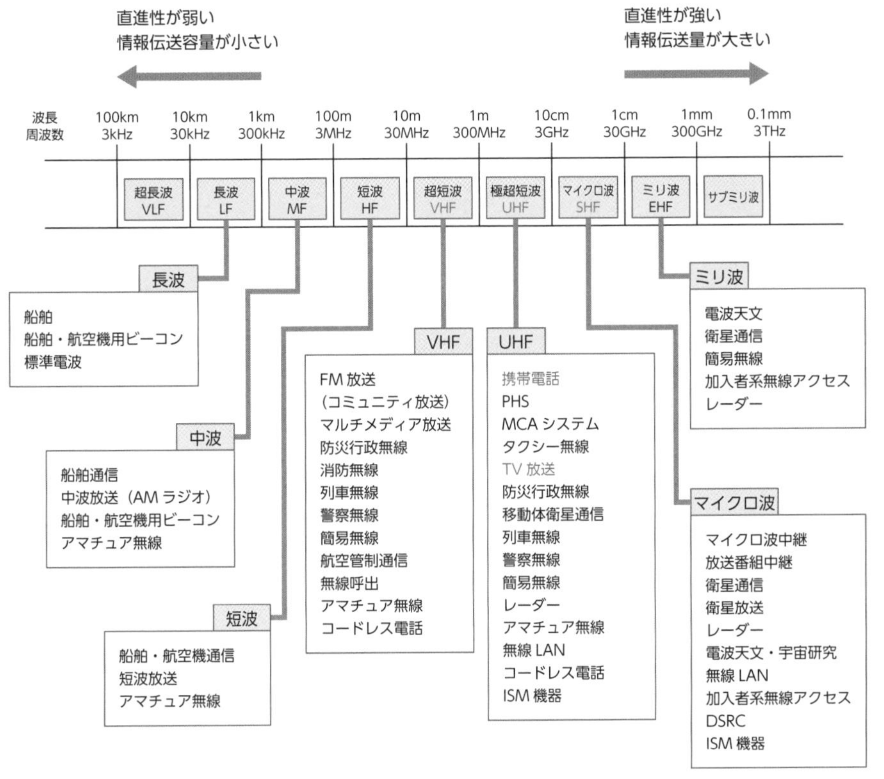

総務省　電波利用ホームページより作成

電波の波長による分類は次のとおりである。

①超長波（VLF：Very Low Frequency）

10 ～ 100km の非常に長い波長を持ち、地表面に沿って伝わり低い山をも越えることができる。水中でも伝わるため、海底探査にも応用できる。

②長波（LF：Low Frequency）

1 ～ 10km の波長を持ち、遠くまで伝わる。大規模なアンテナと送信設備が必要で、現在ではあまり用いられなくなっている。

③中波（MF：Medium Frequency）

100 ～ 1000m の波長で、遠距離まで電波の伝わり方が安定している。主に AM ラジオ放送用として利用される。

④短波（HF：High Frequency）

10 ～ 100m の波長で、地表との反射を繰り返しながら地球の裏側まで伝わっていくことができる。船舶通信、航空機通信、国際放送、アマチュア無線など、広く利用されている。

⑤超短波（VHF：Very High Frequency）

1 ～ 10m の波長で、直進性があり、電離層で反射しにくく、山や建物の裏側にもある程度回り込んで伝わることがある。短波に比べ多くの情報を伝えることができ、FM ラジオ放送や業務用移動通信に幅広く利用されている。

⑥極超短波（UHF：Ultra High Frequency）

10cm ～ 1m の波長で、超短波に比べて直進性がさらに強くなる。伝送できる情報量が大きく、小型アンテナと送受信設備で通信できる。地上デジタル TV、空港監視レーダーや電子タグ、電子レンジ等幅広く利用される。

⑦マイクロ波（SHF：Super High Frequency）

1 ～ 10cm の波長で、直進性が強く、伝送できる情報量が非常に大きいことから、主に放送の送信所間を結ぶ固定の中継回線、衛星通信、衛星放送や無線 LAN に利用される。気象レーダや船舶用レーダ等にも利用される。

⑧ミリ波（EHF：Extra High Frequency）

1 ～ 10mm と非常に短い波長。マイクロ波と同様強い直進性をもち、非常に大きな情報量の伝送が可能だが、悪天候時には雨や霧の影響で遠くに伝わることができない。電波望遠鏡による天文観測などにも使われる。

⑨サブミリ波

波長 0.1 ～ 1mm の、光に近い性質をもった電波である。

2 電波伝搬

1 アンテナの役目と種類

アンテナは、無線通信において電波の入り口と出口の役目をする。

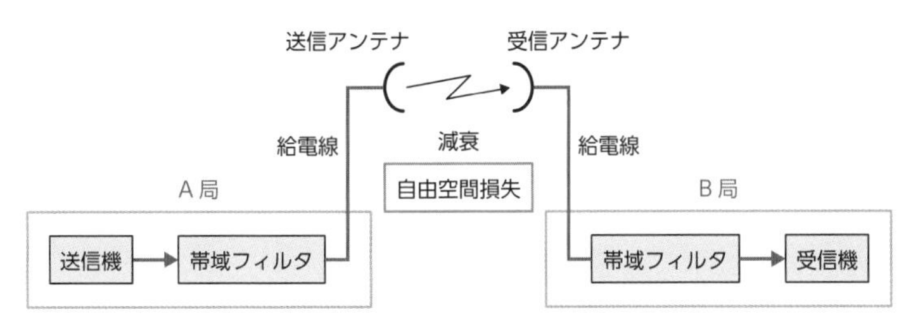

無線通信の概念図

アンテナの形状と特徴について、代表的なものを以下の表に記す。

種類	形状	特徴
半波長ダイポールアンテナ	給電点 λ/2	・波長の1/2の長さのアンテナ。 ・最も基本的なアンテナで、効率が良い。 ・周波数特性は狭帯域である。
八木アンテナ	反射器 放射器 導波器 導波器 給電点 λ/2	・導波器、放射器、反射器からなる。放射器に給電し、導波器と反射器は無給電である。 ・主にテレビアンテナなどに使用される。
ホイップアンテナ	λ/4 給電点 大地	・波長の1/4の長さで、垂直に設置した時に水平面全方向に電波の送受信ができる。 ・設置が簡単なため、携帯電話や小型ラジオ、無線ユニットの汎用アンテナとして幅広く使われる。 ・半波長ダイポールアンテナの半分の長さ。
ブラウンアンテナ	地線 λ/4 λ/4 同軸ケーブル	・λ/4の長さの放射素子を同軸ケーブルの中心導体に取り付け、外部導体から放射状にλ/4の長さの導体を地線として配置した構造で、ホイップアンテナと同様の動作をする。 ・周波数特性は狭帯域で、放射抵抗は低い。

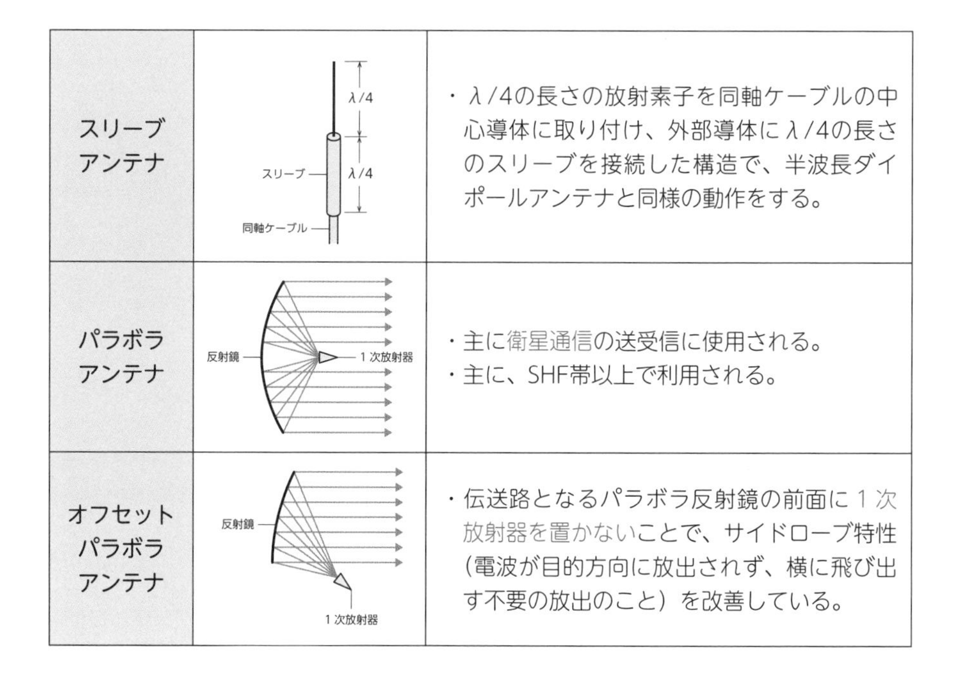

スリーブアンテナ	λ/4 スリーブ λ/4 同軸ケーブル	・λ/4の長さの放射素子を同軸ケーブルの中心導体に取り付け、外部導体にλ/4の長さのスリーブを接続した構造で、半波長ダイポールアンテナと同様の動作をする。
パラボラアンテナ	反射鏡 1次放射器	・主に衛星通信の送受信に使用される。 ・主に、SHF帯以上で利用される。
オフセットパラボラアンテナ	反射鏡 1次放射器	・伝送路となるパラボラ反射鏡の前面に1次放射器を置かないことで、サイドローブ特性（電波が目的方向に放出されず、横に飛び出す不要の放出のこと）を改善している。

①自由空間損失 L_p[W]

電波の自由空間での損失は、距離の2乗に比例し、波長の2乗に反比例する。

$$L_p = \left(\frac{4\pi d}{\lambda}\right)^2$$

L_p：自由空間損失、d：距離［m］、λ：波長［m］

$$波長［km］ = \frac{光速（300,000km／秒）}{周波数［Hz］}$$

L_p を求めるときは、距離［km］を［m］に変換してから代入します。

②無線局間の受信機入力 P_r[dBm]

受信電機入力 P_r を、単位［dBm］を用いて対数で表すと、次のような式になる。

$$P_r = P_t + G_t + G_r - L_p$$

$$= P_t + G_t + G_r - 10\log\left(\frac{4\pi d}{\lambda}\right)^2$$

P_r：受信機入力、P_t：送信機出力、

G_t：送信空中線利得、G_r：受信空中線利得

2　スーパヘテロダイン受信機

周波数変換の機能を持つ受信機で、ほとんどの受信機がこの方式を用いている。到来電波の周波数に受信機の中で発生させた別の周波数を混合し、その周波数の差が常に一定になるようにして中間周波数とし、十分な利得と選択度を得られるようにした受信機である。

スーパヘテロダイン受信機における影像周波数とは、混信によるイメージ妨害（影像妨害）が発生する周波数で、「受信周波数＋２×中間周波数または、受信周波数－２×中間周波数のいずれか」で求められる。

例）スーパヘテロダイン受信機で、受信周波数が 990［kHz］、局部発信周波数が 1,445［kHz］の場合、影像妨害を起こす周波数［kHz］の値は？

中間周波数：｜990 － 1,445｜＝ 455［kHz］

影像周波数：990 ＋ 2 × 455 ＝ 1,900［kHz］

3　無線 LAN

1　IEEE 802.11 規格

次ページの表の技術規格に準拠した機器で構成されるネットワークのことを一般的に「無線 LAN」と呼んでいる。

この通信規格を採用した無線LAN機器製造メーカの業界団体がWi-Fiという共通規格を作り、Wi-Fiが無線LANの世界的標準となった。

規格	周波数帯	最大伝送速度
802.11b	2.4GHz帯	11Mbps
802.11a	5GHz帯	54Mbps
802.11g	2.4GHz帯	54Mbps
802.11n	2.4/5GHz帯	600Mbps
802.11ac	5GHz帯	6933Mbps

IEEE802.11で使用される代表的な無線LAN規格

比較項目	有線LAN	無線LAN
標準規格	IEEE802.3	IEEE802.11
伝送媒体	ケーブル	電波
アクセス制御	CSMA/CD方式	CSMA/CA方式
LAN通信で使用するアドレス	MACアドレス	MACアドレス
PCで必要とするNIC	有線LANカード（PC内蔵が一般的）	無線LANカード（PC内蔵が一般的）
PCの接続先となる機器	ハブ（リピータハブ、L2/L3スイッチなど）	アクセスポイント（無線LAN端末間を接続する電波中継器）

有線LANと無線LANの比較

2 無線アクセス方式

無線アクセス方式とは、複数のユーザ端末が相互干渉のない状態で基地局に接続する技術のことである。種類と概要は、次の表のとおりである。

種類	概要
FDMA （周波数分割多元接続）	無線資源を周波数で分割し、デジタル変調だけでなくアナログ変調にも用いることができる。
TDMA （時分割多元接続）	無線資源を時間で分割し、各ユーザはフレームごとに間欠的に情報を送信するため、音声データ等を圧縮して送信する必要があることから、デジタル変調で用いられる。
CDMA （符号分割多元接続）	音声・データの変調信号を携帯電話ごとに異なるスペクトル拡散符号を用いて広帯域に拡散し、それぞれのスペクトル拡散符号に対応した複数の送信信号を同一周波数上に生成し多元接続を実現。
OFDMA （直交周波数分割多元接続）	直交関係にある複数のキャリアを個々のユーザの使用チャネルに割り当てるOFDMAは、移動通信のマルチパス環境下でも高品質な信号伝送が可能である。
CSMA/CA （搬送波感知多重アクセス／衝突回避方式）	信号の衝突が起こらないように送信状況を常に監視している方式である。各端末は通信路が一定時間以上継続して空いていることを確認し、その後にデータを送信する。データが正常に送信できたかどうかについては、受信側からの肯定応答信号で判断し肯定応答信号が返信されない場合は、データを再送信する。

3 無線 LAN の暗号化方式

無線LANに接続する際に、セキュリティを保護するため、通信路を暗号化するための規格を指す。WEPが登場後、WPA、WPA2と発展している。

① WEP 方式

WPA、WPA2方式に比べ脆弱性があり安全な暗号方式とはいえない。40ビットの文字列による「共通鍵」とSSLと同じ暗号化アルゴリズムである「RC4」との組み合わせである。

② WPA 方式

TKIPを利用してシステムを運用しながら動的に暗号鍵を変更できる仕組みになっている。

③ WPA2方式

暗号化アルゴリズムにAES暗号をベースとしたCCMP（Counter Cipher Mode with block chaining message authentication code Protocol）を用いている。

4 ネットワーク構成

1 インフラストラクチャモード

無線LANの通信方式の1つで、無線LANアクセスポイントを介して通信する。一般的なインターネット使用時の無線LANのモードである。例えば、PCとプリンタ間の通信を例にとると、すべての印刷ジョブは無線LANアクセスポイントを経由して受け取る。また、無線LANアクセスポイントは、有線ネットワークへ橋渡しをするゲートウェイとしても機能する。

2 アドホックモード

ピアツーピアネットワークともいう。無線LANアクセスポイントが存在せず、それぞれの無線機器は個別に直接通信する。例えば、印刷データを送信するコンピュータからすべての印刷データを直接受け取る。

5 RFID（Radio Frequency Identification）

RFIDは、電波を用いてRFタグのデータを非接触で読み書きするシステムである。バーコードは、レーザなどでタグを1枚1枚スキャンするのに対し、RFIDは、電波でタグを複数一気にスキャンすることができる。

パッシブ型のRFIDタグは、無線電力伝送が必要であるため、ほとんどの場合無線による電力伝送が可能な距離により通信距離が決まる。RFIDタグの搬送波としてUHF帯やマイクロ波帯を用いると、波長が短いために読み取りを行う際に周囲の水分の影響を受けやすくなる。また、RFIDで利用されるタグ用アンテナの形状は、コイル型やスパイラル型、ダイポール型、パッチ型など、使用する搬送波周波数に適した形状が使用される。

6 LPWA（Low Power Wide Area）

低消費電力で長距離の通信ができる新しい無線システムのことである。インターネットをモノとつなぐ IoT（Internet of Things）時代に求められるシステムで、従来の Bluetooth などの近距離では実現できない広範囲の通信を可能にしている。通信速度は数十 bps から数百 kbps で、伝送距離は、数 km から数十 km もの広域性がある。

7 マイクロ波通信

マイクロ波を用いた無線通信で、非常に広帯域の信号を伝送でき、テレビや超多重電話などの中継伝送に広く用いられている。マイクロ波の伝搬は見通し距離内に限られるので、約 50km ごとに中継局を設けて増幅中継する。

1　マイクロ波通信の中継方式

①ヘテロダイン中継方式

受信信号を中間周波数に変換し増幅した後、再びマイクロ波に変換して送信する。直接中継方式に比べ機器は複雑だが信号品質の劣化を抑えられる。

②無給電中継方式

電波を反射板等で反射させ、電波の伝搬方向を変えて中継する。電力を必要としない。

③直接中継方式

受信信号を直接増幅して送信する方式。場合によっては、目的の周波数に変換後に送信する。衛星回線の中継で用いられる。

④再生中継方式

受信信号を復調（検波）し、ベースバンド信号に戻した後、波形整形や同期調整を行い、再び増幅し変調して再送信する、デジタル回線の中継方式。

2　導波管

導波管は、主に無線機とアンテナとの間の給電線路として用いられる。センチ波からミリ波にわたる超高周波帯伝送線路である。

電磁波を閉じ込めて伝送させる中空金属管の総称で、方形または円形断面からなる形状が用いられる。

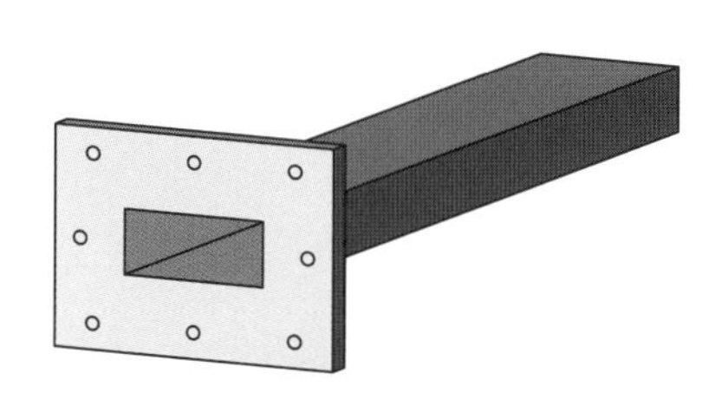

方形の導波管

重要ポイントを覚えよう！

1 □ アンテナは無線通信において、電波の入り口と出口の役目をする。パラボラアンテナは指向性が強く、遠距離の通信が可能。衛星通信の送受信に使用される。

ホイップアンテナは、波長の 1/4 の長さの垂直設置で水平面全方向に電波の送受信可能。携帯電話や小型ラジオ、無線ユニットの汎用アンテナとして幅広く使用されている。

2 □ スーパヘテロダイン受信機は、到来電波の周波数に受信機中で発生させた別の周波数を混合し、その差の周波数が常に一定になるようにした受信機である。

スーパヘテロダイン受信機における影像周波数は、受信周波数＋ 2 ×中間周波数または受信周波数－ 2 ×中間周波数のどちらかで求められる。

3 □ 無線 LAN に接続する際に、通信路を暗号化する規格には、WEP 方式、WPA 方式、WPA2 方式がある。

WEP 方式は脆弱性があり安全な暗号方式ではない。WPA 方式は、TKIP を利用してシステムを運用しながら動的に暗号鍵を変更できる。WPA2 方式は、暗号化アルゴリズムに AES に基づいた CCMP を用いている。

4 □ **RFIDタグに利用されるタグ用アンテナの形状は、周波数帯ごとにそれぞれに適した形状が使用される。**

コイル型、スパイラル型、ダイポール型、パッチ型などがある。

5 □ **マイクロ波通信で使われるヘテロダイン中継方式では、受信信号を中間周波数に変換し増幅した後、再びマイクロ波に変換して送信する。**

直接中継方式に比べると機器は複雑になるが、信号品質の劣化を抑えられる。

実践問題

問題

自由空間上の距離 $d = 50$ [km] 離れた無線局A、Bにおいて、A局から使用周波数 $f = 5$ [GHz]、送信機出力1 [W] を送信したときのB局の受信機入力 [dBm] の値として、適当なものはどれか。
ただし、送信及び受信空中線の絶対利得は、それぞれ45 [dB]、給電線及び送受信機での損失はないものとする。
なお、自由空間基本伝搬損失 L_p は、次式で与えられるものとし、d は A局とB局の間における送受信空中線間の距離、λ は使用周波数の波長であり、ここでは $\pi = 3$ として計算するものとする。

$$L_p = \left(\frac{4\pi d}{\lambda}\right)^2$$

(1) − 20 [dBm]
(2) − 30 [dBm]
(3) − 40 [dBm]
(4)　10 [dBm]

答え (1)

無線局間受信電力は、次式で求められる。

受信機入力の値を P_r 、送信機出力を P_t 、送信空中線の利得を G_t 、受信空中線の利得を G_r とすると、

$$P_r = P_t + G_t + G_r - L_p$$

$$= P_t + G_t + G_r - 10\log\left(\frac{4\pi d}{\lambda}\right)^2$$

まず、送信電力 1［W］を［dBm］に変換する。1［W］= 1000［mW］なので、$10\log_{10}10^3 = 30$　よって、$P_t = 30$

また、

$$10\log_{10}\left(\frac{4\pi d}{\lambda}\right)^2 = 20\log_{10}\left(\frac{4\pi d}{\lambda}\right) = 20\log_{10}\left(\frac{4\times3\times50\times10^3}{\frac{3\times10^8}{5\times10^9}}\right)$$

距離［km］を［m］に変換

$\lambda = \dfrac{光速(3\times10^8)}{周波数[Hz]}$

［GHz］なので［Hz］に変換

$$= 20\log_{10}\left(\frac{6\times10^5}{\frac{3}{5\times10}}\right) = 20\log_{10}10^7 = 140$$

問題文より、G_t 、G_r は共に 45 で、以上を最初の式に代入すると、

$$P_r = 30 + 45 + 45 - 140 = 120 - 140 = -20\ [\mathrm{dBm}]$$

移動通信（携帯電話）

学習のポイント　１級重要度 ★★☆　２級重要度 ★★★

● **移動通信とは、持ち運べる通信機器を使ってコミュニケーションするモバイル通信のことです。ここでは、携帯電話でのモバイル情報通信を学びましょう。**

1　移動通信（携帯電話）の技術推移と５G

移動通信（携帯電話）は進化し続けており、端末も高機能化し、データ伝送の速度も飛躍的に上昇し続けている。これまでの技術推移は以下の表のとおりである。

世代	1G	2G	3G	3．5G	3．9G	4G
年代	–	1993年	2001年	2006年	2010年	2015年
規格	–	PDC	W-CDMA	W-CDMA,HSPA	LTE	LTE-Advanced
最大速度	–	9,600bps（≒0.01Mbps）	64～384kbps（≒0.06～0.38Mbps）	3.6～14Mbps	37.5～151Mbps	110Mbps～約1Gbps
多元接続方式	FDMA	TDMA	CDMA		OFDMA（下り）SC-FDMA（上り）	
通信用途	自動車電話ショルダーホン	PCに接続し外出先でメール送信	文字ベースのホームページの閲覧	画像を含むホームページや動画の閲覧	3.5G＋ユーザの写真や動画の投稿など	3.9G＋動画のライブ配信（ユーチューバー等）など

スマートフォン等の普及により動画像伝送等の利用拡大で移動通信トラフィックが急増し、今後も増加が見込まれるため今日では**第５世代移動通信システム（５G）**の導入が進められている。

５Gの特徴は、次のとおりである。

- **超高速**：最高伝送速度は10Gbps。理論上ではLTEの100倍。
- **超低遅延**：1ミリ秒程度の遅延で、理論上ではLTEの約1/10倍。
- **多数同時接続**：LTEの100倍接続できる。利用者が遅延を認識することなく、ロボット等の操作のリアルタイム通信を実現する。

2 Wi-FiとLTE

Wi-Fi（Wireless Fidelity）もLTE（Long Term Evolution）も、スマートフォンなどを使う際に利用する通信方式である。

	Wi-Fi	LTE
概要	・Wi-Fi Alliance（米国の業界団体）の無線LANに関する登録商標。 ・ノートパソコンやスマートフォン（スマホ）、タブレット、ゲーム機器等、Wi-Fi対応子機なら、さまざまな種類のデバイスで利用可能。	・LTEを利用できるのはスマホやタブレットなどのモバイルデバイスのみ。 ・無線アクセス方式は、上りがSC-FDMAで下りがOFDMAを採用している。 ・複数のアンテナにより送受信を行うMIMO伝送技術を採用している。 ・電波は、パケット交換でサービスすることが前提。 ・フェージング（➡p.189参照）などの無線環境に合わせて、データの変調方式を柔軟に切り替える適応変調を採用しており、主な変調方式は64QAM。 ・音声サービスを実現するため、IPパケットにより音声データをリアルタイムに伝送するVoiceoverLTEを採用している。
通信スピード	・インターネットを利用する場合は通信回線によって変わる。	・電波状況の良いスポットに多人数が集まり、各々がモバイル機器でインターネット接続をすると、通信速度は遅くなる。 ・通信速度は、環境や使用デバイスの機種などに大きく依存。
メリット	・モバイルWi-Fiルータを持てば屋外でも利用可能。 ・スマホのテザリングを使い、スマホをWi-Fiルータ代わりにすることでノートパソコンやタブレット等のデバイスが利用可能。	・LTE電波を飛ばしている基地局が多く、電波の距離が半径数百mから数kmとエリアも広いため屋外で利用しても電波が安定している。

デメリット	・電波が障害物に当たると通信が途絶えてしまう可能性がある。 ・回線が混雑して通信がうまくいかないケースがある。 ・対応エリアが狭い。	・LTEは免許制で、使う電波は国が割り当てる。 ・データ通信容量は上限があり、それを超えると通信スピードが遅くなる。

Wi-Fi と LTE の比較

3 携帯電話や PHS のハンドオーバとローミング

1 ハンドオーバ

ハンドオーバとは、移動しながら携帯電話などの無線端末で通信する際に、交信する基地局を切り替える動作のことである。このおかげで、移動中でも電話は切れない。

・携帯電話やPHSは1つの基地局との間で、無線による通信を行っている。1つの基地局から電波が届く範囲には限界があるので、そのエリアから出てしまう前に別の基地局に接続し直す必要がある。

・基地局の電波が弱くなってきたら、近隣の基地局から出ている強い電波を検出し、そちらに切り替える。

2 ローミング

ローミングとは、インターネット接続サービス等において、契約している通信事業者の通信サービス範囲外でも提携している他の事業者の設備を用いて回線を利用できることをいう。

携帯電話は、基本的には契約している通信事業者のサービス範囲内でないと通信できないが、ローミングにより他の事業者のサービス範囲内でも接続できる。現在ではおもに海外渡航時に利用される。

4 Bluetooth

近距離無線通信の規格の１つで、対応した機器同士は、無線でデータをやり取りできる。移動通信そのものの規格ではないが、その特性、便利さから、スマートフォンをはじめ多くの移動通信機器に採用されている。有効範囲はおよそ10m以内で、国際標準規格のため、対応機器なら各国のどんなメーカ同士でも接続可能である。

身近な例としてBluetoothイヤホンがあり、このイヤホンは耳栓のように独立した形状でスマートフォンからイヤホンへとワイヤレスで音楽データを送信できる。

	通信速度	通信距離	消費電力
Wi-Fi	速い	広い	多い
Bluetooth	やや遅い	やや狭い	少ない

Wi-FiとBluetoothの比較

Bluetooth2.0 + EDRとは、Bluetoothのバージョン2に相当する新規格である。なお、EDRとは、Enhanced Data Rateの略で、拡張された通信速度を意味する。特徴は以下のとおりである。

・2.4GHz帯の電波を使用し、変調方式は周波数ホッピングスペクトル拡散で、伝送速度が最大3Mbpsである。
・コンピュータと周辺機器とのワイヤレス接続等に使用される。

5 無線電気通信設備に関する用語

① ICT（Information and Communication Technology）

「情報通信技術」の略で、IT（Information Technology）とほぼ同義の意味を持つが、コンピュータ関連の技術を「IT」、コンピュータ技術の活用に着目する場合を「ICT」と、区別して用いる場合もある。国際的にICTが定着していることなどから、日本でも近年ICTがITに代わる言葉として広まりつつある。

② IoT（Internet of Things）

様々な「モノ（物）」がインターネットに接続され（単に繋がるだけではなく、モノがインターネット又はIPネットワークのノードとして繋がる）、情報交換する仕組み。

③インピーダンス整合

電気回路で信号を送り出す側のインピーダンスと受け入れる側のインピーダンスを合わせること。インピーダンスが整合していないと、伝送線路に反射波や定在波が生じ波形が乱れ、感電や電波障害等が起きる場合もある。

④フェージング

地上の障害物や電離層に反射して届く電波の混在や、移動体通信における送信点と受信点の距離の時間的変化などにより、受信点において同一の電波が時間差を持つことがあるが、この時間差を持った電波が互いに干渉し、受信点のレベルが激しく変動する現象をいう。電離層による吸収性フェージング、偏波性フェージング、跳躍フェージング、大気屈折率の分布によるK形フェージングなどがある。

⑤K形フェージング

大気屈折率の分布状態が変化して地球の等価半径係数が変化するため、直接波と大地反射波との干渉状態や大地による回折状態が変化して生じる。

⑥空間ダイバーシチ方式

フェージングを軽減するため、複数の受信アンテナを数波長以上（理論的には最低1/2波長）離して設置し、位相を調整して合成するか、電波強度の強いアンテナに切り替えることで受信レベルの変動を小さく安定させる方式。

⑦偏波ダイバーシチ方式

偏波面が互いに90度異なるアンテナを用意し受信信号を合成するか、電界強度の強い方の偏波に切り替えることで、受信レベルの変動を小さくする。

⑧キャリアアグリゲーション

異なる周波数の帯域を複数同時に利用することで帯域幅を拡張し、1つの通信回線とする技術で、通信速度の向上だけでなく、通信が安定する周波数ダイバーシチ効果も得られる。

⑨ RAKE受信

複数の伝搬経路を経由して受信された信号を最大比合成し、パスダイバーシチ効果が得られる。

⑩スーパヘテロダイン受信機

受信した電波をいったん中間周波数の信号に変換する方式（スーパヘテロダイン方式）を使った受信機のこと（➡ p.177　Lesson01　参照）。

⑪ ESSID（Extended Service Set Indentifier）

無線 LAN のアクセスポイントに付ける識別子のこと。無数にある無線 LAN アクセスポイントについて、どの電波をどの無線 LAN が処理するか、明確にするために無線 LAN それぞれに名前（ESSID）が付いていて、この名前が一致する場合のみ通信できる。

6 多元接続方式

多元接続方式とは、複数の通信主体が、1つの通信路や通信資源を共有して通信する方式のことである。例えば通信衛星は、多元接続により、複数の局が周波数を共用することが可能である。

多元接続には、通信路を分割する手法によって、CDMA（符号分割多元接続）、TDMA（時分割多元接続）、FDMA（周波数分割多元接続）の3つの代表的な方式に分かれる。それぞれの原理や特徴等は次のとおり。

略称	原理	帯域利用効率	無線局間同期	フェージング耐性	ローミング	回路規模	用途
CDMA (Code Division Multiple Access) 符号分割多元接続	拡散符号を割り当てスペクトル拡散変調	大	任意	大	FDMAに比べ容易でない	大	第3世代携帯電話・通信衛星
TDMA (Time Division Multiple Access) 時分割多元接続	固定タイムスロットを割り当て	中	要	中	-	中	第2世代携帯電話・通信衛星
FDMA (Frequency Division Multiple Access) 周波数分割多元接続	周波数帯域を分割して割り当て	不良	不要	小	CDMAに比べ容易	小	マルチチャネルアクセス無線・アナログ携帯電話・通信衛星

重要ポイントを覚えよう！

1 □ 第5世代移動通信システム（5G）では、最高伝送速度10Gbpsで、2時間の映画を3秒でダウンロードできる。

ロボット等の操作(LTEの10倍の精度)をリアルタイム通信で実現し、多数同時接続でスマートフォン、PC等あらゆる機器がネットに接続可能。

2 □ LTEは、第4世代移動通信システム（4G）で、無線アクセス方式は、上りがSC-FDMAで下りがOFDMAである。

4Gでは、あるスポットで多人数がモバイル機器でインターネット接続をすると、通信速度は遅くなる。

3 □ ローミングとは、契約通信事業者の通信サービス範囲外でも他の事業者の設備の回線を利用できることをいう。

ローミングは、主に海外渡航時に利用される。

4 □ フェージングとは、無線通信において、電波の受信レベルが激しく変動する現象のことである。

吸収性フェージング、偏波性フェージング、跳躍フェージング、K形フェージングなどがある。

5 □ 移動体通信で用いられるCDMA多元接続方式は、スペクトル拡散変調を用いる。

FDMA方式に比べ、秘話性が高く、干渉を受けにくいが、隣接基地局へのローミングが容易ではない。

実践問題

問題

第5世代移動通信システムと呼ばれる5Gに関する記述として、**適当でないもの**はどれか。

(1) 現在の移動通信システムよりおよそ100倍速いブロードバンドサービスを提供する。
(2) 利用者がタイムラグを意識することなく、リアルタイムに遠隔地のロボット等を操作・制御できる超低遅延の特徴があるため、遠隔診療など医療応用が期待されている。
(3) スマートフォン、PCをはじめ、身の回りのあらゆる機器がネットに接続できる多数同時接続の性能がある。
(4) ローカル5Gは、通信事業者のサービスと比較して、他の場所の通信障害や災害、ネットワークの輻輳などの影響を受けやすい。

答え (4)

(1) 正しい。5Gの主要性能として、超高速があり、最高伝送速度は10Gbps、理論上LTEの100倍の速度となっている。(2) 正しい。5Gの特徴として超低遅延があり、1ミリ秒程度、理論上LTEの1/10倍の遅延（タイムラグ）で済むようになった。(3) 正しい。(4) 誤り。ローカル5Gとは、通信事業者以外の様々な主体（地域企業や自治体等）が、限られたエリア内で自ら5Gシステムを構築可能とするものである。なお、開設には無線局の免許が必要である。ローカル5Gは独立したネットワークのため、他の場所の通信障害や災害、ネットワークの輻輳などの影響を受けにくい。

情報セキュリティ

学習のポイント　　１級重要度 ★★☆　２級重要度 ★★☆

● 社会インフラとして不可欠な IT システムやネットワークにおいて、機器や情報を守る情報セキュリティ対策は重要です。

1　情報セキュリティマネジメントシステム

情報セキュリティマネジメントシステム（ISMS：Information Security Management System）とは、組織における情報資産のセキュリティを維持管理するための枠組みである。具体的には、「機密性」「完全性」「可用性」の情報セキュリティの３大要素を維持することである。

ISMS には JIS Q 27001（ISO/IEC 27001）という規格があり、ISMS 認証機関よりこの JIS と国際規格の認証を受けることで、顧客などに「十分に情報セキュリティ対策を行っている」ということを証明することができる。

情報セキュリティ３大要素

①機密性（confidentiality）

情報へのアクセスを認められた者だけが、その情報にアクセスできる状態を確保（情報漏えい防止等）

②完全性（integrity）

情報が破壊、改ざん又は消去されていない状態を確保（意図されない情報変更防止）

③可用性（availability）

情報へのアクセスを認められた者が、必要時に中断することなく、情報及び関連資産にアクセスできる状態を確保（自然災害時の対策やバックアップが、可用性維持に必要）

なお、情報セキュリティ3大要素は、英語の頭文字を取って、「情報のCIA」ということもある。

2 ソーシャルエンジニアリング

ネットワークに侵入するために必要となるパスワードなどの重要な情報を、情報通信技術を使用せずに盗み出す方法のことをソーシャルエンジニアリングという。人間の心理的な隙や行動ミスにつけ込む。

例1）電話でパスワードを聞き出す

例2）肩越しにキー入力を見る（ショルダハッキング）

例3）ごみ箱を漁る（トラッシング）

3 暗号化

コンピュータネットワークのデータ通信で、利用者以外の第三者に通信内容を読み取られないようにすること。暗号化されたデータを元のデータに戻す処理のことを「復号化」という。共通鍵暗号方式、公開鍵暗号方式、またはこれらの組合せにより、ファイルや文書等が暗号化される。

①共通鍵暗号方式

- 暗号化と復号化の両方で同じ鍵を使う暗号化方式。
- 暗号化アルゴリズムとしては「DES」「RC4」「AES」などがある。
- 処理速度は高速だが、データをやり取りする人数が増えるにつれて、管理すべき鍵の数が膨れ上る。
- 例えばn人の間で管理すべき鍵の数は$n(n-1)/2$個。
- 暗号化と復号化をする人物以外に鍵が知られないように管理する必要があるため、秘密鍵暗号方式ともいわれる。

②公開鍵暗号方式

- 暗号化と復号化で異なる鍵を使う暗号化方式。
- 暗号化アルゴリズムとしては、大きな数の素因数分解の困難性を利用した「RSA」や、離散対数問題の困難性を利用した「楕円曲線暗号」等がある。

・共通鍵暗号方式と比べ処理速度は低速だが管理する鍵の数は少ない。
・例えば n 人の間で管理すべき鍵の数は $2n$ 個。
・秘密鍵を持つのは受信者のみなので、他人に復号化される心配がない。

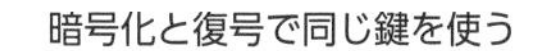

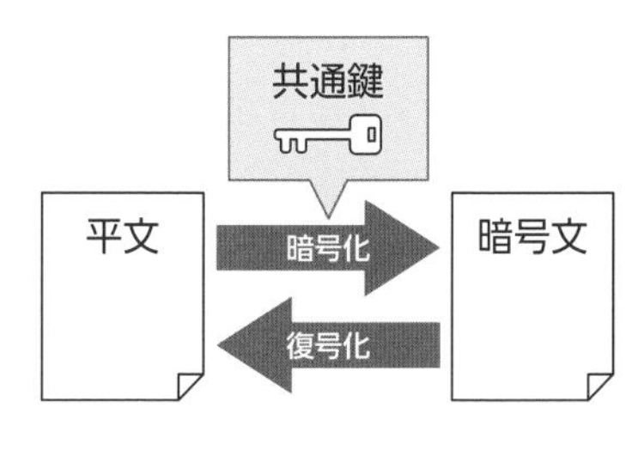

共通鍵暗号方式

暗号化と復号で異なるペア鍵を使う

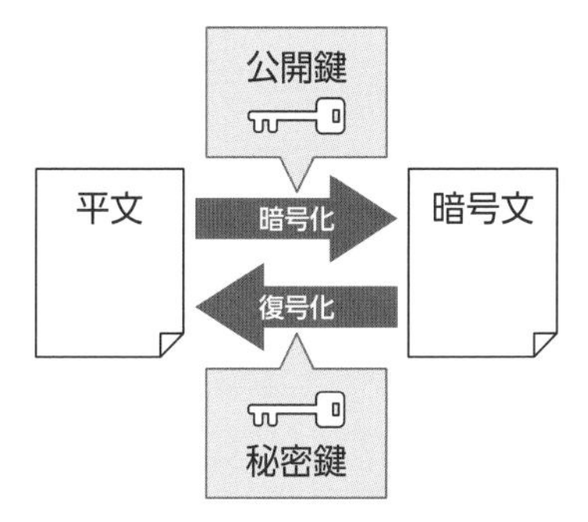

公開鍵暗号方式

4　無線 LAN の暗号化方式

無線 LAN はその手軽さの反面、セキュリティは常に課題とされてきた。暗号化方式の認証プロトコルとしては、WPA2-PSK 採用が推奨されている。

認証 プロトコル	暗号化 プロトコル	暗号化 アルゴリズム	設定
WPA2-PSK	CCMP	AES	◎設定推奨
	TKIP	RC4	△推奨しない
WPA-PSK	CCMP	AES	○WPA2がない機器に推奨
	TKIP	RC4	△推奨しない
WEP	WEP	RC4	×設定してはだめ

5 認証

利用者が本人であるかどうかを確認する作業を認証という。一般的に、ユーザ ID（ID：Identification）の他、本人しか知り得ないパスワード確認で本人確認する。

スマートフォンの普及とともに、ID とパスワード以外に個人を特定できる要素（認証方式）を追加し複数の認証方式を組み合わせることで、他人にログインされる可能性を低くすることができる多要素認証が増えてきている。例えば、高性能化が進むカメラは、生体認証（指紋認証、顔認証、虹彩（こうさい）認証など）に対応できる。次にセキュリティレベルによる認証方式を示す。

確認方法	セキュリティレベル	確認方法の例
知識認証	（低い） 知識ベースなので、その知識を知っていれば誰でもなりすましが可能	・ID／パスワード ・合言葉「山」「川」
所有物認証	（中程度） 所有物を盗まれた場合になりすまされる可能性があるが、知識ベースと違って所有物を持った人のみなりすましが可能	・電子証明 ・ワンタイムパスワード用トークン ・MACアドレス
生体（バイオメトリクス）認証	（高い） 身体的な特徴を元にするので、盗まれることや貸し借りをすることができない	・指紋認証 ・静脈パターン認証 ・虹彩認証 ・声紋認証 ・顔認証 ・網膜認証

1 IEEE 802.1 X

IEEE 802.1 X は、無線 LAN の認証で使われる、ネットワーク機器に接続する端末に対して認証およびアクセス制御を行うプロトコルの規格である。例えば、無線 LAN 端末（ノートパソコン等）とアクセスポイントで、パソコンなどを接続しただけではネットワークに接続できない。不正なユーザからのアクセスを防ぐため、接続時に認証を求め、利用を許可されたユーザであることが確認できればネットワークの利用を許可するものである。

IEEE 802.1X 認証では、さまざまな認証が行えるようにEAP（Extensible Authentication Protocol：拡張認識プロトコル）を用いている。

・**EAP-PEAP**：TLSハンドシェイクの仕組みを利用する認証方式。
・**EAP-TTLS**：クライアント認証は、ユーザ名とパスワードにより行う。
・**EAP-TLS**：クライアント認証は、クライアントのデジタル証明書を検証することで行う。

2 チャレンジレスポンス認証

接続するごとに入力するパスワードが毎回変わる方式で、１回パスワードが使用されると、そのパスワードは次回からは使用できない。専用プログラムやハードウェアを利用するため、パスワードの盗み見等に対するリスクも軽減できる。

また、クライアントにおいて、利用者が入力したパスワードとサーバから送られてきたチャレンジコードからハッシュ値を生成し、サーバに送信する。なお、ハッシュ値とは、ハッシュ関数から戻される値のことである。ハッシュ関数とは、メッセージ（入力値）に暗号学的処理をかけることで、固定長のサイズの文字列（出力値）に変換する技術である。

3 バイオメトリクス認証

人間の身体的特徴（生体器官）や行動的特徴（癖）の情報を用いて行う個人認証の技術やプロセスのこと。指紋、掌紋、静脈、顔、音声（声紋）、虹彩、眼球血管、耳形（耳介）、耳音響、DNA などがある。

6 デジタル署名

送信者は、データだけでなく、データをハッシュ値にしてからこれを署名として受信者に送信する。受信者は、受信したデータからハッシュ値を算出し、署名として受け取ったハッシュ値と比較することによりデータが改ざんされていないことを確認できる。また、第三者が知ることができない秘密鍵でハッシュ値を暗号化して送信するため、データとハッシュ値の両方が改ざんされたものを受信しても改ざんを検知できる。

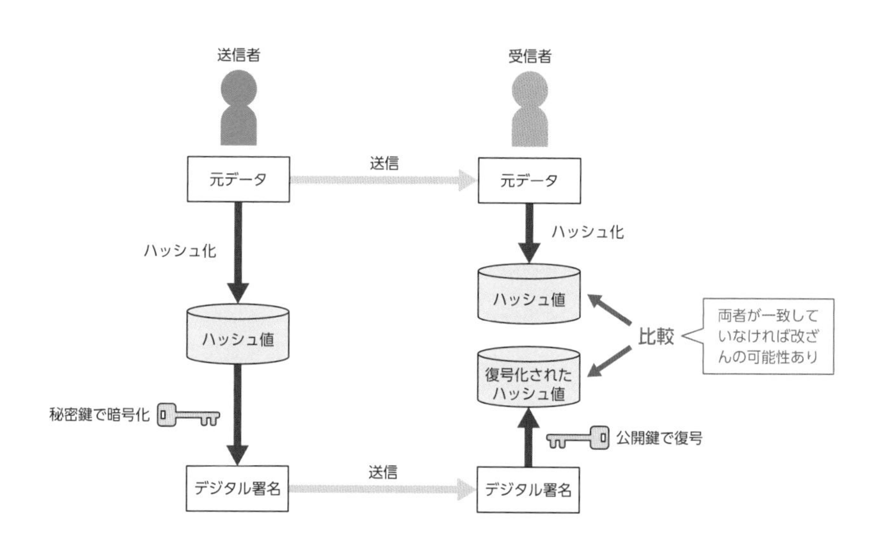

7 電子証明

書面での手続きにおける「印鑑証明書」に相当する。電子申請における、本人確認手段やデータ改ざん防止のために利用する電子的な身分証明書。

公開鍵暗号方式を使って安全な通信を行うために、電子認証局が発行するもので、その申請者の正当性を証明する。電子証明書には、公開鍵情報、証明書の有効期間、電子認証局の電子署名などが含まれている。

8 サイバー攻撃

サーバやパソコンやスマートフォンなどのコンピュータシステムに対し、ネットワークを通じて破壊活動やデータの窃取、改ざんなどを行うことをサイバー攻撃という。サイバー攻撃には様々な種類があるが、代表的なものは次の表のとおりである。

種類	概要
マルウェア	不正で有害な挙動を引き起こす意図で作成されたソフトやコードの総称。
DoS 攻撃 /DDoS 攻撃	1台のコンピュータから特定のサーバにアクセスを集中させ、サーバダウンさせて不正アクセスする攻撃がDoS攻撃。近年は、特定のIPアドレスからのアクセス拒否設定が容易に行えるようになったことから、不特定多数のパソコンからアタックするDDoS攻撃が主流となった。
標的型攻撃	機密情報を盗み取ることなどを目的として、特定の個人や組織を狙った攻撃。業務関連のメールを装ったウイルス付きメール（標的型攻撃メール）を、組織の担当者に送付する手口が知られている。
ゼロデイ攻撃	脆弱性が発見され、修正アップデートがなされる予定の日より前に脆弱性を攻略し、サイバー攻撃を行うこと。
SQL インジェクション	ユーザからの入力値を用いてSQL文を組み立てるWebアプリケーションの脆弱性を利用して、データベースを不正操作する攻撃。
パスワードリスト攻撃／アカウントリスト攻撃	不正に入手したIDとパスワードを使い、正当な方法によりログインを試みるサイバー攻撃。
セッションハイジャック	他人のセッションID を推測したり窃取することで、同じセッションID を使用したHTTPリクエストによって、なりすましの通信を行う攻撃。
バッファオーバーフロー攻撃	メモリ上のバッファ領域をあふれさせることでWebサーバに送り込んだ不正なコードを実行させたり、データを書き換えたりする攻撃。
クロスサイトスクリプティング	脆弱性がある掲示板のようなWebアプリケーションが掲載されている場合に、そこへ罠を仕掛け、サイト訪問者の個人情報を盗むなどの攻撃。

代表的なサイバー攻撃

種類	概要
ウイルス	自分自身のコピーを作成して、そのコピーを他のファイルやプログラム等に感染させ、寄生する。コンパイラ型ウイルスや、インタプリタ型ウイルスがある。
ワーム	自己複製機能を持ち、感染速度が早く次々と他のデバイスに感染する。他のプログラムへの寄生が不要で、単独で存在できる。
バックドア	正面のアクセス経路以外からシステムに侵入できるよう設置された裏口で、攻撃者による遠隔操作が可能となり、知らぬ間に不正行為の踏み台にされたりする。
トロイの木馬	一見無害なプログラムやデータであるように見せかけながら、何らかのきっかけにより悪意のある活動をするように仕組まれているプログラム。
ランサムウェア	身代金を要求するソフトウェア。パソコンを操作不能にしたり、データを暗号化し、修復を条件に身代金を要求する。
スパイウェア	ユーザに知られることなく密かに情報収集を行ったり、情報をインターネットにさらしたりする。

マルウェアの種類

重要ポイントを覚えよう！

1 □ **情報セキュリティマネジメントシステム（ISMS）は、機密性、完全性、可用性の情報セキュリティの 3 大要素を維持することである。**

機密性は、情報へのアクセスを認められた者だけが、その情報にアクセスできること、完全性は、情報が破壊、改ざん又は消去されていないこと、可用性は、必要時に情報及び関連資産にアクセスできること。

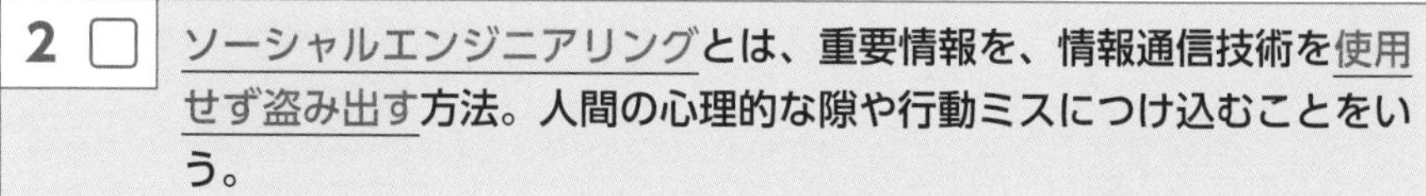

2 □ **ソーシャルエンジニアリングとは、重要情報を、情報通信技術を使用せず盗み出す方法。人間の心理的な隙や行動ミスにつけ込むことをいう。**

たとえば、電話でパスワードを聞き出す、肩越しにキー入力を見る（ショルダハッキング）、ごみ箱を漁る（トラッシング）などである。

3 □ **公開鍵暗号方式では、暗号化では公開鍵、復号化では秘密鍵というように異なる鍵を使う。処理速度は低速だが管理する鍵の数は少なくてすむ。**

公開鍵暗号方式で n 人がお互いに暗号文の交換を行うためには、n 個の公開鍵と秘密鍵の対が必要なため、管理すべき鍵の数は $2n$ 個である。

4 □ **デジタル署名では、データをハッシュ値にしてデータが改ざんされていないことを確認している。**

受信者は、受信データからハッシュ値を算出し、受け取ったハッシュ値と比較してデータが改ざんされていないことを確認している。

実践問題

問題

利用者が本人であるかどうかを確認する作業である認証に関する記述として、**適当でないもの**はどれか。

(1) 知識認証では、ログイン時にIDと一緒にオリジナル文字列のパスワードを入力するが、セキュリティレベルは低い。

(2) 所有物認証は、その人しか持ち得ない電子証明、ワンタイムパスワード用トークン、MACアドレス等を基に認証する。

(3) バイオメトリクス認証とは、指紋、掌紋、静脈、顔、声紋、虹彩、眼球、血管などの人間の身体的特徴の情報を用いて行う。

(4) チャレンジレスポンス認証は、クライアントにおいて利用者が入力したユーザIDとサーバから送られてきたチャレンジコードからハッシュ値を生成してサーバに送信する。

答え (4)

(1)、(2)、(3) は正しい。(4) 誤り。チャレンジレスポンス認証は、クライアントにおいて、利用者が入力したパスワードとサーバから送られてきたチャレンジコードからハッシュ値を生成する。なお、このパスワードは接続ごとに変わる方式で、1回パスワードが使用されると、次回からはそのパスワードは使用できない。ユーザのなりすましなどにも対応可能な方式である。

衛星放送と衛星通信

学習のポイント　　1級重要度 ★★★　2級重要度 ★★☆

● 衛星通信について、地上デジタルテレビ放送とBSデジタル放送の違いやMPEG-2の内容などしっかりおさえましょう。

1　衛星放送

衛星放送は、人工衛星を使って行う放送で、視聴者が各自でアンテナ等の受信設備を設置して個別受信または集合住宅等の屋上にアンテナを設置して共同受信する。静止衛星通信の人工衛星は赤道上空36,000kmの静止軌道を地球の自転周期に一致の24時間で1周している。

①衛星基幹放送

視聴に必要な受信機がテレビに内蔵されていて、地上波放送のような、マス志向の無料広告モデル放送を行うもの。

②衛星一般放送

視聴に当たり専用受信機をテレビに接続する必要がある。日本では、従来型のアナログ放送は2011年7月に終了し、地上デジタルテレビ放送（放送区域は、地上10 mの高さで電界強度が1mV/m（60dBμV/m）以上）へ移行した。

2　地上デジタルテレビ放送

日本における地上デジタルテレビ放送は、UHF帯470～710MHzの周波数を使用し、ISDB-T方式を採用している。

1　ISDB-T（Integrated Services Digital Broadcasting-Terrestrial）：サービス統合地上デジタル放送

・マルチパスに強いOFDM方式を使用。隣接混信を気にせず単一周波数で放送ネットワークを構築でき周波数の有効利用ができるSFN（単一周波数ネットワーク）の構築が可能。

- OFDMの周波数ブロックごとに異なるキャリア変調方式や誤り訂正符号化率を用い、帯域内で伝送の強さが異なる放送が可能。
- 1チャネル（セグメント）の周波数帯域幅 6MHz を14等分したうちの13セグメントを画像、音声、データの情報伝送に使用。
- 13セグメントのうち、中央の1セグメント（変調方式はQPSK）で携帯端末向けサービス（ワンセグ・サービス）を提供し、残りの12セグメント（変調方式は64QAM）を使って固定受信端末向けサービスを提供する。
- 地上デジタルテレビ放送でモード3、64QAMの伝送パラメータで単一周波数ネットワーク（SFN）を行った場合を考慮し、送信周波数の許容差は1Hzと規定されている。

2 OFDM方式（Orthogonal Frequency Division Multiplexing）：直交周波数分割多重

データを多数の搬送波（サブキャリア）に乗せるが、サブキャリアは互いに直交しているため、普通は周波数軸上で重なりが生じるほどに密に並べられても、従来の周波数分割多重化方式（FDM）と違い、互いに干渉しない。

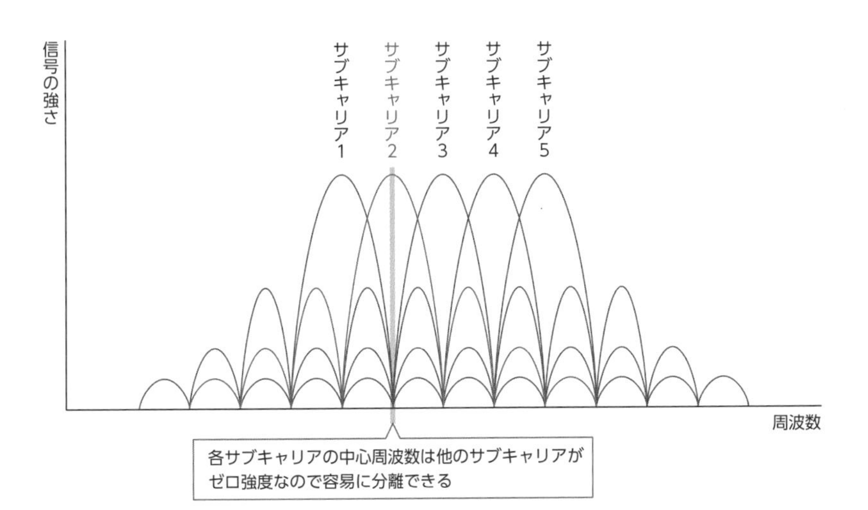

OFDMの周波数

3 MPEG-2

MPEG-2は、動画・音声データの圧縮方式（符号化方式）の標準規格の1つで、地上デジタルテレビ放送の変調方式に使用される。送るべき情報（事象）の発生頻度が一様でない場合には、よく現れる事象には短い符号を割り当てることで、平均的に少ない情報量で事象を表現できる可変調符号化を採用している。

MPEG-2 Audio AACは、MPEG-1 Audioとの互換性を持たないが、MPEG-2 Audio BCは、MPEG-1 Audioとの互換性を持つ。MPEG-2映像符号化方式は、MPEG-1相当の低解像度からフルハイビジョン相当の高解像度までの動画像を扱う。

また、MPEG-4 AVCは、MPEG-2のおよそ2倍以上の圧縮率を実現している。

4 映像信号の圧縮符号化

カメラで撮影した映像のデータは1～3Gbpsと非常に膨大で、データを圧縮符号化しなければ、周波数資源を有効に使用することができない。動画圧縮符号化技術は、地上デジタルハイビジョン放送を、少ない周波数資源で実現するための役割をしている。

また、予測符号化方式では、過去の入力信号を基にした予測値と、当該入力信号の値の差分値に対して量子化を適用し、その結果を符号化することができる。差分値を小さくすることで圧縮率を高める。

また、DCT（離散コサイン変換）画像情報の離散信号を周波数成分に変換した後、高周波成分を粗く量子化することで画像のデータ量を削減している。なお、圧縮率を高めるために量子化ステップサイズを大きくしすぎると、量子化誤差が拡大し、画像が劣化する。

3 BSデジタル放送／CSデジタル放送

1 BS（Broadcasting Satellites）デジタル放送

BSデジタルテレビ放送は、東経110度の赤道上空の静止軌道上に打ち上げられた人工衛星から放送するため、1つの人工衛星で離島や山間部までサービスできる。円偏波を使用しているため、受信アンテナの偏波角の調整は必要なく、まっすぐに放送衛星に向ける。周波数範囲は、11.7～12.2GHz。

また、各家庭のテレビは、普段は伝送速度が速く高画質だが降雨減衰に弱いTC8PSKで番組を表示し、大雨時には伝送速度は落ちるものの降雨減衰の影響を受けにくいQPSKへテレビが自動的に変調方式を切り替える階層変調方式を採用している。TC8PSKは、1つの中継器で最大約52Mbpsの伝送速度を確保できる。4Kや8Kなど超高精細度の放送には、16APSKが採用されている。

2 CS (Communication Satellites) デジタル放送

BSと同様に、東経110度の赤道上空の静止軌道にある通信衛星からデジタル放送を行う。BSと同様に円偏波を使用しているため、受信アンテナの偏波角の調整は必要ない。周波数範囲は、12.2～12.75GHz。

4 衛星通信

衛星通信は、赤道上空36,000kmの静止軌道上に打ち上げられた衛星に向けて送信局から膨大な情報を送信（アップリンク）した後、地球にある受信局に向けて一斉配信（ダウンリンク）する。限りなく数多くの拠点に向けて大容量の情報を即座に届けたい時、衛星通信は最も理想的な手段である。

衛星通信を使ったコミュニケーションには、広域・同報性、柔軟性、大容量といった特長がある。また、自然災害時におけるネットワークの確保という耐災害性もある。

静止衛星の軌道は、赤道面にあることから、高緯度地域においては仰角（衛星を見上げる角度）が低くなり、建造物などにより衛星と地球局との間の見通しを確保することが難しくなる。

衛星通信に搭載されているトランスポンダ（中継器）は、衛星が受信した微弱な信号の増幅、受信周波数から送信周波数への周波数変換及び信号波の電力増幅を行う。

衛星通信では、電波干渉を避けるため、地球局から衛星への無線回線と、衛星から地球局への無線回線に異なる周波数帯の電波を使用している。静止軌道上に3機の衛星を配置すれば、北極、南極付近を除く地球上の大部分を対象とする世界的な通信網を構築できる。

語呂合わせで覚えよう！ トランスポンダ（中継器）

ぽんと　増やして　返金
（トランスポンダ）（増幅）（変換、返す）

トランスポンダは、地球局からの電波の周波数を変換して増幅し、地球局に送り返す電波中継器。

5 VSATシステム

VSATは、Very Small Aperture Terminalの略で、通信衛星を介した双方向衛星通信システムの一つである。VSATシステムの構成要素は、主に次の3つである。

① VSAT制御地球局

カセグレンアンテナ等の大型のパラボラアンテナを持ち、その他のVSAT小型地球局等の監視・制御を行う。

②通信衛星局（VSAT宇宙局）

春分と秋分の日の頃、太陽、地球、衛星が一直線に並ぶ時期があり、太陽電池の機能が停止する。

③ VSAT小型地球局

小型軽量で持ち歩くことができる端末局である。

重要ポイントを覚えよう！

1 □ 日本の地上デジタルテレビ放送は、UHF 帯の 470 ～ 710MHz の周波数を使用した ISDB-T（サービス統合地上デジタル放送）である。

マルチパスに強い OFDM 方式を使用している。隣接混信を気にせず単一周波数で放送ネットワークを構築でき周波数の有効利用ができる SFN の構築が可能。

2 □ 地上デジタルテレビ放送は、1 チャネルの周波数帯域幅 6MHz を 14 等分したうちの 13 セグメントが、画像、音声、データの情報伝送に使用される。

13 セグメントのうちの中央の 1 セグメントでワンセグ・サービスを、残りの 12 セグメントで固定受信端末サービスを提供する。

3 □ OFDM 方式とは、データを多数の搬送波（サブキャリア）に乗せられるマルチキャリア変調である。

サブキャリアは互いに直交しているため、普通は周波数軸上で重なりが生じるほどに密に並べられても、従来の周波数分割多重化方式（FDM）と違い、互いに干渉しない。

4 □ MPEG-2 は、動画・音声データの圧縮方式の標準規格の 1 つで、標準テレビから HDTV に至るまで広く利用されている。

MPEG-2 Audio BC は、MPEG-1Audio と互換性を持つ。また、MPEG-1 相当の低解像度からフルハイビジョン相当の高解像度までの動画像を扱う。

5 □ BS デジタル放送は、放送衛星を利用した放送で、赤道上空の静止軌道上に打ち上げられた人工衛星から放送するため、1 つの人工衛星で離島や山間部までサービスできる。

変調方式としては、TC8PSK、QPSK などがあり、変調方式が TC8PSK の場合、1 つの中継器で最大約 52Mbps の伝送速度を確保できる。

6 □ **通信衛星局（VSAT 宇宙局）の太陽電池の機能が停止する食は、春分と秋分の日の頃に発生する。**

通信衛星局は宇宙にあるため、太陽電池が使われるが、太陽－地球－衛星が一直線に並ぶ春分と秋分の日の頃は、太陽光が当たらないため発電できなくなる。

実践問題

問題

我が国の地上デジタルテレビ放送に関する記述として、**適当でないもの**はどれか。

(1) 1チャネルの周波数帯域幅 6MHz を 14 等分したうちの 13 セグメントを画像、音声、データの情報伝送に使用している。
(2) 地上デジタルテレビ放送の伝送には、UHF（極超短波）帯の電波が使用されている。
(3) 地上デジタルテレビ放送で使用しているデジタル変調方式 TC8PSK は、1つの中継器で最大約 52Mbps の伝送速度を確保できる。
(4) 送信周波数の許容差は 1Hz と規定されている。

答え (3)

(1)、(2) は正しい。(3) 誤り。変調方式 TC8PSK は、BS デジタル放送や CS デジタル放送の変調方式である。地上デジタルテレビ放送の変調方式は、64QAM や 256QAM である。(4) 正しい。

Lesson 02 テレビ共同受信システムとCATV

学習のポイント　１級重要度 ★★★　２級重要度 ★★☆

● **電波の届かない場所でも、テレビ共同受信システムでテレビを視聴できるCATVは、今後の高度情報時代の通信手段として期待されています。**

1　テレビ共同受信システム

テレビ共同受信システムとは、受信環境の良い場所に設置したアンテナで受信したテレビ放送電波を、複数の世帯に分配し共同で視聴するシステムのことで、以下の種類がある。

①辺地共同受信システム

山間地等の地形的な理由でテレビの電波が届きづらくなるのを解消するためのシステム。

②電波障害用共同受信システム

建造物（ビル、送電線、高架橋）や航空機等の影響によってテレビが見えづらくなるのを改善するため施設されるシステム。

③ビル共同受信システム

ビルやマンション・アパート等で、テレビ信号を分配するシステム。

④ CATVシステム

CATV局から光ノードまでは光ファイバケーブル、光ノードから視聴者宅までは同軸ケーブルを用いたHFC（Hybrid Fiber Coaxial）方式で、独自の番組を自主放送するシステム。

2　テレビ共同受信システムの受信システム

①直列ユニット方式（縦配線方式）

以前は、縦配線方式の配線費用が安かったので数多く採用されたが、この方式では、同系統住戸への影響（上階のトラブルが下階に及ぶ）があるためテレビ端子の増設や変更は困難である。

②幹線分岐方式（スター配線方式）

幹線から分岐器で支線を出し、各住戸内分配器で各部屋のテレビ端子や通信用端子に分配する。分岐単位の信号レベルを各端子で調整しやすく、改修や変更が各住戸で可能。

3 テレビ共同受信システムの主要機器等

1 主要機器と図記号

①アンテナ

UHF（地上デジタル）、BS及びCS（110度、124度、128度）用があるが、BSと110度CSを受信する場合は、BS・110度CS兼用型を使用。

②ブースタ(増幅器)

伝送機器や分岐機器の損失を補完し信号の強さを共同受信システムに必要なレベルまで増幅。

③混合(分波)器

UHF、BS·CSの信号を干渉することなく混合する。混合器を逆に接続すると混合した信号をUHF、BS·CS信号に分波できる。

④分配器

幹線から各出力端子に信号を均等に分配。

⑤分岐器

幹線から信号の一部を取り出す方向性結合器。

⑥直列ユニット

テレビに接続するための信号を取り出す分岐器の一種。アウトレットボックスに収納でき、同軸ケーブルに直列に接続。

⑦テレビ端子

テレビに接続するための信号取出し口。

記号	名称	記号	名称
	テレビアンテナ		2分配器
	パラボラアンテナ		4分配器
	混合器、分波器		6分配器
	増幅器		8分配器
	1分岐器		1端子形直列ユニット：F形接栓
	2分岐器		1端子形テレビ端子
	4分岐器		機器収容箱

テレビ共同受信設備の図記号

2　配線

伝送線はテレビ受信用同軸ケーブルを使用する。同軸ケーブルの JIS 規格標記では、記号と数字の組み合わせで種類や特性を示す。耐燃性があるものだと、接頭に EM が付く。未対応のものは無標記である。なお、EM とは、Ecomaterial（エコマテリアル）の略である。

例）EM － S － 5C － FB　（➡ p.146　1　Lesson01　参照）

3　機器の取付け

機器を取り付ける前に、電界強度や CN 比（信号電力（搬送波）と雑音電力を比率で表したもの）を調査しておく。地形や建物による遮へいで電界強度が低下して受信機のアンテナ端子へ加わる信号レベルが受信限界以下になることを防ぐため、高利得アンテナや、ブースタを使用して対策をとる。

①アンテナの取付け位置

屋上設置機器や隣接建物による遮へい障害のない場所を選ぶ。アンテナは、避雷針の保護角に入る位置で、かつ避雷針から1.5m以上離れた位置に取り付ける。

②増幅器

増幅器は、原則として最初の分配器（分岐器）の前に設置する。

増幅器から最終端末までの総合損失（＝各機器の損失の総和＋ケーブルの損失）を計算し、最終端末レベルがJEITA（一般社団法人 電子情報技術産業協会）明示受信レベルを満足するか確認する。

増幅器出口からテレビ端子までの総合損失 L_0［dB］は、以下のように求められる。

$$\text{総合損失}\ L_0 = L_w + \Sigma L_{d1} + \Sigma L_{d2} + l_1 \times L_1$$

L_w：テレビ端子挿入損失［dB］、ΣL_{d1}：分岐器結合（挿入）損失［dB］、ΣL_{d2}：分配器結合損失［dB］、l_1：分配器（分岐器）からテレビ端子までの距離［m］、L_1：配線の最大減衰量［dB/m］

テレビを支障なく視聴するには、最もレベルが落ちる位置のテレビ端子（最終端末）において、どの程度のレベルであれば受信に問題がないかを知る必要がある。JEITAが明示している受信レベルの目安は、地上デジタルテレビ放送では46dBμV、衛星放送では50dBμV以上が、テレビへの望ましい入力レベルとなっている。

4 CATV（Community Antenna TeleVision：ケーブルテレビ）

ケーブルを通じて放送信号の伝送を行うテレビ放送のこと。もとは、難視聴地域対策で地上波テレビの信号を伝送する共同受信設備のことを意味していた。最近は、局舎から各加入者宅へケーブルを敷設して有料でテレビ放送を提供する事業者および放送サービスのことを呼ぶ。

CATVサービスではケーブルを通じて双方向の通信が行える。なお、テレビ放送、電話、インターネットの3つをセットにしたサービスをトリプルプレイと呼ぶ。CATVの伝送方式は次のとおりである。

①トランスモジュレーション方式

受信電波をケーブルテレビに適した変調方式に変換して伝送する。

②パススルー方式

同一周波数パススルー方式と、周波数変換パススルー方式がある。

③リマックス方式

番組の再編成などの再多重や限定受信のためのスクランブルなどの処理を施して、ケーブルテレビに適した変調方式で伝送する。

方式	概要	特徴
同一周波数パススルー方式	周波数や変調方式を変えることなく放送の周波数のままで送信	市販の地上デジタル放送対応テレビ又は外付けの地上デジタル放送対応チューナを接続することで視聴可能。
周波数変換パススルー方式	伝送可能な周波数帯域に変更して送信	変換後の周波数がUHF帯以外の帯域の場合は、UHF帯以外の帯域まで受信範囲が拡大されている地上デジタル放送対応テレビ又は外付けの地上デジタル放送対応チューナが必要。

5 STB（Set Top Box）

STBは、デジタルCATVの受信機のことで、ケーブルテレビを経由してデジタルの多チャンネル放送を受信する専用の受信機（チューナ）である。デジタル多チャンネル放送を見たいテレビに接続して使用する。STBを使用すると、地上デジタルテレビ放送・BSデジタル放送・CSデジタル放送の専門チャンネルなど数多くのデジタル放送が見られる。また、アナログテレビに接続すれば地上デジタルテレビ放送が見られる。

STBには、スクランブルの解除用のCASカードを装着するためのCASカードインターフェースが装備されている。なお、映像信号と音声信号をテレビにデジタルで出力するためのインターフェースには、HDMI端子がある。受信信号は、チューナで選択された後、変調信号の復調、スクランブルの解除、希望番組の選択、映像復号処理及び音声復号処理を行い、テレビに出力する。

重要ポイントを覚えよう！

1 □ テレビ共同受信システムの受信システムには、直列ユニット方式（縦配線方式）と幹線分岐方式（スター配線方式）がある。

幹線分岐方式は、幹線から分岐器で支線を出し、各住戸内分配器で各部屋のテレビ端子や通信用端子に分配する。

2 □ 増幅器から最終端末までの総合損失を計算し、最終端末レベルがJEITA明示受信レベルを満足するか確認する。

地上デジタルテレビ放送では46dBμV、衛星放送では50dBμV以上が、テレビへの望ましい入力レベルとなっている。

3 □ CATVとは、ケーブルを通じて放送信号の伝送を行うテレビ放送で、伝送方式にはトランスモジュレーション方式とパススルー方式、リマックス方式がある。

トランスモジュレーション方式は、受信電波をケーブルテレビに適した変調方式に変換して伝送する。パススルー方式には同一周波数パススルー方式と、周波数変換パススルー方式がある。

4 □ STB（Set Top Box）とは、デジタルCATVでデジタルの多チャンネル放送を受信する専用の受信機のこと。

スクランブルの解除に使用されるCASカードを装着するためのCASカードインターフェースを装備している。

実践問題

問題

下図に示すテレビ共同受信設備において、増幅器出口から末端Aの直列ユニットのテレビ受信機接続端子までの総合損失として、**適当なもの**はどれか。

ただし、増幅器出口から末端Aまでの同軸ケーブルの長さを30［m］、同軸ケーブルの損失0.2［dB/m］、分配器の分配損失3.0［dB］、直列ユニット単体の挿入損失2.0［dB］、直列ユニット単体の結合損失12.0［dB］とする。

(1) 24.0 dB
(2) 27.0 dB
(3) 28.0 dB
(4) 30.0 dB

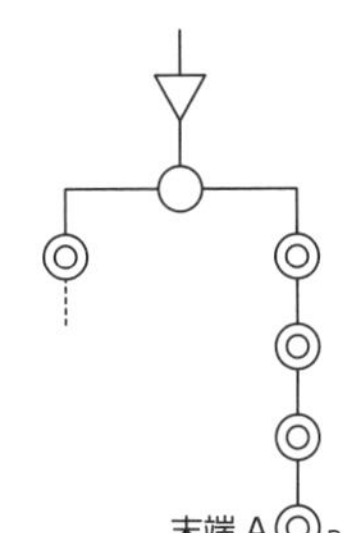

答え (2)

テレビ共同受信設備は、同軸ケーブルや増幅器等を使ってテレビ電波を共同で受信できるようにした設備で、テレビ受信機接続端子までの総合損失計算が必要である。

総合損失 $L_0 = L_w + \Sigma L_{d1} + \Sigma L_{d2} + l_1 \times L_1$

で求められるので、各値を代入する。

L_w は直列ユニットの挿入損失で、2.0×3［個］=6.0［dB］、ΣL_{d1} は、直列ユニットの結合損失で、12.0［dB］、ΣL_{d2} は、分配器の分配損失で、3.0［dB］、l_1 は、分配器からテレビ端子までの距離で、30［m］、L_1 は同軸ケーブルの損失で、0.2［dB/m］。よって、

$L_0 = 6.0 + 12.0 + 3.0 + 30 \times 0.2 = 27.0$［dB］

通信線路

学習のポイント　　1級重要度 ★★★　2級重要度 ★★★

● 通信線路を構成する電線は、架空電線、地中電線、海底電線、屋内電線などに分類されますが、ここでは架空電線について説明します。

1 架空電線

架空電線は、電柱等の支持物によって、地上に架設された電線のことである。なお、支持物とは、有線電気通信設備令において、「電柱、支線、つり線その他電線又は強電流電線を支持するための工作物」とされている。

架空電線の高さについては、道路上、横断歩道橋上、鉄道又は軌道横断、河川横断それぞれの場合について、総務省令で決められている（➡ p.332 第5章 6 Lesson01 参照）。

また、架空電線の支持物は、その架空電線が他人の設置した架空電線又は架空強電流電線と交差や接近するときは、以下のように設置しなければならないとされている。

・他人の設置した架空電線又は架空強電流電線を挟んだり、間を通ることがないようにすること。

・架空強電流電線（当該架空電線の支持物に架設されるものを除く。）との間の離隔距離は、総務省令で定める値（➡p.333 第5章 6 Lesson01 参照）以上とすること。

また、架空電線は、総務省令で定めるところによらなければ、架空強電流電線と同一の支持物に架設してはならないことになっている。

2 架空電線の風圧加重

1 風圧荷重の種類と適用

風圧荷重には、甲種風圧荷重、乙種風圧荷重、丙種風圧荷重などがある。

- 甲種風圧荷重：電線の垂直投影面積1m^{2}について980Pa。
- 乙種風圧荷重：電線その他の架渉線にあってはその周囲に厚さ6mm、比重0.9の氷雪が付着した状態に対し、垂直投影面積1m^{2}につき490Pa。
- 丙種風圧荷重：甲種風圧荷重の1/2とする。

種類	気温	荷重方向		備考
		垂直方向	水平方向	
氷雪の多い地方以外の地方	平均温度	電線重量	電線の垂直投影面積980Pa	甲種風圧荷重
	最低温度	電線重量	電線の垂直投影面積490Pa	丙種風圧荷重
氷雪の多い地方（下記のものを除く）	平均温度	電線重量	電線の垂直投影面積980Pa	甲種風圧荷重
	最低温度	電線重量＋厚さ6mm、比重0.9の氷雪	厚さ6mmの被氷電線の垂直投影面積490Pa	乙種風圧荷重
氷雪の多い地方のうち低温季に最大風圧を生じる地方	平均温度及び最低温度	電線重量	電線の垂直投影面積980Pa	甲種風圧荷重
	最低温度	電線重量＋厚さ6mm、比重0.9の氷雪	厚さ6mmの被氷電線の垂直投影面積490Pa	乙種風圧荷重

＊電線の着氷雪の多い地方にあっては上表のほか着氷雪の実態に合った荷重を考慮する。

2 風圧荷重の計算

風圧荷重［N］は以下のような式で求められる。

①甲種風圧荷重（F_k）

$F_k = 980 \times S$［N］

S［m^2］：電線1［m］当たりの垂直投影断面積

②乙種風圧荷重（F_o）

$F_o = 490 \times S$［N］

甲種の半分の風圧 490［Pa］である。

③丙種風圧荷重（F_h）

$$F_h = \frac{1}{2}F_k = 490 \times S\ [\mathrm{N}]$$

甲種の半分の風圧 490［Pa］である。

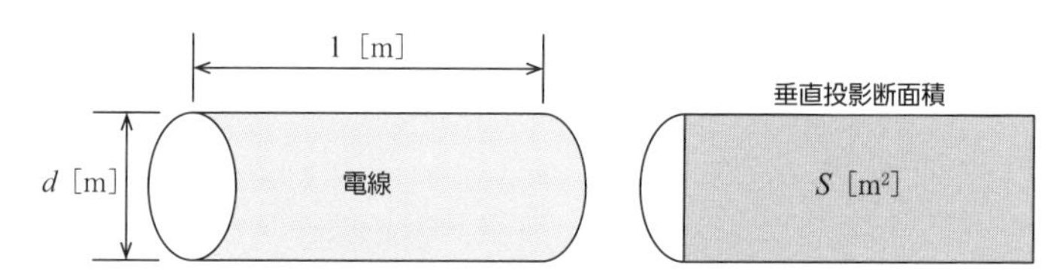

甲種風圧荷重における垂直投影断面積

3 電柱の支線の張力と強度計算

次ページの図において、電柱（支持物）は、電線による左回りの回転モーメントと支線による右回りの回転モーメントが等しくなるように施設する。回転モーメントとは、回転中心からの距離と、力の水平成分との積。もし支線が切れた場合、電柱と地表の接触点を中心に回転して倒れるので、ここが回転の中心となる。

①電線の水平張力 T［kN］と支線の張力 P［kN］

地面を基準とした力のモーメントで考えると

$P\cos\theta \cdot H_2 = T \cdot H_1$［N・m］

②支線の条件

電柱の支線は、電柱の強度を分担する線であり、以下の条件がある。

・支線の安全率は2.5以上

・支線をより線とした場合、素線3本以上をより合わせたもの

・素線には直径2mm以上及び引張強さ0.69kN/mm^{2}以上の金属線を用いること

電柱の力のモーメント参考図

4 電線のたるみ

架空線の電線にはたるみをつける。電線をピンと張り電柱で支えると大きな力が電線と電柱に加わるため、電線にはある程度のたるみが必要になる。ただ、電線のたるみを大きくすると電線の高さを保つために高い電柱が必要となる。

また、電線の着氷雪の多い地方では、着氷雪の実態に合った荷重を考慮し、適切な電線のたるみを決める必要がある。

電線のたるみの大きさを弛度（ちど）といい、次の式で求める。

$$D\text{（弛度）} = \frac{WS^2}{8T}\ [\mathrm{m}]$$

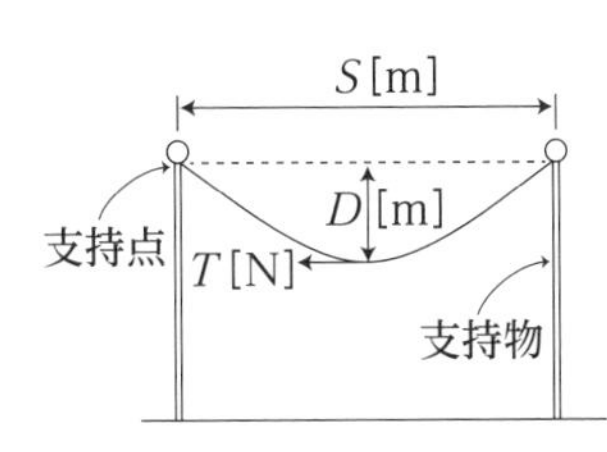

W：電線 1m 当たりの風圧荷重を含む合成荷重［N/m］

S：径間（電線の支持物間の距離）［m］

T：電線の水平方向の引張荷重［N］

重要ポイントを覚えよう！

1 □ 有線電気通信設備令における「支持物」とは、電柱、支線、つり線その他電線又は強電流電線を支持するための工作物のことである。

架空電線の支持物は、総務省令で定めるもの以外は、架空強電流電線と同一の支持物に架設してはならない。

2 □ 架空線の風圧荷重は、電線垂直投影面積 1m^2 につき 980Pa の甲種風圧荷重と 490Pa の乙種風圧荷重、490Pa の丙種風圧荷重がある。

甲種風圧荷重：$F_k = 980 \times S$ [N]
乙種風圧荷重：$F_o = 490 \times S$ [N]（比重 0.9、厚さ 6mm の氷雪付着）
丙種風圧荷重：$F_h =$（1/2）$F_k = 490 \times S$ [N]

3 □ 電柱は、電線による左（又は右）回りの回転モーメントと支線による右（又は左）回りの回転モーメントが等しくなるように施設する。

支線の条件は、①安全率 2.5 以上②支線をより線とした場合は素線 3 本以上をより合わせたもの③素線の直径が 2mm 以上及び引張強さ 0.69kN/mm^2 以上の金属線を用いる。

4 □ 電線にはある程度のたるみが必要で、電線のたるみの大きさを弛度（ちど）という。

$$D\text{（弛度）} = \frac{WS^2}{8T} \text{ [m]}$$

弛度 D が大きくなれば、水平方向の張力 T は小さくなる。

パスカル [Pa] は、断面積 1m^2 にかかる力 [N] の大きさを表す単位です。

実践問題

問題１

架設状態(かせつじょうたい)におけるケーブルの実長(じっちょう)を 30m、ケーブルの最低点(さいていてん)における水平方向(すいへいほうこう)の張力(ちょうりょく)を 20kN、ケーブルの合成荷重(ごうせいかじゅう)を 16N/m としたとき、ケーブルのたるみである弛度(ちど)の値(あたい)として最(もっと)も**適当(てきとう)なもの**はどれか。

(1) 0.09
(2) 0.18
(3) 0.9
(4) 1.8

答え (1)

弛度の計算式は、

$$D\text{（弛度）} = \frac{WS^2}{8T}\ [\mathrm{m}]$$

$$= \frac{16 \times 30^2}{8 \times 20 \times 10^3} = 0.09\ [\mathrm{m}]$$

よって、(1) が最も適している。

語呂合わせで覚えよう！ 弛度の計算式

かじゅうジュースの下にハチ
(W　S^2)　($8T$)

弛度は、電線 1m 当たりの風圧荷重を含む合成荷重 W と、電線の支持物間の距離 S、電線の水平方向の引張荷重 T で求められる。

式は、$D = \frac{WS^2}{8T}$

問題2

架空通信路の外径 15［mm］の通信線において、通信線 1 条 1m あたりの風圧荷重［N］の値として、**適当なもの**はどれか。
なお、風圧荷重の計算は、「有線電気通信設備令施行規則に定める甲種風圧荷重」を適用し、その場合の風圧は 980［Pa］とする。
また、架線及びラッシング等の風圧荷重は対象としないものとする。

(1) 7.4［N］
(2) 13.2［N］
(3) 14.7［N］
(4) 29.4［N］

答え (3)

甲種風圧荷重 F_k［N］は、以下のような式で求められる。

$F_k = 980 \times S$［N］

S は、電線 1m 当たりの垂直投影断面積［m^2］であるから、

$F_k = 980 \times 0.015$

$= 14.7$［N］

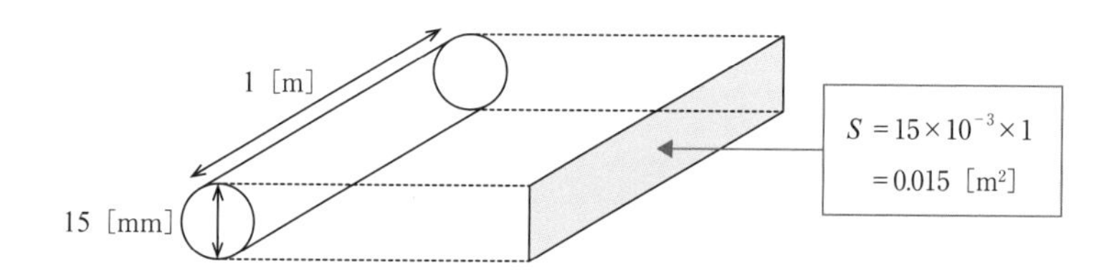

第3章

関連分野

電源供給設備と直流電源設備・UPS 設備

学習のポイント　　1 級重要度 ★★☆　2 級重要度 ★★☆

● 安定的に電気を供給しなければならない電源供給設備と直流電源設備・UPS 設備を学びましょう。

1 電源供給設備

1 受変電設備

受変電設備は、電気事業者から、高圧（6.6kV）や特別高圧（66kV 他）の電気を受電し、100V や 200V に変圧後、構内の各機器に配電する。受変電設備には、開放式高圧受電設備と、キュービクル式高圧受電設備の 2 種類がある。キュービクル式は、必要な機器を箱内に設置したものである。

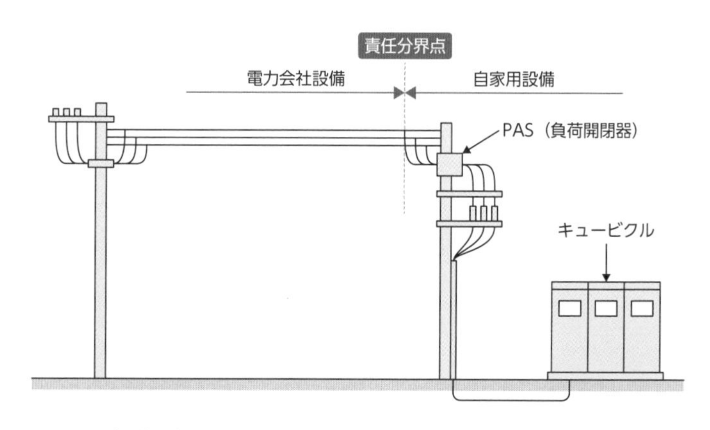

架空引き込みで受変電設備がキュービクルの例

上図のように、引き込み柱には、PAS（負荷開閉器）を設ける。PAS は、責任分界点に設置される負荷開閉器で、需要家側の地絡事故等を保護し、他の需要家への波及事故を防止する。なお、キュービクル内の主要機器については、以下のとおりである。

① VCT（電力需給用計器用変成器）

電力量を測る元となる機器で、電力会社が設置する。

② VCB（真空遮断器）

遮断能力が高く、金額もリーズナブル。高圧受変電設備に設置される。

③ PF-S形主遮断装置

高圧交流負荷開閉器（LBS）と高圧限流ヒューズ（PF）で構成される。高圧限流ヒューズにより、短絡保護を行う。

④変圧器（トランス）

特別高圧・高圧の電圧を使用電圧の100V、200V等に変圧する。変圧器の損失には、無負荷損と負荷損があり、無負荷損の大部分は鉄損である。また、変圧器の極性は、日本では減極性が標準である。

油入式変圧器の変圧器油は、巻線間及び巻線と鉄心間の絶縁を良くすることや変圧器本体の温度上昇を抑えるために使用される。

⑤コンデンサ

進み無効電力を供給し、低下した力率を改善する。

2　自家発電設備

自家発電設備は、用途に応じ非常用発電（予備電源）と常用発電がある。

①非常用発電（予備電源）

重要な建物や人が集まる建物で、地震や火災などで商用電源が停電したら電源を供給する。起動時間は40秒と短く、燃料があれば電源供給時間は蓄電池に比べ長い。建設工事現場の仮設電源として使用される移動用発電設備は、電気事業法令上、非常用予備発電ではなく発電所として扱われる。

②常用発電

発電設備と商用電源を連系して常時稼働している発電機で、長時間運転を想定した構造。電力使用時のピークカットや電気エネルギーを得るためのシステム。

③原動機

・ガスタービン：燃料として軽油、灯油、A重油、都市ガスが使える。

ディーゼルエンジンと比べ構成部品が少なく、小さく軽い。
・ディーゼルエンジン：燃焼ガスのエネルギーをピストンの往復運動に変換し、それをクランク軸で回転運動に変換。ガスタービンに比べ燃料消費率（燃費）は良い。

3　避雷設備

避雷設備は、雷撃から建物や人などを守るため、高さ20mを超える建物に設置することが義務付けられている。雷保護の方法には、避雷針の保護角度内を保護範囲とする保護角法と、回転球体と大地面、突針などで囲まれた範囲を保護する回転球体法、メッシュ導体で覆われた建築物の内側を保護範囲とするメッシュ法がある。なお、メッシュ幅は、建築物の高さではなく、保護レベルのクラスで規定される。

また、SPD（Surge Protective Device：サージ防護デバイス）とは、避雷器のことで、直撃雷ではなく、建物付近に落雷し発生した誘導雷が雷サージとなり、電源線や通信回線などから侵入した場合、雷サージの過電圧・過電流から情報機器等（パソコン他）の破壊を防ぐ。下図のように、SPDを電源線と通信線に取り付け、雷サージをSPDによりアースへバイパスし、地中へ放出し情報機器等を保護する。

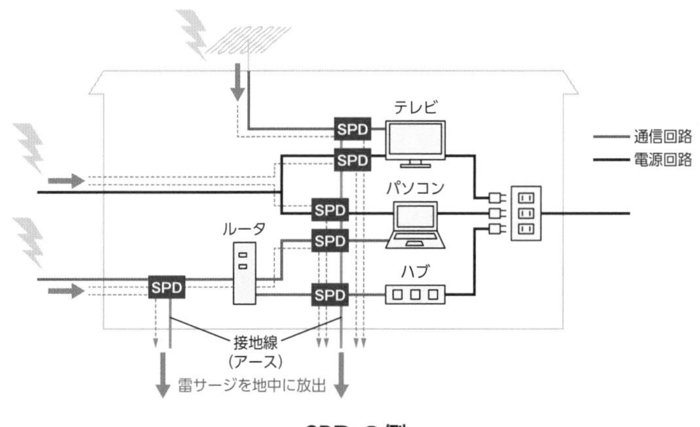

SPDの例

2 直流電源設備・UPS 設備

直流電源設備及び UPS 設備（無停電電源設備）は、整流器、インバータ及び蓄電池で構成され、負荷に確実に電力を供給するために利用されている。

1 直流電源設備

直流電源設備は、変電設備や監視盤設備、信号などの機器設備の制御に使われたり、法規制（建築基準法や消防法）による非常灯等の機能を一定時限確保するため等の用途に使用されている。システム概要として、一般には商用電源を整流して、脈流を少なくするために平滑回路を通じて、負荷に直流を供給する。商用電源が停電したときは、蓄電池から直流を供給する。

また、蓄電池および二次電池の種類と特徴、充電方式は、以下の表のとおりである。

種類	特徴
鉛蓄電池	・電解液は希硫酸、正極に二酸化鉛、負極は鉛。 ・放電すると水ができ電解液の濃度が下がり電圧が低下。 ・充電不足状態での使用や長時間放電で充電無しだと蓄電池がいたみ、充電しても容量回復が困難。
アルカリ蓄電池	・電解液はアルカリ溶液。 ・過放電や過充電でも、蓄電池の寿命が短くはならず、充電すれば容量は回復。 ・メンテナンス性は、鉛蓄電池に比べ良いが、価格は高い。
リチウムイオン電池	・電解液はリチウム塩を含有する有機溶媒、正極活物質にリチウム含有遷移金属酸化物、負極活物質はグラファイト等の炭素素材。 ・小型軽量で体積（または重量）当たりのエネルギー密度が高く携帯電話・パソコン等長時間の使用が可能。 ・自己放電やメモリ効果が少ない。

蓄電池の種類と特徴

充電方式	特徴
定電圧定電流充電	・電流を制御し電圧をセル（単電池）当たり一定に制御した充電。
トリクル充電	・自然放電で失った容量を補うために、継続的に微小電流を流して充電し、満充電状態を維持。
浮動充電（フロート充電）	・蓄電池と負荷とを整流装置の直流出力に並列に接続し、常時蓄電池に一定電圧を加えて充電状態を保ちながら、整流装置から負荷へ電力を供給する。 ・停電時または負荷変動時、無瞬断で蓄電池から負荷へ電力を供給する。

二次電池の充電方式

＊二次電池：充電して繰り返し使える電池

2　UPS設備（Uninterruptible Power Supply：無停電電源装置）

UPS設備は、商用電源の停電や瞬時電圧低下などが発生した際に、蓄電エネルギーによって、重要設備に安定した電力を供給し続ける設備である。高付加価値を持つデータセンター、公共性の高い放送用、病院の医療用などの電源に使用される。給電方式には、常時インバータ給電方式、常時商用給電方式、パラレルプロセッシング方式、ラインインタラクティブ方式がある。

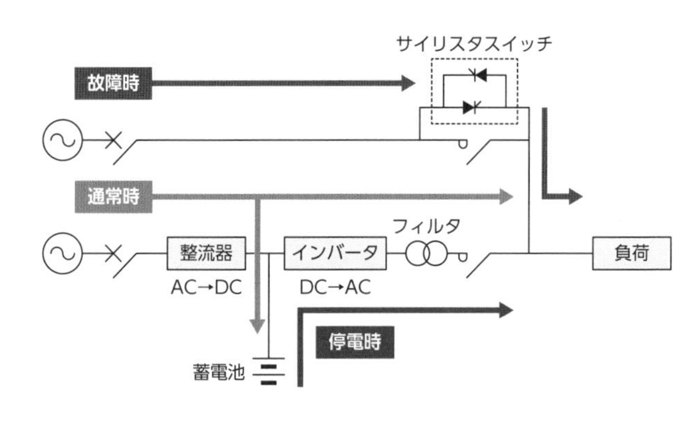

UPS設備

①常時インバータ給電方式

通常時は商用電源を整流器で一度直流に変換し、インバータで再び交流に変換して供給する。停電時は無瞬断でバッテリ給電を行う。

②常時商用給電方式

通常時は商用電源をそのまま供給、停電時にはバッテリ→インバータで交流電源を供給する方式。バッテリ給電への切替時に瞬断が発生する。

③パラレルプロセッシング方式

通常時は商用電源をそのまま供給し、並列運転する双方向インバータでバッテリを充電する。停電時はインバータがバッテリ充電モードからバッテリ放電モードに移行して給電を行う。

④ラインインタラクティブ方式

通常時、電圧安定化機能で商用電源を供給。停電時はバッテリ→インバータで交流電源を供給する方式。バッテリ給電への切替時に瞬断が発生する。

重要ポイントを覚えよう！

1 □ 原動機には、主にガスタービンとディーゼルエンジンが使用される。

ガスタービンの燃料は軽油、灯油、A 重油、都市ガス。小さく軽い。ディーゼルエンジンはピストンの往復運動をクランク軸で回転運動に変換。燃費は良い。

2 □ SPD は、雷サージ電流が電源ラインや通信ラインに侵入した時に、雷サージ電流をアースにバイパスし情報機器を保護する避雷器である。

雷サージを SPD によりアースへバイパスし、地中へ放出して情報機器等を保護する。

3 □ UPS 設備（無停電電源装置）は、商用電源の停電や瞬時電圧低下などが発生しても安定した電力を供給し続ける。

高付加価値を持つデータセンター、公共性の高い放送用、病院の医療用などで使用される。

実践問題

外部から供給される電源の瞬断時に、コンピュータシステムを停止させないために設置する装置として、**適当なもの**はどれか。

(1) CVCF
(2) UPS
(3) 自家発電装置
(4) 直流電源設備

答え (2)

停電の種類には、瞬低（瞬時電圧低下）、瞬停（瞬時停電）、停電の3種類がある。一般的に瞬低と瞬停を瞬断といい、瞬断対策にはUPS設備で、停電対策には自家発電設備で対応する。

(1) のCVCFは、Constant Voltage Constant Frequencyの略で、定電圧定周波数のこと。電圧と周波数を安定させる装置、またはその機能をいう。(2) のUPSは、Uninterruptible Power Supplyの略で、無停電電源装置のことであり、正しい。落雷などによる突発的な停電発生時に自家発電装置が電源供給を始めるまで、コンピュータシステム等に電源を供給する。(3) の自家発電装置は、電源供給までに時間がかかるため、停電や電源の瞬断に対処する機能はない。(4) の直流電源設備は、直流電源を供給する設備で、防災電源など社会的に重要な設備となっている。

UPSのU（Uninterruptible）は、「無停止の」という意味です。

Lesson 02 電気設備

学習のポイント　　1級重要度 ★★☆　2級重要度 ★★★

● 感電災害防止のための接地と電路の絶縁や低圧配線の方法、過電流遮断器について学びましょう。

1 接地と絶縁

1 接地工事

接地(earth：アース)とは、人が触れる金属部と大地の間を電気的に接続し、感電災害を防止するための工事である。

接地工事		機械器具の区分	接地抵抗値
機器接地	A 種接地工事	高圧用または特別高圧用	10Ω以下
	C 種接地工事	300Vを超える低圧用	10Ω以下*1
	D 種接地工事	300V以下の低圧用	100Ω以下*1
系統接地	B 種接地工事	高圧または特別高圧と低圧の結合する変圧器の中性点の接地	$150/I$［Ω］以下*2（I は地絡電流）

＊1　低圧電路で地絡を生じた場合に0.5秒以内に当該電路を自動的に遮断する装置を施設するときは500Ω以下。
＊2　1秒を超え2秒以内に自動的に高圧電路を遮断する装置を設置する場合は$300/I$［Ω］以下。

接地工事の種類と接地抵抗値

接地目的は、次のとおりである。

①機器接地

電気器具などの金属製外箱を接地し、人等に対する感電防止や、漏電による火災を防止する。

②系統接地

変圧器低圧側の中性点を接地し、変圧器内部の混触事故による低圧側の電路への高い電圧の侵入防止や、保護装置（漏電遮断器、漏電警報器）を確実に動作させる。

2 電路の絶縁性能

ビルなどで使用される電気機器や電気施設において長期使用での絶縁劣化による感電や漏電などの危険を予防するため、電路の絶縁抵抗値が下表のように規定されている。また、漏えい電流（電路以外に流れる電流）が1mA以下なら絶縁性能が保たれていると判断できる。

例えば、対地電圧が100Vの場合 → 100［V］÷ 0.001［A］＝ 0.1［MΩ］

電路の使用電圧区分		絶縁抵抗値
300V以下	対地電圧が150V以下の場合（接地式電路・電線と大地の間の電圧、非接地式電路：電線間の電圧）	0.1MΩ以上
	150V超300V以下の場合	0.2MΩ以上
300Vを超えるもの		0.4MΩ以上

低圧電路の絶縁性

2 三相誘導電動機

1 三相かご形誘導電動機

三相かご形誘導電動機は、回転子導体が銅、アルミニウムの裸導体で、かご状の電動機である。構造が簡単で運転時の効率もよく、安価。小・中形機に多く用いられる。

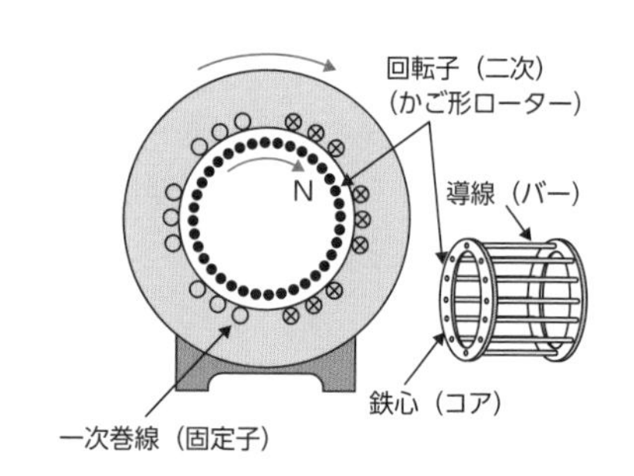

2 三相巻線形誘導電動機

三相巻線形誘導電動機は、回転子導体が絶縁電線の巻線で、巻線端子を接続するスリップリングを備えた電動機である。始動電流が小さく、速度制御も簡単だが、かご形より高価なため、中・大形機に用いられる。

3 三相誘導電動機の速度制御

滑り s、極数 p、又は電源周波数 f を変えて速度制御する。三相かご形誘導電動機の主流の制御方式である。また、固定子巻線の接続を変更し極数を切り換える場合、回転速度は段階的に変化する。

電源周波数 f を可変したとき、つねに発生トルクが一定になるように入力電圧 V も制御する（V/f 一定制御）。また、回転子側の巻線に外部抵抗（二次抵抗）を接続し、この抵抗を変化させる（二次抵抗制御）。

回転子の回転数 $N = \dfrac{120 \cdot f}{p\ (1 - s)}$ ［rpm］

f：周波数［Hz］

p：極数　　s：滑り

この式の右辺の f、p または s のいずれかを変化させれば、誘導電動機の速度を制御することができる。

3 低圧屋内配線

低圧屋内配線の種類と特徴は以下のとおりである。また、次ページの表に各種低圧屋内配線工事の施工条件を示す。

①ケーブル工事

ケーブルに張力が加わらないように敷設する。また、ケーブルは器具、ダクト等と接触又は被覆を損傷しないようにする。やむを得ず接触する場合は、スパイラル等にて保護する。

②金属管・金属可とう電線管・合成樹脂管工事

交流回路は、１回路の電線全部を同一管路に収める。合成樹脂管・金属管内では、電線に接続点を設けない（ボックスを設けボックス内で接続）。

③低圧幹線工事

ケーブルは損傷を受ける恐れがない場所に施設する。ケーブルの許容電流は、そのケーブルに接続される負荷の定格電流を合計した値以上とする。電源側電路に、保護用として過電流遮断器を施設する。保護する過電流遮断器は、その定格電流が当該低圧幹線の許容電流以下とする。

④その他

低圧配線が弱電流電線又は水管等と接触しないように施設。

工事の種類	展開した場所		点検できる隠ぺい場所		点検できない隠ぺい場所	
	乾燥した場所	湿気の多い又は水気のある場所	乾燥した場所	湿気の多い又は水気のある場所	乾燥した場所	湿気の多い又は水気のある場所
ケーブル工事	◎	◎	◎	◎	◎	◎
金属管工事	◎	◎	◎	◎	◎	◎
金属可とう電線管工事（2種）	◎	◎	◎	◎	◎	◎
合成樹脂管工事（CD管除く）	◎	◎	◎	◎	◎	◎
金属線ぴ工事	○		○			
金属ダクト工事	◎		◎			
ライティングダクト工事	○		○			
フロアダクト工事					○	
バスダクト工事	◎	○	◎			
セルラダクト工事			○		○	
がいし引き工事	◎	◎	◎	◎		
平形保護層工事			○			

・○：使用電圧が300V以下
・◎：使用電圧が300Vを超えてもOK
・金属可とう電線管工事（2種）：2種金属製可とう電線管を使う金属可とう電線管工事
・合成樹脂管工事（CD管除く）：CD管を使う合成樹脂管工事を除く

4 過電流遮断器の施設箇所

過電流遮断器や開閉器は、低圧幹線の分岐点から電線の長さが 3m 以下の箇所に施設する。ただし、以下の場合は 3m を超えることができる。

・電線の長さが8m以下で、かつ電線の許容電流が遮断器の定格電流の35%以上の場合。

・電線の許容電流が遮断器の定格電流の55%以上の場合。

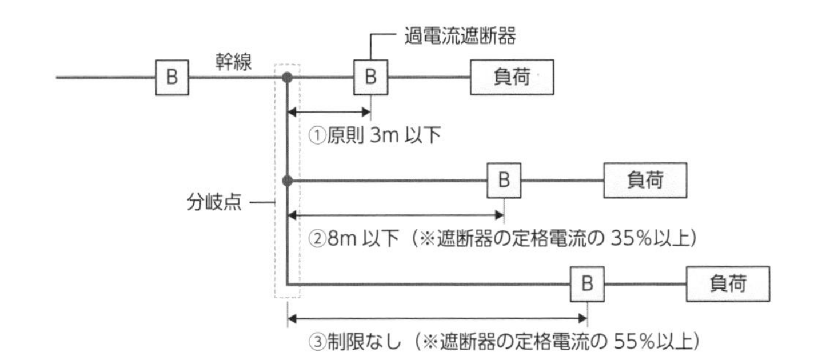

5 分岐回路の種類とコンセントの定格電流・電線の太さ

分岐回路に設置する過電流遮断器の定格電流で分岐回路の種類が決まり、接続されるコンセントの定格電流と電線の太さが決まる。

分岐回路の種類	接続が許される コンセントの定格電流	電線の太さ（最小値）
15A	15A以下	直径1.6mm
B20A（配線用遮断器）	20A以下	
20A	20Aのもの	直径2.0mm
30A	20A以上30A以下	直径2.6mm
40A	30A以上40A以下	断面積8mm^2
50A	40A以上50A以下	断面積14mm^2

・15A：定格電流15A以下の過電流遮断器
・B20A：定格電流15A超20A以下の配線用遮断器
・20A：定格電流15A超20A以下のヒューズ
・30A：定格電流20A超30A以下の過電流遮断器
・40A：定格電流30A超40A以下の過電流遮断器
・50A：定格電流40A超50A以下の過電流遮断器

6 非常用の照明装置

火災時の停電で、照明がないと避難が困難になるので、 建築物の用途・規模に応じ自動点灯する非常用の照明装置の設置が建築基準法で義務付けられている。

・非常用の照明器具には、白熱灯、蛍光灯、LEDランプを使う。
・予備電源は、停電時に自動切り替えで接続供給され、かつ、常用電源復旧時に自動切り替えで常用電源に復帰する。
・電気配線は、耐火構造の主要構造部に埋設した配線又は、600V二種ビニル絶縁電線その他これと同等以上の耐熱性を有するものとする。
・照明器具の主要な部分は、難燃材料で造るか又は覆う。

1 □ 接地工事の接地抵抗値には、高圧・特別高圧用のA種、高圧・特別高圧電路と低圧電路を結ぶ所のB種、300Vを超える低圧用のC種と300V以下のD種がある。

B種の接地抵抗値は、150/I [Ω] 以下（Iは地絡電流）である。

2 □ 低圧電路の絶縁抵抗は、対地電圧が150V以下は0.1MΩ、150V超300V以下は0.2MΩ。300V超は0.4MΩである。

漏えい電流(電路以外に流れる電流)が1mA以下なら絶縁性能が保たれている。
対地電圧が100V → 100[V] ÷ 0.001[A] = 0.1[MΩ]

3 □ 過電流遮断器の施設箇所の原則は、低圧幹線の分岐点から電線の長さが3m以下の箇所である。

分岐点から開閉器及び過電流遮断器までの電線の許容電流が幹線の過電流遮断器の定格電流の35%以上55%未満の場合、8m以下。

実践問題

問題

低圧屋内配線の開閉器又は過電流遮断器で区切ることができる電路ごとの絶縁性能として、電気設備の技術基準（解釈を含む）に**適合しないもの**はどれか。

(1) 対地電圧 100V の電灯回路の漏えい電流を測定した結果、0.8mA であった。

(2) 対地電圧 100V の電灯回路の絶縁抵抗を測定した結果、0.15MΩ であった。

(3) 対地電圧 200V の電動機回路の絶縁抵抗を測定した結果、0.18MΩ であった。

(4) 対地電圧 200V のコンセント回路の漏えい電流を測定した結果、0.4mA であった。

答え (3)

(1) 漏えい電流は、0.8mA ＜ 1mA なので、適合する。

(2) 対地電圧 100V の絶縁抵抗は、0.15MΩ ＞ 0.1MΩ なので、適合する。

(3) 対地電圧 200V の絶縁抵抗：0.18MΩ ＜ 0.2MΩ のため適合しない。

(4) 漏えい電流：0.4mA ＜ 1mA なので、適合する。

語呂合わせで覚えよう！ 過電流遮断器の施設箇所（3m を超えることができる場合）

さんごはハッピィ！ GoGo ！
(35%)　(8m)　(55%)

電線の許容電流が、遮断器の定格電流の35%以上（長さ8m 以下）の場合と、55%以上の場合は、3m を超えて施設できる（55%以上は長さ制限がない）。

換気設備と空気調和設備

学習のポイント　1級重要度 ★　2級重要度 ★★

- 電気通信設備が安定的に稼働するための換気設備と空気調和設備を学びましょう。

1 換気設備

室内で発生する汚染空気（粉じん、臭気など）を室外に排出し、室外からの空気を供給し室内空気を必要な清浄度に保つ設備である。給気設備と排気設備から構成され、原則として全ての建物に設置が義務付けられている。

1 換気設備の種類

①自然換気

動力を使わず、室内外の温度差や風圧で自然に空気の入れ替えが行われる換気方式。自然換気は、空気の出入りを自然におこすために、室内外に圧力差がつくようにしなければならない。温度差による自然換気では、吸気口を居室の天井の高さの2分の1以下の位置に設け、排気口を吸気口より高い位置に設けて常時開放された構造とし、排気口に接続する排気筒は立ち上がり部分を直結させる。

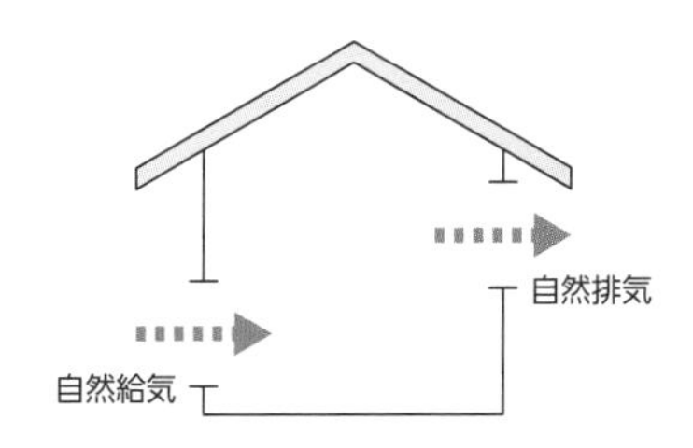

②機械換気

機械換気の種類には、次の３つの方式がある。

換気方式	内容
第１種換気方式	居室などに使用。給気・排気共に機械換気（換気扇等）で強制的に換気を行う。一定量の換気を常に行えるが高コスト。
第２種換気方式	クリーンルーム、手術室などで使用。給気は機械換気（換気扇等）で排気は自然排出。室内が正圧のため汚染空気が他室から入らない。
第３種換気方式	居室、トイレ、浴室などに使用。給気は自然、排気は機械換気（換気扇）。室内が負圧となるため臭気等を強制的に排出できる。低コストだが外気温の影響を受ける。

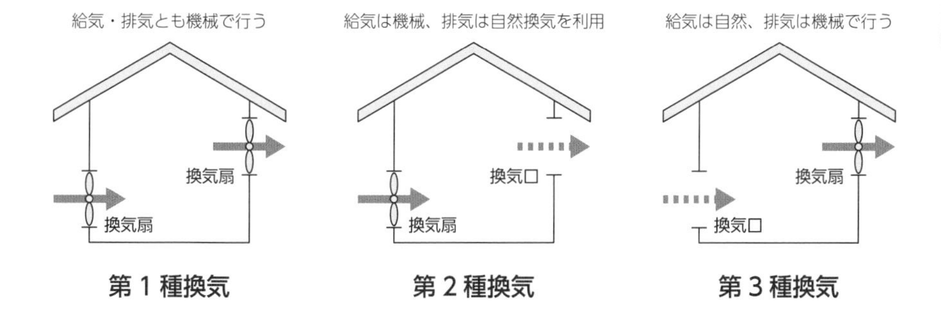

第１種換気　　第２種換気　　第３種換気

2 空気調和設備

建築物内の温度・湿度・空気の流れと清浄度等を適切な状態に調整する設備である。

1 熱源方式

熱源とは熱を供給する源で、冷熱をつくる冷凍機、温熱をつくるボイラーなどがある。

①中央熱源方式

熱源機器を地下や屋上に設置して冷水・温水・蒸気など熱の媒体を製造し、使用場所に搬送する。

②個別分散方式

各フロア・各エリアなどに熱源機器があり、それぞれ個別運転が可能。

2　空調方式

①単一ダクト方式

空調機から1本のダクトを分岐して各室内に空気調整の空気が運ばれ、中央熱源方式を用いる場合に使用される。なお、各ゾーンやフロア全体で空調機の起動・停止を行うので、1室単位で送風の温度は変えられない。

②床吹出空調方式

床にある吹出口から空気が送られ天井にある吸込口から空気を吸い込む。二重床にして空気の流れを作る省エネを意識した空調方式。

③ファンコイルユニット方式

ファンコイルユニットという小型の空気調和機を各部屋へ設置。ファンコイルユニット（各部屋）ごとに操作・コントロール可能。

④ヒートポンプ

圧縮機・凝縮器・膨張弁・蒸発器とこれらを結ぶ配管で構成される（次ページの図参照）。冷媒は蒸発器で空気などの熱源から熱を吸収し、蒸発して圧縮機に吸い込まれ、高温・高圧のガスに圧縮されて凝縮器に送られる。凝縮器で冷媒は熱を放出して液体になり、さらに膨張弁で減圧されて蒸発器に戻る。冷媒が液体から気体に、気体から液体に変化する時に生じる潜熱を利用し、空気中などから熱をかき集めて、大きな熱エネルギーとして利用できる。電力は圧縮機だけで使用される。エアコンや冷蔵庫、最近ではエコキュートなどにも利用されている省エネ技術である。

3 COP（成績係数）

どのくらい省エネかを示す値に、COP（成績係数：Coefficient Of Performance）がある。COPの値が高いほど、省エネのエアコンということである。

$$\text{COP（成績係数）} = \frac{\text{利用できる熱量 [kW]}}{\text{圧縮機の入力 [kW]}}$$

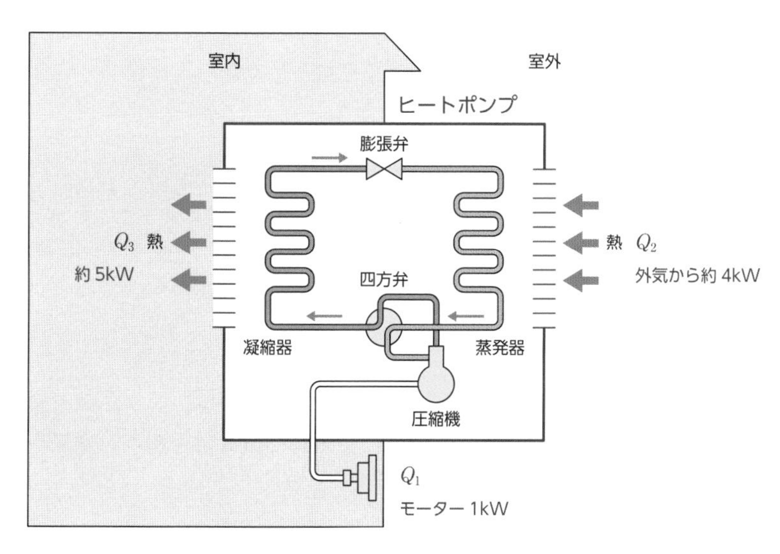

ヒートポンプシステム（暖房時）

上図の暖房の例で見ると、1kWのモーターで圧縮機を1時間運転すると、1kWのエネルギーを使い室外の空気から約4kWの熱を汲み上げ、室内に約5kWの熱を放熱するので、以下のような式となり、成績係数は約5になる。

$$\text{成績係数} = \frac{Q_3}{Q_1} = \frac{Q_1 + Q_2}{Q_1} = \frac{1\text{kW} + \text{約}\,4\text{kW}}{1\text{kW}} \fallingdotseq 5.0$$

重要ポイントを覚えよう！

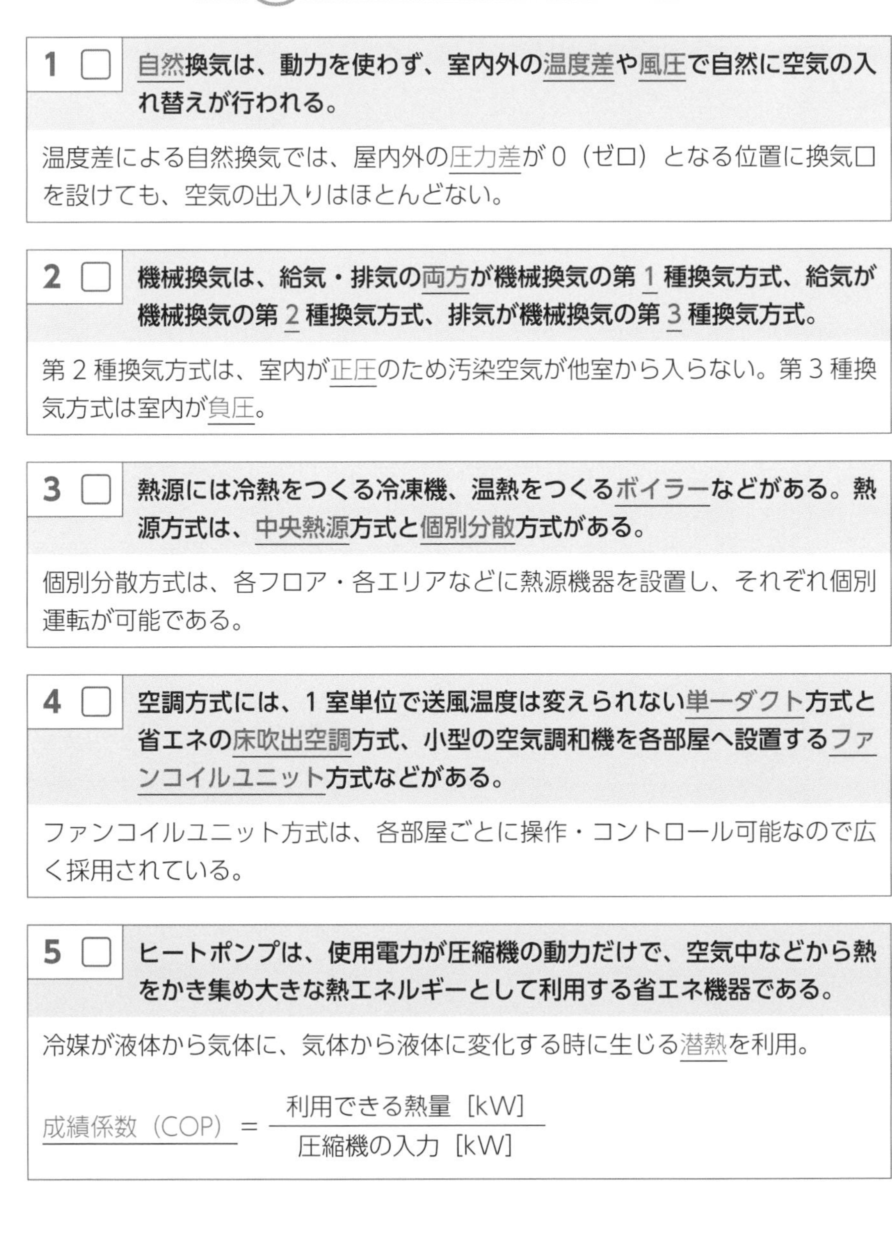

1 □ 自然換気は、動力を使わず、室内外の温度差や風圧で自然に空気の入れ替えが行われる。

温度差による自然換気では、屋内外の圧力差が0（ゼロ）となる位置に換気口を設けても、空気の出入りはほとんどない。

2 □ 機械換気は、給気・排気の両方が機械換気の第1種換気方式、給気が機械換気の第2種換気方式、排気が機械換気の第3種換気方式。

第2種換気方式は、室内が正圧のため汚染空気が他室から入らない。第3種換気方式は室内が負圧。

3 □ 熱源には冷熱をつくる冷凍機、温熱をつくるボイラーなどがある。熱源方式は、中央熱源方式と個別分散方式がある。

個別分散方式は、各フロア・各エリアなどに熱源機器を設置し、それぞれ個別運転が可能である。

4 □ 空調方式には、1室単位で送風温度は変えられない単一ダクト方式と省エネの床吹出空調方式、小型の空気調和機を各部屋へ設置するファンコイルユニット方式などがある。

ファンコイルユニット方式は、各部屋ごとに操作・コントロール可能なので広く採用されている。

5 □ ヒートポンプは、使用電力が圧縮機の動力だけで、空気中などから熱をかき集め大きな熱エネルギーとして利用する省エネ機器である。

冷媒が液体から気体に、気体から液体に変化する時に生じる潜熱を利用。

$$\text{成績係数（COP）} = \frac{\text{利用できる熱量［kW］}}{\text{圧縮機の入力［kW］}}$$

実践問題

問題

換気設備に関する記述として、**適当でないもの**はどれか。

(1) 第1種機械換気は、給気及び排気にファンを用いる方式である。

(2) シックハウス症候群の原因物質の除去対策として、新築建物には機械換気設備の設置が義務付けられている。

(3) 第3種機械換気では、給気は吸気口から自然に取り込み、排気は機械換気で行い、室内が負圧になるため、他の部屋へ汚染空気が出ない。

(4) 自然換気は、動力を使わずに室内外の温度差や風圧で自然と空気の入れ替えが行われる換気方式で、比較的天井の低い場所の方が有効である。

答え (4)

(1) 正しい。第1種機械換気は、給気・排気ともに機械で行い、集中的に換気を行う換気設備。

(2) 正しい。シックハウス症候群の原因物質の除去対策として、新築建物には24時間稼働する機械換気設備の設置が義務付けられてる。

(3) 正しい。第3種機械換気は、強制排気装置によって集中的に排気を行い、給気から外気を取り入れる。

(4) 誤り。自然換気が有効なのは、開口部を大きく開けることできる、比較的天井の高い場所である。

土木工事

学習のポイント　1級重要度 ★☆☆　2級重要度 ★☆☆

- 地面の下が土木工事、地面の上が建設工事というのが現場の肌感覚です。土質調査や掘削工事等を学びましょう。

1 土質調査

構造物の設計・施工に必要な地盤そのものの諸性質を明らかにする調査である。

1 スウェーデン式サウンディング試験

先端がキリ状のスクリューポイントを取り付けたロッドに荷重をかけ地面に貫入させ、1kNの荷重をかけても貫入しなくなったときに、ロッドを回転させてさらに25cm貫入させるのに要する半回転数から土の貫入抵抗を測定する。比較的簡単な装備で短時間に実施でき、狭い場所でも調査可能である。

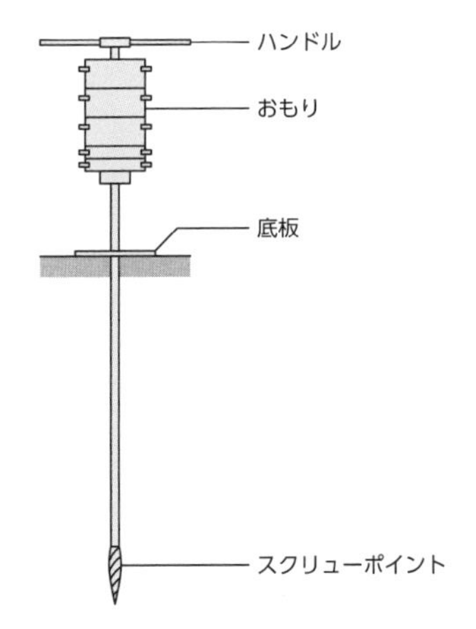

スウェーデン式サウンディング試験

2 標準貫入試験

63.5（± 0.5）kg の重錘（ドライブハンマー）を 76（± 1）cm の高さから落下させ、専用サンプラが 30cm 貫入する打撃回数（N 値）を測定。N 値は、土木建築構造物の設計や施工に欠かせない情報である。

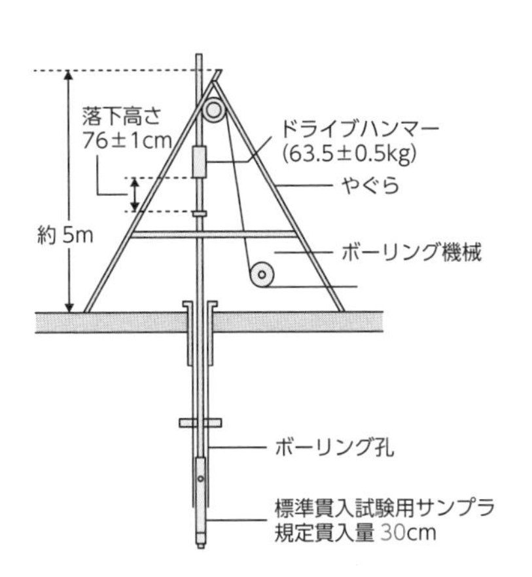

標準貫入試験

3 平板載荷試験

基礎を設置する深さまで掘削し、小さな鋼板（直径 30cm の円板）を置き建物の重量に見合う荷重をかけ沈下量を測定し、地盤が安全に支持する力を判定する。比較的短時間に測定できるが、作業スペースが大きいことが短所。

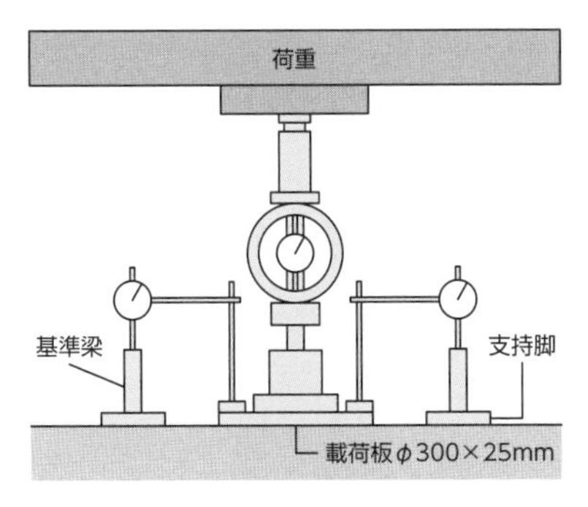

平板載荷試験

2　掘削工事

1　地中管路埋設の施工

掘削した底盤は、十分に突き固めて平滑にする。埋め戻しのための土砂は、管路材などに損傷を与える小石、砕石などを含まず、かつ、管路周辺部の埋め戻し土砂は、管路材などに腐食を生じさせないものを使用する。また、管路周辺部の埋め戻し土砂は、すき間がないように十分に突き固める。管路は、ケーブルの敷設に支障が生じる曲げ、蛇行などがないように施設する。

2　使用する建設機械

①バックホウ

直接地面の土を掘り、掘った土をダンプトラックにそのまま積み込むことができる、掘削作業において最も一般的な機械。

②ハンドブレーカ

手持ち式の機械でコンクリートや地中の転石等を削る際に使用。油圧や空気圧で内部のスプリングを動かし、先端のノミを連続上下させ、対象に打撃を加え破壊する。騒音が激しく、大量の粉塵が発生するので、周囲に配慮する。また、作業員は、防塵マスクやメガネ、耳栓等の着用が必要である。

③ランマ

エンジンを利用し上下動の衝撃で地盤を締め固める手持ちの機械。

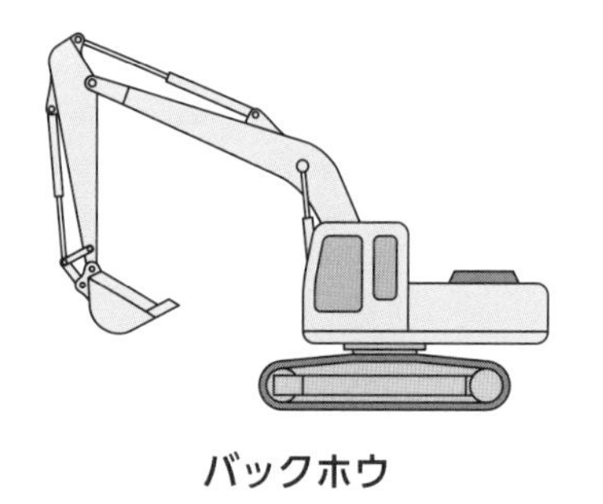

バックホウ

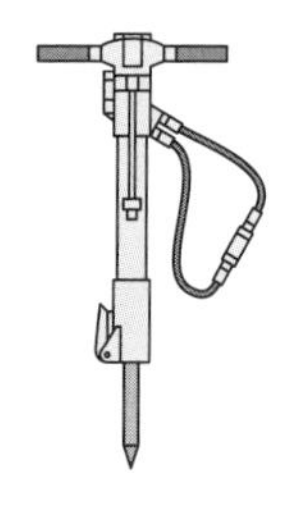

ハンドブレーカ

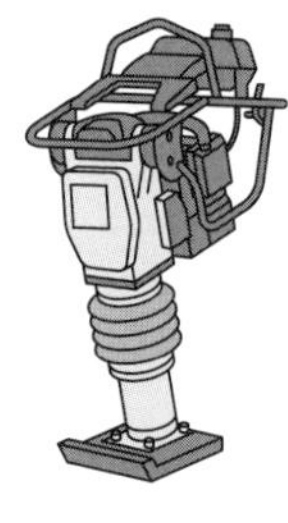

ランマ

3 ハンドホール工事

ハンドホールは、地中管路埋設工事においてケーブルの挿入、撤去を行うための中継用として使用する地中箱である。現場でコンクリートを打設して構築することもあるが、民生用なら、工場製作物を現場で設置することが多い。ハンドホール工事の注意ポイントは以下のとおりである。

・掘削幅は、ハンドホールなどの施工が可能な最小幅とする。
・舗装の切り取りは、コンクリートカッタで行い、周囲に損傷を与えない。
・掘削は所定の深さまで行った後、石や突起物を取り除き、突き固めを行う。
・埋め戻しは、良質土または砂を１層の仕上げ厚さが0.3m以下となるように均一に締め固めて順次行う。

4 土留め

開削工法で掘削を行う場合に、法面や段差の周辺土砂の崩壊防止と止水を目的として設置される仮設構造物で、土留め壁と支保工からなる。主な土留め壁の工法の種類は次のとおりである。

1 親杭横矢板工法（おやぐいよこやいた）

H形鋼の親杭を一定間隔に打設し､掘削と共に木矢板等の横矢板を設ける。
メリット：鋼矢板工法と比較すると施工費・材料費が安くなる。
デメリット：止水性がないため、湧水がある場合は薬液注入などの補助工法が必要になる。横矢板と地盤の間に間隙が生じやすく、地山の変形が生じやすい。

2 鋼矢板工法（こうやいた）

鋼矢板をかみ合わせながら打設し内部掘削を行う。
メリット：止水性が高く、軟弱地盤にも適用可能で、耐久性があり転用可能。
デメリット：ソイルセメント柱列壁工法と比較すると剛性が低く、たわみ性の壁体のため変形が大きくなる。引抜きに伴う周辺地盤の沈下の影響があり、影響が大きいと判断される場合は残置する必要がある。

3　ソイルセメント柱列壁（SMW）工法

地盤を削孔しながらセメントミルクと土を混合して壁体を形成する。
メリット：親杭横矢板工法や鋼矢板工法に比べると剛性を高くできるため地盤の変状が問題となる現場に適している。振動騒音が少なく、止水性が高い。
デメリット：セメントミルクの汚泥処理が必要。

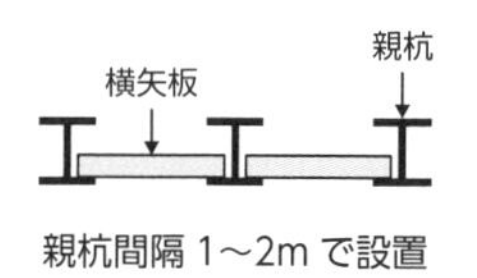

親杭横矢板工法

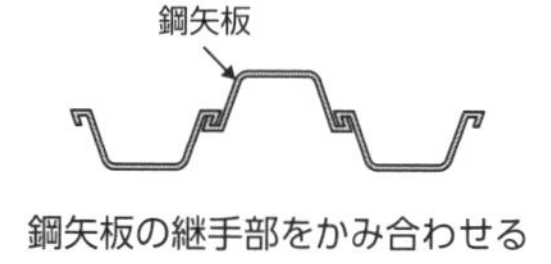

鋼矢板工法

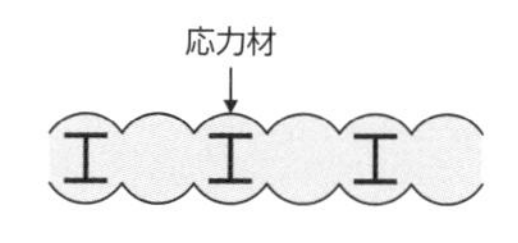

ソイルセメント柱列壁

重要ポイントを覚えよう！

1 □ 土質調査には、スウェーデン式サウンディング試験、標準貫入試験、平板載荷試験がある。

標準貫入試験は、専用のサンプラを 30cm 貫入させるのに必要な打撃回数（N値）を測定する。

2 □ 地中管路埋設の施工で、掘削底盤は突き固めて平滑にし、埋め戻し土砂は、管路材などに腐食を生じさせないものを使用する。

管路周辺部の埋め戻し土砂は、すき間がないように十分に突き固め、管路は、ケーブルの敷設に支障が生じる曲げ、蛇行などがないように施設。

3 □ **掘削工事で使用する建設機械には、バックホウ、ハンドブレーカ、ランマなどがある。**

ハンドブレーカは、騒音と大量の粉塵が発生する。ランマは、エンジンを利用し上下動の衝撃で地盤を締め固める手持ちの機械。

4 □ **ハンドホールは、地中管路埋設工事の中継用として使用する地中箱。現場で構築することもあるが、工場製作物を設置することが多い。**

地中管路埋設工事の掘削幅は、ハンドホールなどの施工が可能な最小幅とする。埋め戻しは、1層の仕上げ厚さが0.3m以下となるように均一にする。

5 □ **土留めには、親杭横矢板工法、鋼矢板工法、ソイルセメント柱列壁工法がある。**

親杭横矢板工法は止水性がなく地山の変形が生じやすい。鋼矢板工法は、止水性が高く軟弱地盤にも適用可能。ソイルセメント柱列壁工法は、剛性が高く振動騒音が少なく、止水性が高いが、汚泥処理が必要。

実践問題

問題

建設作業とその作業に使用する建設機械の組合せとして、**適当でないもの**はどれか。

(1) 整地…………ブルドーザ
(2) 掘削…………バックホウ
(3) 掘削…………ロードローラ
(4) 締固め………コンパクタ

答え (3)

ロードローラは敷きならし用の建設機械である。

Lesson 02 建築工事と通信鉄塔

学習のポイント　1級重要度 ★☆☆　2級重要度 ★☆☆

● 建築構造の形式と鉄筋コンクリート造、無線通信回線の構成のためアンテナや反射板を設置する通信鉄塔を学びましょう。

1 建築構造の形式

1 ラーメン構造

柱と梁で骨格を造り、そこに壁を張っていく構造。柱と梁の接合部を、溶接で一体化する（剛接合）。開口位置や大きさも比較的自由で空間も広くとれ、多くの建物で採用。

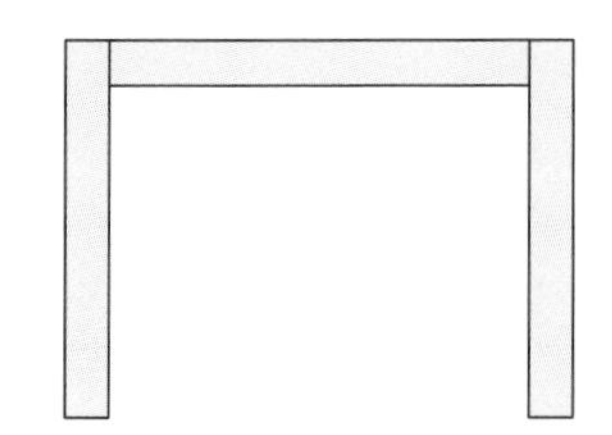

2 トラス構造

部材を三角形に組んだ構造。部材同士は一点でボルトやリベットで留める（ピン接合）。ラーメン構造よりも強く、大スパン架構の屋根、橋梁に採用。

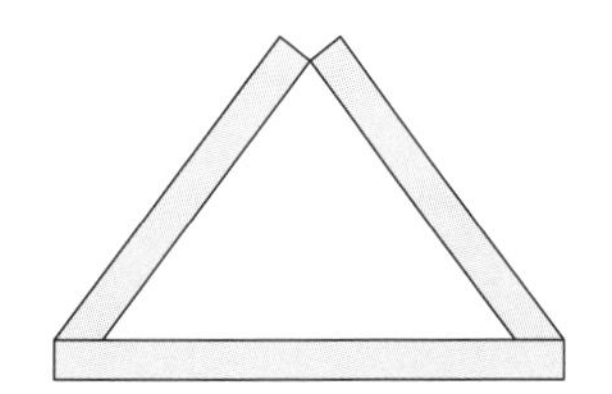

3 アーチ構造

水平の梁と比べて、アーチの方が合理的に力を伝達できる。大スパンを掛け渡す橋や、大きな開口部を持つ壁を造る際に採用。

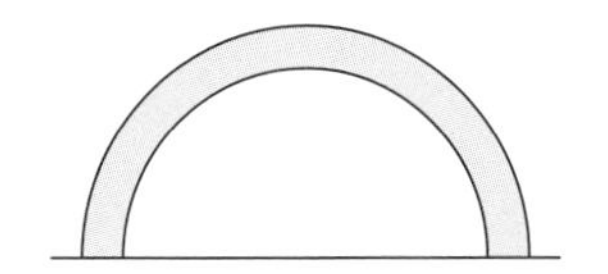

4 壁式構造

柱と梁の代わりに耐力壁で建物の荷重を支える。室内に柱型や梁が出っ張らず、すっきりした室内空間が可能。

5 シェル構造

薄厚の曲面板からなる構造。無柱空間にできるので、斬新な建築物に採用。

6 フラットスラブ構造

梁を使用せず、床を柱が直接支持する構造で、倉庫、工場などに用いられる。

2 鉄筋コンクリート造（RC：Reinforced Concrete）

引っ張る力に強い鉄筋と、押す力に強いコンクリートを一体化させ、建物を支える構造。耐久性、耐火性に優れ、地震に強い。コンクリートはアルカリ性で鉄筋の錆を防止する。鉄とコンクリートは重いので強い地盤が必要なため、必要なら地盤改良をする。工程が複雑で工期が長い。

3 コンクリート

モルタルに粗骨材（砂利）を混ぜたものがコンクリートである。モルタルとはセメントに水を加えセメントペーストにして、細骨材（砂）を混ぜたものである。

1 コンクリートの性質

・圧縮強度は強いが、引張強度は弱い。
・鉄筋と熱膨張率がほぼ同じで、外気温変化に対し同じ割合で膨張収縮する。

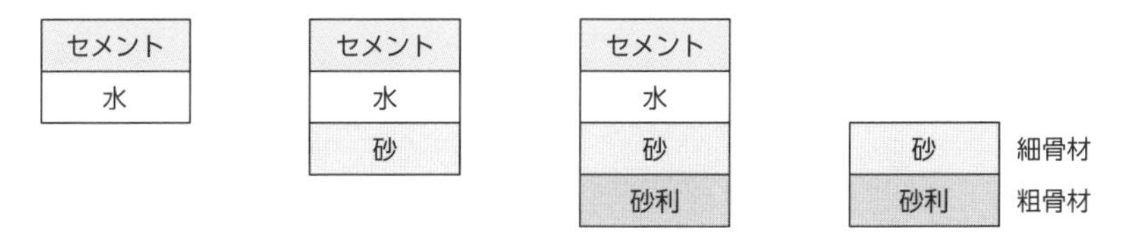

2　スランプ試験

・スランプコーンに生コンクリートを入れ、突棒で25回ほど攪拌(かくはん)したあとで垂直にスランプコーンを抜き取り、コンクリート頂部の高さが何cm下がったか（スランプ値）を測定（下図参照）。
・この数値が大きいほど生コンクリート流動性が高い。

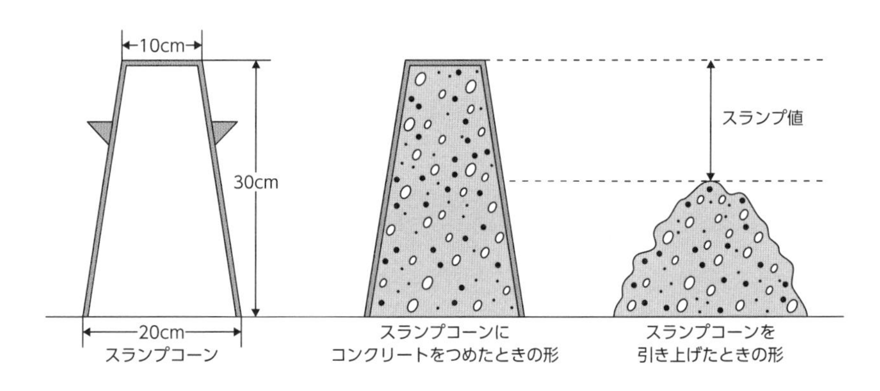

スランプ値

3　打込み（打設）

・工場で練り混ぜをしてから打設現場に運送するレディーミクストコンクリートは、練り混ぜてから現場での荷下ろしまで1.5時間以内。
・現場で打ち終わるまでの時間は、外気温25℃未満で2時間以内。25℃以上で1.5時間以内。

・コンクリートが分離しないように低い位置から打ち込み、十分に締め固め、次のコンクリートを打ち込む。
・型枠の高さが高い場合は、縦シュートを使用。また吐出口を打込み面近くまで下げる。なお、シュートとは、コンクリートを運搬するための、半円形の筒状のもののことである。
・打設後、急激に乾燥するとひび割れが発生するので、所定の強度になるまで、湿潤状態を保ち、直射日光や風雨からコンクリート露出面を保護し振動や外力を加えないように養生をする。

4 通信鉄塔

通信鉄塔は、その規模、敷地条件、要求性能条件、経済性等を考慮した形状を決定し、構造設計に反映させなければならない。

1 通信鉄塔の形状

通信鉄塔の主な形状として、トラス構造（ダブルワーレン形、Kトラス形、ブライヒ形、シングルワーレン形など）、ラーメン構造（ラーメン形）、シリンダー鉄塔（シリンダー形）がある。なお、シリンダー鉄塔は、大口径の鋼管を使用し、美化鉄塔で採用される。

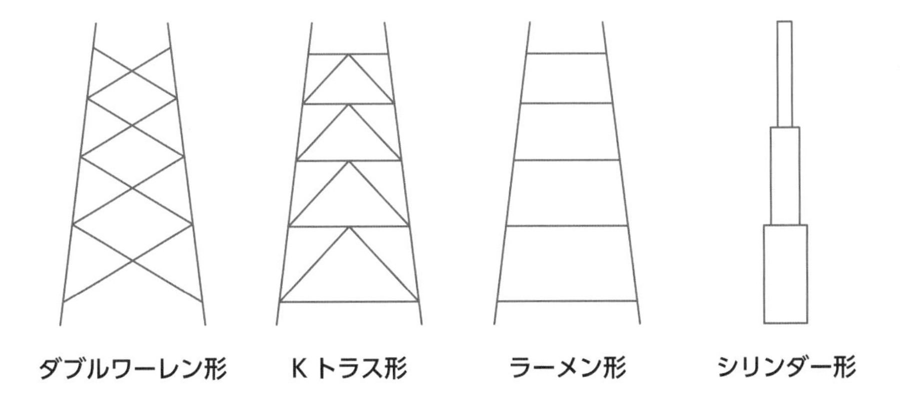

2 通信鉄塔の荷重

・設計荷重：過去の災害等（台風・地震等）による適切な荷重と将来性（アンテナ追加等）を考慮した荷重。
・鉛直荷重：雪荷重など鉄塔に対して垂直に作用する荷重。
・水平荷重：風荷重など鉄塔に対して水平に作用する荷重。
・長期荷重：鉄塔そのものの荷重など長期間にわたって掛かる荷重。

3 パラボラアンテナ取付架台

・鉄塔本体との接合部は、ボルト接合が原則で、風荷重や地震荷重を受けても移動しない構造とする。
・取付架台の応力解析は、水平解析、又は立体解析で行う。
・取付架台は、主に風荷重および地震荷重を考慮して設計。
・架台を鉄塔リング以外に取り付ける場合は、鉄塔本体の架台取付部材について構造計算を行う。

重要ポイントを覚えよう！

1 □ コンクリートは、モルタルに粗骨材（砂利）を混ぜたもので、モルタルとはセメントに水を加えセメントペーストにして、細骨材（砂）を混ぜたもの。

コンクリートの性質は、圧縮強度は強いが、引張強度は弱い。鉄筋と熱膨張率がほぼ同じで、外気温変化に対し同じ割合で膨張収縮する。

2 □ レディーミクストコンクリートの打込みは、練り混ぜてから現場での荷下ろしまで 1.5 時間以内。打ち終わるまでの時間は、外気温 25℃未満で 2 時間以内。25℃以上で 1.5 時間以内。

コンクリートが分離しないように低い位置から打ち込み、十分に締め固め、次を打ち込む。型枠の高さが高い場合は、縦シュートを使用。

3 □ **通信鉄塔は、無線通信回線の構成のためアンテナや反射板を設置するための鉄塔。反射板は、電波を反射させる鏡面状の板。**

通信鉄塔の形状は、ラーメン構造、トラス構造と、大口径の鋼管を使用し美化鉄塔で採用するシリンダー鉄塔がある。

4 □ **通信鉄塔の荷重は、設計荷重、鉛直荷重、水平荷重、長期荷重。**

設計荷重は、台風等の過去の災害による適切な荷重とアンテナの追加等将来性を考慮した荷重。鉛直荷重は、雪荷重など鉄塔に対して垂直にかかる荷重である。

実践問題

問題

建築物の構造と材料に関する次の記述のうち、最も**不適当なもの**はどれか。

(1) 鉄筋コンクリート構造におけるコンクリートのひび割れは、鉄筋の腐食に関係する。
(2) コンクリートは、水、セメント、砂及び砂利を混練したものである。
(3) 骨材とは、砂と砂利をいい、砂を細骨材、砂利を粗骨材と呼んでいる。
(4) モルタルは、一般に水、セメント及び砕石を練り混ぜたものである。

答え (4)

モルタルは、一般的に、水、セメント、砂を練り混ぜたものである。

公共工事標準請負契約約款と設計

学習のポイント　１級重要度 ★★★　２級重要度 ★★★

● 工事完成引渡しまで発注者と受注者の紛争回避のために、両者が守る公共工事標準請負契約約款と設計の図記号を学びましょう。

1　公共工事標準請負契約約款

建設工事の請負契約は、不明確点があれば、紛争の原因になる。また、締結する当事者間の力関係が一方的であれば、一方にだけ有利に定められてしまう請負契約の片務性の問題が生じる恐れもある。そこで、建設業法では、中央建設業審議会（中建審）が標準請負契約約款を作成し、その実施を当事者に勧告することとしている。

公共工事標準請負契約約款は、国の機関、地方公共団体等のいわゆる公共発注者のみならず、電力、ガス、鉄道、電気通信等の、常時建設工事を発注する民間企業の工事でも用いられるように作成され、広く用いられている。主な内容は以下のとおりである。

1　総則（第１条）

- 発注者及び受注者は、この約款に基づき、設計図書（別冊の図面、仕様書、現場説明書及び現場説明に対する質問回答書をいう）に従い、契約を履行しなければならない（第１項）。
- 受注者は、契約書記載の工事を契約書記載の工期内に完成し、工事目的物を発注者に引き渡し、発注者は、その請負代金を支払う（第２項）。
- この約款に定める催告、請求、通知、報告、申出、承諾及び解除は、書面により行わなければならない（第５項）。
- この契約の履行に関し、発注者と受注者との間で用いる言語は日本語とする（第６項）。

・この約款に定める金銭の支払いに用いる通貨は日本円とする（第7項）。

設計図書についてはよく出題されています。設計図書の中に入札公告は含まれないので、注意しましょう。

2　現場代理人及び主任技術者等（第10条）

・受注者は、次に掲げる者を工事現場に設置し、設計図書に定めるところにより、氏名他必要な事項を発注者に通知しなければならない。変更したときも同様（第1項）。

①現場代理人

②主任技術者、監理技術者、監理技術者補佐

③専門技術者

・現場代理人は、契約の履行に関し、工事現場に常駐し、運営、取締りを行い、契約に基づく受注者の一切の権限を行使できる。ただし、請負代金額の変更、請負代金の請求・受領、第12条第1項の請求の受理、契約の解除に係る権限を除く（第2項）。

・現場代理人、監理技術者等（監理技術者、監理技術者補佐又は主任技術者）及び専門技術者は、兼任ができる（第5項）。

3　工事関係者に関する措置請求（第12条）

・発注者は、現場代理人がその職務の執行につき著しく不適当と認められるときは、受注者に対して、その理由を明示した書面により、必要な措置をとるべきことを請求することができる（第1項）。

・発注者又は監督員は、監理技術者等、専門技術者（これらの者と現場代理人を兼任する者を除く。）その他受注者が工事を施工するために使用している下請負人、労働者等で工事の施工又は管理につき著しく不適当と認められるものがあるときは、受注者に対して、その理由を明示した書面により、必要な措置をとるべきことを請求することができる（第2項）。

4　工事材料の品質及び検査等（第13条）

・工事材料の品質は、設計図書の定めによる。設計図書に品質が明示されていなければ、中等の品質を有するものとする（第1項）。

・受注者は、設計図書で監督員の検査を受けて使用すべきと指定された工事材料は、当該検査に合格したものを使用する。検査に直接要する費用は、受注者の負担とする（第2項）。

・受注者は、工事現場内に搬入した工事材料を監督員の承諾を受けないで工事現場外に搬出してはならない（第4項）。

5　工事の中止（第20条）

・発注者は、工事用地等の確保ができない等又は天災等（暴風、地震、暴動その他の自然的又は人為的な事象）で受注者の責めに帰すことができないもので工事目的物等に損害を生じ若しくは工事現場の状態が変動し、受注者が工事を施工できないと認められるときは、工事の中止内容を直ちに受注者に通知し、工事の全部又は一部の施工を一時中止させなければならない（第1項）。

・発注者は、受注者の責めに帰すことができない理由で工事の施工を一時中止させた場合に、必要があると認められるときは工期若しくは請負代金額を変更し、又は受注者が工事の続行に備え工事現場を維持し若しくは労働者、建設機械器具等を保持するための費用その他の工事の施工の一時中止に伴う増加費用を必要とし若しくは受注者に損害を及ぼしたときは必要な費用を負担しなければならない（第3項）。

6　著しく短い工期の禁止（第21条）

・発注者は、工期の延長又は短縮を行うときは、この工事に従事する者の労働時間その他の労働条件が適正に確保されるよう、やむを得ない事由により工事等の実施が困難であると見込まれる日数等を考慮しなければならない。

7 検査及び引渡し（第32条）

・受注者は、工事を完成したときは、その旨を発注者に通知（第1項）。
・発注者は、通知を受けたときは、通知を受けた日から14日以内に受注者の立会いの上、工事の完成を確認するための検査を完了し、当該検査の結果を受注者に通知。発注者は、必要があると認められるときは、その理由を受注者に通知して、工事目的物を最小限度破壊して検査できる（第2項）。
・検査又は復旧に直接要する費用は、受注者の負担（第3項）。
・発注者は、検査によって工事の完成を確認した後、受注者が工事目的物の引渡しを申し出たときは、直ちに引渡しを受ける（第4項）。

8 請負代金の支払い（第33条）

・受注者は、検査に合格したときは、請負代金の支払いを請求できる（第1項）。
・発注者は、請求を受けた日から40日以内に請負代金を支払う（第2項）。

9 前金払及び中間前金払（第35条）

・受注者は、保証事業会社と、保証契約を締結し、その保証証書を発注者に寄託して、前払金の支払いを発注者に請求できる（第1項）。
・発注者は、請求があったときは、請求を受けた日から14日以内に前払金を支払う（第3項）。

10 部分払（第38条）

・受注者は、工事の完成前に、出来形部分並びに工事現場に搬入済みの工事材料に相応する額について、部分払を請求できる（第1項）。
・発注者は、部分払の請求のため、工事材料等の確認の請求を受けた場合、当該請求を受けた日から14日以内に、受注者の立会いの上、確認をするための検査を行い、当該確認の結果を受注者に通知する。この場合において、発注者は、必要があると認められるときは、その理由を受注者に通知して、出来形部分を最小限度破壊して検査することができる（第3項）。

・受注者は、検査による確認があったときは、部分払を請求できる。この場合は、発注者は、当該請求を受けた日から14日以内に部分払金を支払う(第5項)。

2 設計

日本産業規格（JIS）で定められた主な記号は、次の通りである。

電柱	分電盤	制御盤	S 開閉器
B 配線用遮断器	E 漏電遮断器	接地端子	蛍光灯
非常照明 白熱灯	非常照明 蛍光灯	避難口誘導灯	通路誘導灯
スイッチ	2 コンセント (1口/2口)	非常用コンセント	蓄電池
コンデンサ	G 発電機	M 電動機	T 内線電話機

T 加入電話機	転換器または接続器	保安器	端子盤
MDF 本配線盤	IDF 中間配線盤	PBX 交換装置	ATT 局線中継台
保安器（実装 / 容量）	局線表示盤	交換機	ボタン電話主装置
通信用（電話用） アウトレット（壁付き）	通信用（電話用） アウトレット（床付き）	情報用アウトレット （壁付き）	情報用アウトレット （床付き）
複合アウトレット （壁付き）	複合アウトレット （床付き）	テレビ用アウトレット （壁付き）	テレビ用アウトレット （床付き）
L LAN コンセント	M マルチメディア コンセント	TDM 時分割回線 多重化装置	RT ルータ
HUB 集線装置（HUB）	DSU デジタル回路終端装置	プルボックス	情報用機器収容箱

重要ポイントを覚えよう！

1 □ 設計図書とは、図面、仕様書、現場説明書及び現場説明に対する質問回答書である。

設計図書に、入札公告は含まれない。また通常、仕様書は、共通仕様書と特記仕様書からなる。

2 □ 受注者は、現場代理人、主任技術者、監理技術者、監理技術者補佐、専門技術者を定めて工事現場に設置し発注者に通知する。

現場代理人、監理技術者等（監理技術者、監理技術者補佐又は主任技術者）及び専門技術者は、兼任ができる。

3 □ 工事材料の品質は、設計図書に品質が明示されていなければ、中等の品質を有するものとする。

工事材料は検査に合格したものを使用し、検査に直接要する費用は、受注者が負担する。

4 □ 発注者は、工事完成の通知受領日から 14 日以内に受注者立会いで、工事の完成確認検査を完了し、当該検査の結果を受注者に通知。

発注者は、工事目的物を最小限度破壊して検査ができる。検査又は復旧に直接要する費用は、受注者の負担。発注者は、検査で完成確認後、受注者が工事目的物の引渡しを申し出たら直ちに引渡しを受ける。

5 □ 受注者は、検査に合格したときは、請負代金支払請求ができる。

発注者は、請求を受けた日から 40 日以内に請負代金を支払う。

6 □ 受注者は、保証事業会社と保証契約を締結し、その保証証書を発注者に寄託して、前払金の支払いを発注者に請求できる。

発注者は、請求があったときは、請求を受けた日から 14 日以内に前払金を支払う。

7 □ 受注者は、工事の完成前に出来形部分並びに工事現場に搬入済みの工事材料に相応する額について、部分払を請求できる。

受注者は、検査よる確認があったときは、部分払を請求できる。発注者は、当該請求を受けた日から14日以内に部分払金を支払う。

実践問題

問題 1

公共工事標準請負契約約款に関する記述として、**誤っているもの**はどれか。

(1) 発注者は、受注者の責めに帰すことができない自然的又は人為的事象により、工事を施工できないと認められる場合は、工事の全部又は一部の施工を一時中止させなければならない。
(2) 発注者は、設計図書の変更が行われた場合において、必要があると認められるときは工期若しくは請負代金額を変更し、又は受注者に損害を及ぼしたときは必要な費用を負担しなければならない。
(3) 受注者は、設計図書と工事現場が一致しない事実を発見したときは、その旨を直ちに監督員に口頭で確認しなければならない。
(4) 受注者は、工事の施工部分が設計図書に適合しない場合において、監督員がその改造を請求したときは、当該請求に従わなければならない。

答え (3)

監督員に、口頭ではなく、書面で確認しなければいけない。

下図に示す構内電話配線系統図において、(ア)、(イ) の日本産業規格(JIS)で定められた記号の名称の組合せとして、**適当なもの**はどれか。

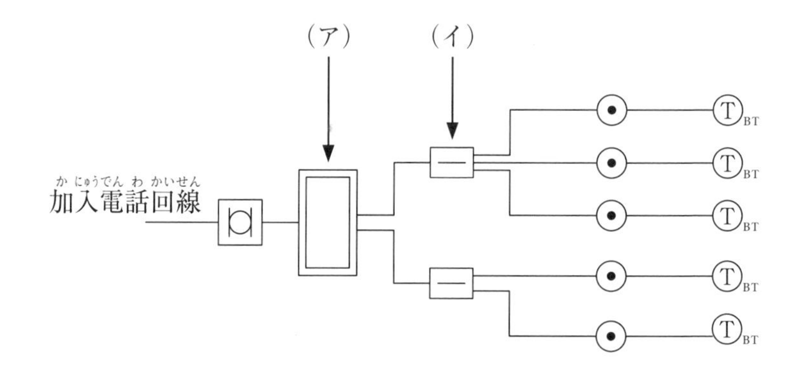

	(ア)	(イ)
(1)	交換機	本配線盤
(2)	交換機	端子盤
(3)	ボタン電話主装置	本配線盤
(4)	ボタン電話主装置	端子盤

答え (4)

構内電気設備の図記号 (JIS C 0303) より、(ア) はボタン電話主装置、(イ) は端子盤である。(➡ p.261 の表参照)

第4章

施工管理法

1 施工計画

Lesson 01　施工計画

2 工程管理

Lesson 01　工程管理

3 品質管理

Lesson 01　品質管理

4 安全管理

Lesson 01　安全管理

Lesson 01 施工計画

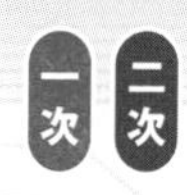

学習のポイント　1級重要度 ★★★　2級重要度 ★★★

● **施工計画書の作成ポイントや、申請書の提出先等をしっかりと押さえておきましょう。**

1　施工計画書

施工計画とは、受注工事における工程・品質・安全等の工事管理方法を示した計画のことである。

1　施工計画書作成の目的

図面・仕様書等に定められた工事目的物完成のために、必要な手順や工法及び施工中の管理をどうするか等を定める。工事の施工・施工管理の最も基本となるものである。

2　施工計画書の内容

契約図書の内容及び現場状況を把握し、施工手順及び施工方法・使用する資材・機器及び労務・施工管理上必要となる事項について、総合的に検討し作成する。

施工計画書の記載事項

工事概要、計画工程表、現場組織表、指定機械、設備および主要資材、施工方法（主要機器、仮設備計画、工事用地等を含む）、施工管理計画、緊急時の体制および対応、交通管理、安全管理、環境対策、現場作業環境の整備、再生資源の利用の促進と建設副産物の適正処理方法、その他

3 施工計画書作成時のポイント

- 機器製作設計図は不要で、特記仕様書は、共通仕様書より優先する。
- 施工計画書の内容に重要な変更が生じたら、その都度当該工事に着手する前に変更施工計画書を提出しなければならない。
- 施工計画書を提出した際、監督職員からの指示事項があれば、さらに詳細な施工計画書を提出する。
- 工事の内容に応じた安全教育及び安全訓練等の具体的な計画を記載する。
- 技術動向に留意し、常に改良を試み、新しい工法等に積極的に取り組む。
- 工事の目的・内容・契約条件、現場条件、全体工法、施工方法といった基本方針を考慮する。
- 事前に契約条件を確認し、現場条件の調査を行う。
- 現場条件は重要な要素であり、必ず自然条件等の現地調査を行い、諸条件をチェックする。
- 作業場を周囲から明確に区分し、公衆が誤って立ち入らないように、固定柵、移動柵等を設置するように計画する。
- 移動柵は間隔をあけずに設置するか、間に安全ロープ等を張って隙間ができないように計画する。

4 申請と届出

主な官公庁の申請・届出書類と提出時期は、以下の表のとおりである。

申請・届出書類	提出先	提出時期
確認申請	建築主事等又は指定確認検査機関	着工前
保安規程届出	経済産業大臣または所轄産業保安監督部長	使用開始前
自家用電気工作物使用開始届	経済産業大臣または所轄産業保安監督部長	使用開始後、延滞なく
航空障害灯設置届	国土交通大臣	設置後遅滞なく
道路使用許可申請書	警察署長	着工前
道路占用許可申請書	道路管理者	着工前
ばい煙発生施設設置届出	都道府県知事又は政令市の長	着工60日前

特定施設設置届（騒音・振動）	市町村長	着工30日前まで
特定建設作業実施届出書（騒音・振動）	市町村長	作業開始日の7日前まで
建築物、機械等の設置等の届出（クレーン、リフト、つり足場等）	労働基準監督署長	工事開始の30日前
消防用設備等設置届	消防長又は消防署長	完成後4日以内
建設リサイクル法対象建設工事届	都道府県知事	工事着手の7日前まで
特殊車両通行許可申請書	道路管理者	通行前

道路使用許可申請書と、道路占用許可申請書では、提出先が違うので注意しましょう。

重要ポイントを覚えよう！

1 □ 施工計画では、手順や工法及び施工中の管理について定める。

工法については、常に改良を試み、新しい工法等に積極的に取り組む心構えを持つ。

2 □ 施工計画書の作成においては、基本方針を十分に把握し、施工性を検討する。

生産性の向上、環境保全に関しても検討を行うことが重要である。

3 □ 工事の着手前に施工計画書を作成し、監督職員に提出する。

内容に重要な変更が生じた場合も、当該工事に着手する前に変更施工計画書を提出する。

4 □ 施工計画を立てる際は、現場条件は重要な要素である。

必ず現地調査を行い、諸条件をチェックしなければならない。

実践問題

問題 1

公共工事における施工計画作成時の留意事項等に関する記述として、**適当でないもの**はどれか。

(1) 施工計画を立てる上で現場条件は重要な要素であり、必ず現地調査を行い、諸条件をチェックする。
(2) 最近の技術動向に留意し、常に改良を試み、新しい工法等に積極的に取り組む心構えを持つ。
(3) 特記仕様書は、共通仕様書より優先するので、両仕様書を対比検討して、施工方法等を決定する。
(4) 工事の内容に応じた安全教育及び安全訓練等の具体的な計画を作成し、労働基準監督署長に提出する。

答え (4)

労働基準監督署長ではなく監督員に提出する。

問題 2

建築工事に関連する申請書・届等とその提出先との組合せとして、**誤っているもの**はどれか。

(1) 道路占用許可申請書……………所轄道路管理者
(2) 建築工事届……………………都道府県知事
(3) 総括安全衛生管理者選任報告書…所轄労働基準監督署長
(4) 振動騒音規制法に基づく
特定建設作業実施届出書…………所轄警察署長

答え (4)

所轄警察署長ではなく、市町村長に提出する。

問題 3

施工計画作成のために行う事前調査に関する次の記述の [　　] に当てはまる語句の組合せとして、**適当なもの**はどれか。

・事前調査では、[ア] の確認及び [イ] の調査を行う。

・[ア] の確認は、工事内容を十分把握するため、契約書、設計図面、仕様書の内容を検討し、工事数量の確認を行う。

・[イ] の調査は、地勢、地質や気象等の [ウ] 及び現場周辺状況や近隣構造物等の近隣環境等について [エ] を行う。

	（ア）	（イ）	（ウ）	（エ）
(1)	契約条件	労働条件	工事公害	机上検討
(2)	契約条件	現場条件	自然条件	現地調査
(3)	見積書	労働条件	工事公害	現地調査
(4)	見積書	現場条件	自然条件	机上検討

答え (2)

（ア）契約条件（イ）現場条件（ウ）自然条件（エ）現地調査

事前調査では契約条件の確認と現場条件の調査を行う。現場条件の調査は、自然条件や現場周辺の状況等について現地調査を行う。

語呂合わせで覚えよう！ 騒音・振動規制法における特定建設作業実施の届出

騒音と振動やめて！
(騒音・振動規制法)

どけて　なんとかして　市長！
(届出)　(7日)　(市町村長)

騒音・振動規制法により、特定建設作業実施の届出は作業開始7日前までに市町村長に行う。

Lesson 01 工程管理

学習のポイント　1級重要度 ★★★　2級重要度 ★★★

- **施工管理の4大管理は、工程管理・原価管理・品質管理・安全管理です。ここでは、工程管理と原価管理の具体策を学びましょう。**

1　工程管理の手順（PDCAサイクル）

設計図書に基づき計画した工程と実際の工事進捗が工程通りに行われているか調整するため、工程管理はPDCAサイクルの手順で行われる。PDCAサイクルとは、工程管理や品質管理などの管理業務を計画通りスムーズに進めるための管理サイクル・マネジメントサイクルの1つである。

① **Plan（計画）**：従来の実績や将来の予測などをもとにして工程計画を作成。
② **Do（実施・実行）**：計画に沿って施工を行う。
③ **Check（検討）**：施工の実施が計画に沿っているかどうかを確認。
④ **Act（処置・改善）**：実施が計画に沿っていない部分を調べて処置。

この4段階を順次行って1周したら、最後のActを次のPDCAサイクルにつなげ、このサイクルを回し継続的な業務改善をしていく。

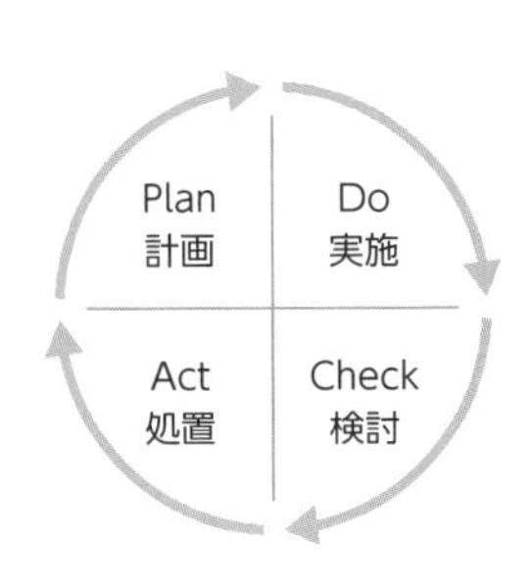

この考え方は、工程管理だけでなく、品質管理、安全管理等施工管理全般に用いられ国際的な規格を制定するISO（国際標準化機構）のISO 9000シリーズやISO 14000シリーズにも反映されている。

2 工程管理の概要

工程管理と品質管理、原価管理の関係性は次のとおりである。

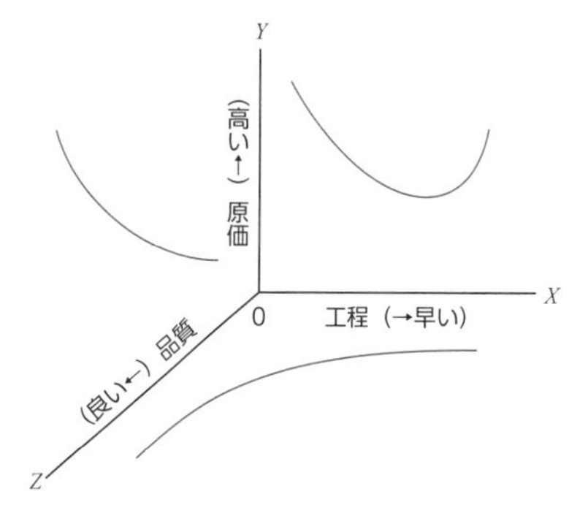

品質と工程の関係	時間をかけて施工すると品質は良く、急いで突貫工事で施工すると品質は悪くなる。
原価と品質の関係	原価が安ければ品質が悪く、品質が良ければ原価が高い。
原価と工程の関係	時間をかけて施工すると手待ちや無駄が多くなり原価は高くなる。徐々に施工速度を速めると原価は安くなり、突貫工事で施工速度を速めると、作業員の増員や建設機械使用等で原価は高くなる。

品質、工程、原価の関係性

工程計画では、「品質」「工程」「原価」の関係性についての問題がよく出題されています。

3 各種工程表

1 バーチャート工程表

・縦軸は作業名、横軸は月日。
・作成、修正が簡単で、作業日数と作業の関係性がわかりやすい。
・計画と実績が比較できるが、作業間の関連性がわからない。

工種	○月	○月	○月	備考
A工種				
B工種				
C工種				

工期 →

2　ガントチャート工程表

・縦軸に作業名、横軸は達成度（出来高）[%]。
・各作業の進捗度合いがわかるが、各作業に必要な日数がわからない。
・全体の所要時間がわからない。

工種	50	100 [%]
A 工種		
B 工種		
C 工種		

達成度 →

3　タクト工程表

・同じ作業を別の場所で繰り返し行う工事の工程管理で使用。
・他の作業との関連性がわかりやすい。
・繰り返し作業を管理することで習熟効果が生じて、生産性が向上する。

工事項目	○月	○月	○月	○月
3F			A	
2F		A	B	
1F	A	B	C	

工期 →

4　グラフ式工程表

・縦軸に各施工種別の出来高比率、横軸に工期がある。図中の曲線は、工種ごとの出来高累計曲線を表す。
・各部分工事の予定と実績の差や進捗状況を直視的に確認できる。

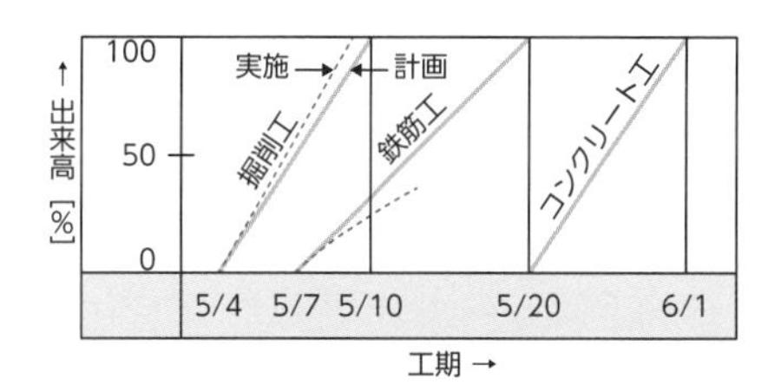

5　バナナカーブ

・時間経過率に応じた出来高比率をプロット。
・プロットが上方と下方の許容限界曲線の間にあればよい。
・下方許容限界曲線の下にある場合

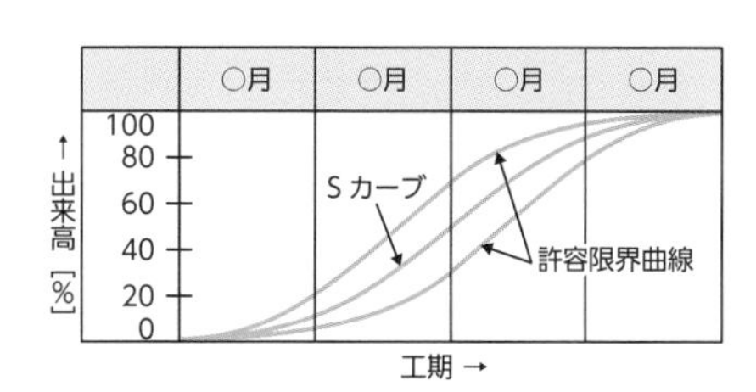

は工程の遅れを表し、上方許容限界曲線の上にある場合は工程が進みすぎ（人員や機械の配置が多過ぎるなど）を表す。

4　ネットワーク工程表

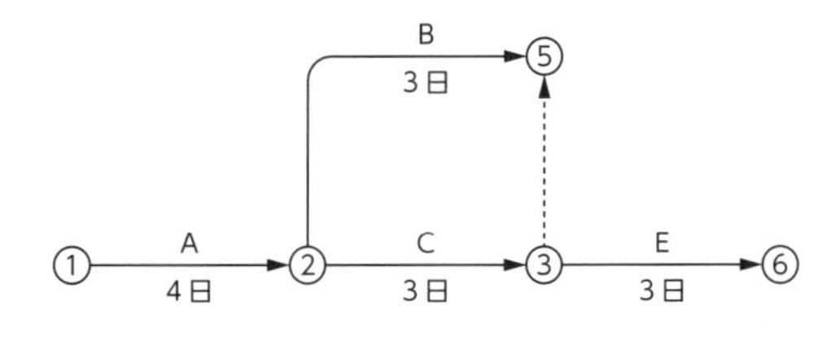

○と線で、先行作業とそれに続く後続作業の関係を表した工程表である。重要管理作業、及び作業相互関係が明確で、工期短縮の方針を立てやすいが、各作業と全体の出来高が把握しにくく、作成に手間がかかる。

1　基本用語

用語	意味	
アクティビティー	作業の流れを表す矢印の上に作業内容、矢印（アロー）の下に作業時間 (日数) を表示。	C → 3日
イベント	作業の開始、終了点を表す。	①
ダミー	作業はなく、作業前後の関係を示す。	---------→
最早開始時刻 (EST：Earliest Start Time)	最も早く開始できる時刻。	
最早終了時刻 (EFT：Earliest Finish Time)	最も早く完了できる時刻。	
最遅終了時刻 (LFT：Latest Finish Time)	所要時間内に工事完了のため各イベントが遅くとも完了しなければならない時刻。	
最遅開始時刻 (LST：Latest Start Time	全体工期を守るため、必ず着手しなければならない時刻。	
フロート (余裕日数)	作業余裕時間。	
フリーフロート (自由余裕時間)	後続する作業の最早開始時刻に影響を及ぼさないフロート。	

ディペンデントフロート（干渉余裕時間）	後続作業のトータルフロートに影響を及ぼすようなフロート。
トータルフロート（最大余裕時間）	その作業内で使っても、工期には影響を及ぼさないフロート。
クリティカルパス	工程上で最も時間のかかる最長経路。最長経路が複数存在する場合もある。

2 総所要日数とクリティカルパス

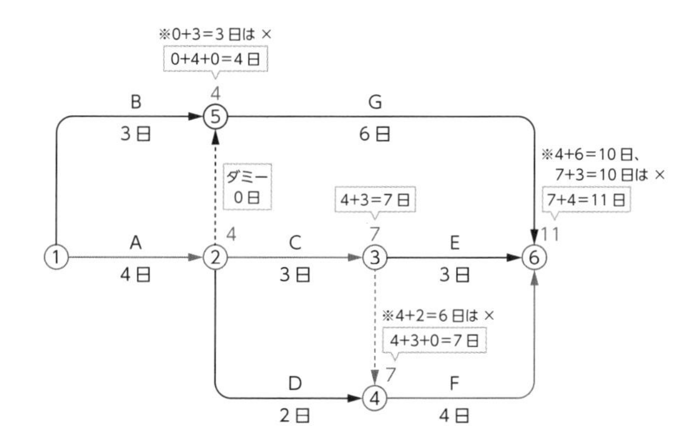

総所要日数

②1→2で4日

⑤1→5で3日、1→2→5で4日（4＋0）を比較。多い日の4日を取る。

③1→2→3で7日（4＋3）

④1→2→3→4で7日（7＋0）、1→2→4で6日（4＋2）を比較。多い日を取るので7日

⑥1→5→6で10日（4＋6）、1→2→3→6で10日（7＋3）、1→2→3→4→6で11日（7＋4）を比較。多い日を取るので11日

クリティカルパス

工程上で最も時間のかかる最長経路をクリティカルパスという。最

長経路が複数となる場合もある。前ページの図の場合、最長経路の1→2→3→4→6がクリティカルパスで、その所要日数は11日である。

5 利益図表

工事総原価（y）は、固定原価（F）と変動原価（vx）の合計であり、変動原価は施工出来高（x）に比例して増加する。

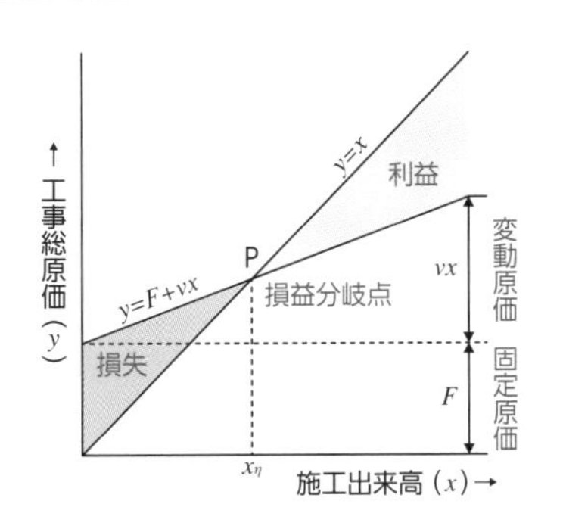

・固定費は縦軸上にとり、横軸と水平な線を引くと固定原価（F）。

・縦軸と固定原価との接点から、売上高（$y=x$）に対する変動費の割合の角度で直線を引くと総費用線（$y=F+vx$）となる。

・売上高線と総費用線の交点が損益分岐点P。

・損益分岐点よりも施工出来高が大きいと利益。少ないと損失。

・損益分岐点は利益と損失の分かれ目で損益0の施工出来高である。

重要ポイントを覚えよう！

1 □ バーチャート工程表は、縦軸に作業名、横軸に月日をとる。

作成や修正が簡単だが、作業間の関連性がわからない。

2 □ ガントチャート工程表は、縦軸に作業名、横軸に達成度をとる。

各作業の進捗度合いはわかるが、工事全体の所要時間はわからない。

実践問題

問題 1

図に示すアロー形ネットワーク工程表について、次の問に答えなさい。ただし、◯内の数字はイベント番号、アルファベットは作業名、日数は所要日数を示す。

(1) 所要工期は、何日か。

(2) Eの作業が10日から7日に、Hの作業が5日から3日になったとき、イベント⑦の最早開始時刻は、何日か。

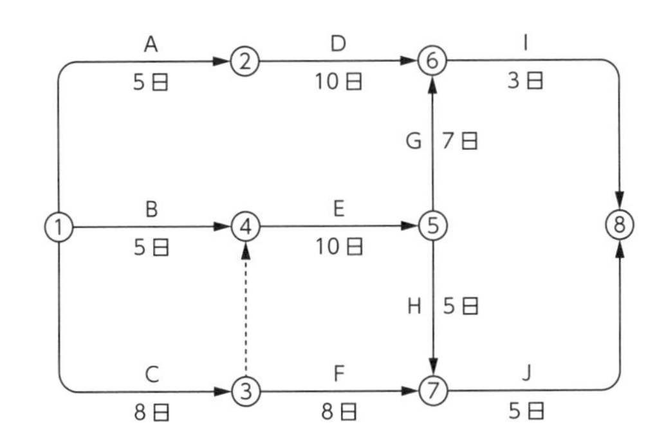

答え (1) 28日 (2) 18日

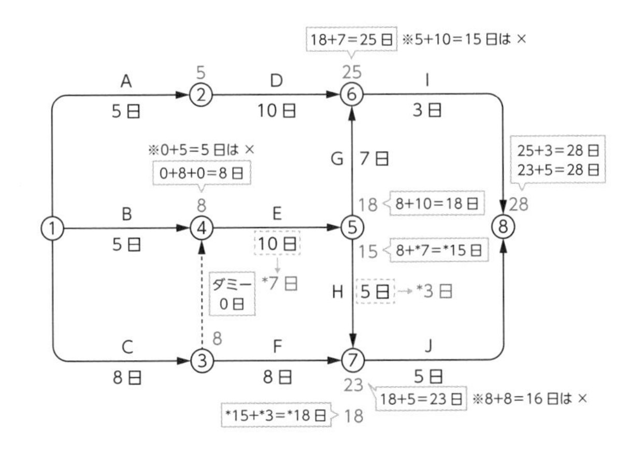

問題 2

建設工事で使用されるバーチャートに関する記述として、次の①〜④のうち**適当なもの**のみを全て挙げているものはどれか。

①Ｓ字型の曲線となる。
②縦軸に部分工事をとり、横軸に各部分工事に必要な日数を棒線で記入した図表である。
③工期に大きく影響を与える重点管理を必要とする工程が明確化される。
④各部分工事の工期がわかりやすい。

(1) ①③
(2) ①④
(3) ②③
(4) ②④

答え (4)

バーチャート工程表は、縦軸に部分工事をとり、横軸にその工事に必要な日数を棒線で記入した図表で、作成が簡単で各工事の工期がわかりやすく、総合工程表として一般に利用されている。作業の流れが左から右へ移行しているので、漠然と作業間の関連はわかるが、工期に影響する作業がどれであるかはつかみづらい。
なお、(1) のＳ字型の曲線となるのは、工程管理曲線（バナナカーブ）である。

令和３年度試験からの、新しい形式の問題です。適当なものが全て選べるように、確実な知識をつけていきましょう。

品質管理

学習のポイント　１級重要度 ★★★　２級重要度 ★★★

● **設計図書通りに施工する具体策を、ISO9001 の概要と品質検査・QC の７つ道具で学びましょう。**

1 品質管理の概要

品質管理とは、要求を満たす製品やサービスを経済的に作り出すための管理体系である。国際標準化機構（ISO）が定める国際規格のことを ISO 規格といい、このうち、品質マネジメントシステムについて定めているのが ISO9000 シリーズである。ISO9000 ファミリー規格では、品質マネジメントシステムの基本や用語定義、要求事項、組織における行動規範のための指針、マネジメントシステム監査のための指針等について定めている。

2 ISO9001：2015

ISO9001 は、品質マネジメントに関する国際規格で、一貫した製品・サービスの提供と顧客満足度の向上の要求事項を定めている。

ISO9001の品質マネジメントシステムの７原則

・顧客重視　・リーダーシップ　・人々の積極的な参加
・プロセスアプローチ　・改善
・客観的事実に基づく意思決定　・関係性管理

3 品質検査の方式

1 工場立会検査

工場立会検査では、発注者が、設計図書で要求される機器の品質・性能を満足することを確認する。また、検査対象機器及び検査方法について、検査要領書にて発注者の承認を得る。工場立会検査の結果、設計図書で要求される品質・性能を満たさない場合は、受注者に手直しをさせる。

工場立会検査の結果、手直しが必要となった場合、その手直しについては、工事全体工程を考慮する。

2 受入検査

正しいものが搬入されているかをチェックすることである。

①全数検査

全部の数を1つずつチェックする。手間のかかる検査方法だが、確実な方法なので、工程の中で部分的に使用されることが多い。わずかな不良品の混入も許されない場合に有効。

②抜取検査

ランダムに抜き取った部材が正しいものかをチェックする。チェックする数が多い時に役立つ。

3 工程内検査

施工の途中で行うチェックである。次の手順に移る前にチェックするので、手戻り作業を減らすことができる。チェックした結果、問題がなかったことを写真とチェック表で残す。工事中の検査の9割以上が工程内検査である。

4 完了検査

工事がほぼ終了したとき、その施工状態をチェックするために行われる。施工会社や設計者・監理者などの工事責任者が行った後に、施主が立ち会って検査（施主検査）を行う。不具合が発見された場合は手直しを行い、その仕上がりを確認し、清掃後に施主に引き渡す。

4 QC（Quality Control）の7つ道具

1 パレート図

不具合、故障等の発生個数を原因別に分類し、大きい順に並べ棒グラフと累積和の折れ線グラフで表す。不具合、故障等の順位が視覚化でき、対策前後のパレート図を比較し、効果を確認できる。

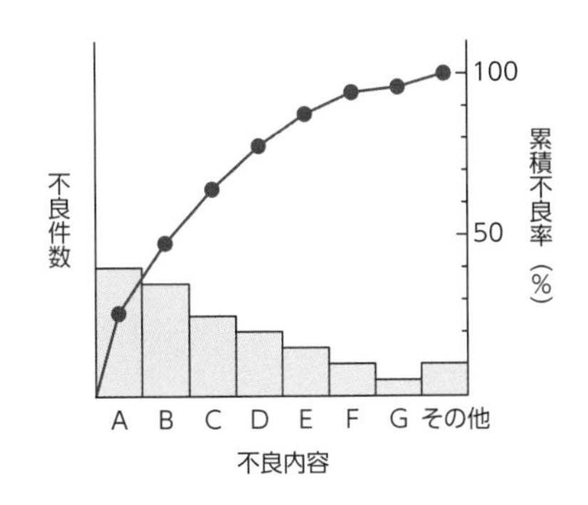

2 ヒストグラム

データの存在する範囲を任意の幅に区分し、それぞれの区間に入るデータの数を度数として高さに表した柱状図で、データの分布状態がわかる。また、規格値からのずれがわかり、品質管理の状態を確認できる。

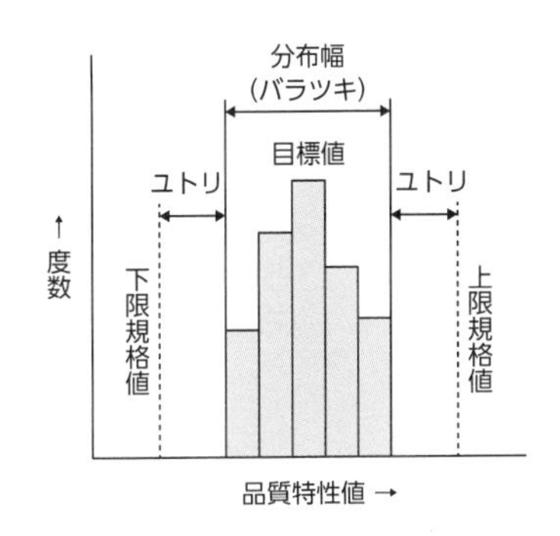

3 チェックシート

施工ごとの不良数等を分類項目別に整理した記録用紙。チェックするだけの簡単な作業で、必要なデータを集められ重大なミスを防止できる。右図は、記録用チェックシートの例である。

区分	事象	不良数チェック欄			合計数
A	1	卌	卌	||||	14
	2	卌	卌			11
	3	卌	||||		9
B	1	卌	卌	||	12
	2	卌	|||		8
	3						2

4　特性要因図

結果（特性）と原因（要因）の関係を整理し、その形状から魚の骨とも呼ばれる。結果と原因との関係が明確になり、体系的に整理できる。ブレーンストーミング（議題に各人が自由に意見を述べる）で、問題解決に結びつけることが可能。

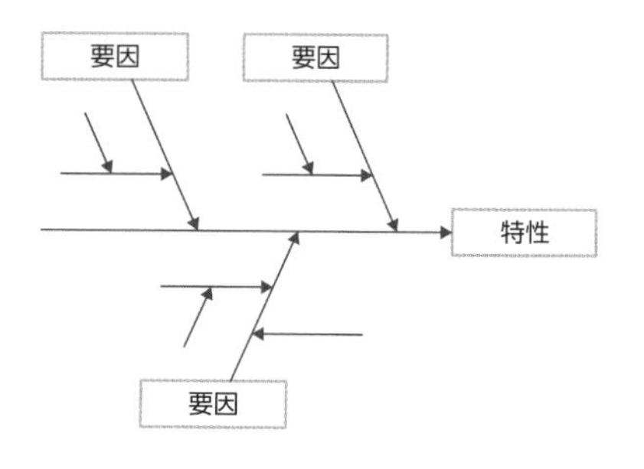

5　散布図

プロットされた点の分布状態で、2つの特性の相関関係がわかる（例：延べ床面積と工事原価の関係）。

正の相関：*X*が大きくなるほど、*Y*も大きくなる。
負の相関：*X*が大きくなるほど、*Y*は小さくなる。
無関係：*X*と*Y*との間には関連性がない。

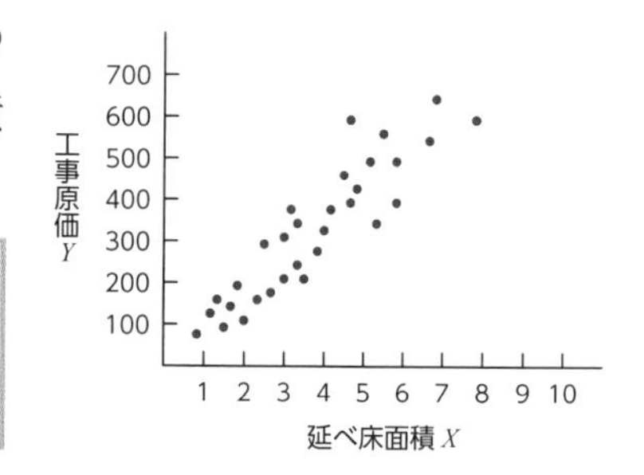

6　管理図

製品の品質等が各製造ロットで安定状態にあるかを把握するための図。中心線（CL：Center Line）を実線で記入し、上方管理限界線（UCL：Upper Control Limit）、下方管理限界線（LCL：Lower Control Limit）を点線で示す。打点が管理限界外に出たら、工程に異常があるとみて、適切な処置を行う（図中の赤矢印部分）。

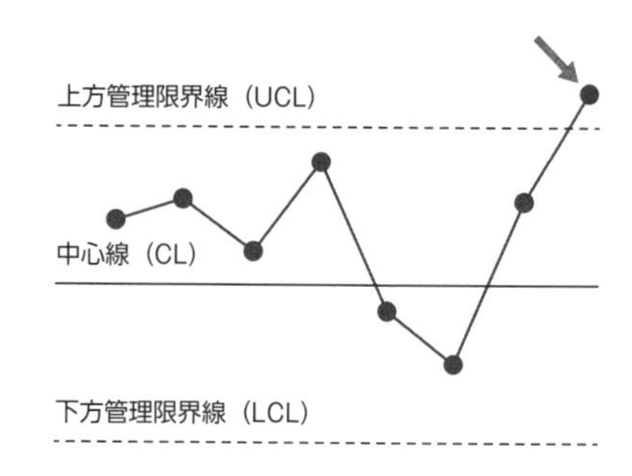

7 層別

原材料別、作業者別などのようにデータの共通点や特徴に着目し同じ共通点や特徴をもつグループ（層）に分けること。層による何らかの違いを見つけることで、ばらつきの原因を突き止めることができる。

1 □ ISO9001とは、品質マネジメントシステムに関する国際規格である。

7原則は、顧客重視、リーダーシップ、人々の積極的な参加、プロセスアプローチ、改善、客観的事実に基づく意思決定、関係性管理である。

2 □ 品質検査の方式には、工場立会検査、受入検査、工程内検査、完了検査がある。

受入検査は、正しいものが搬入されているかをチェックする検査で、全数検査と抜取検査がある。

3 □ QCの７つ道具とは、パレート図、ヒストグラム、チェックシート、特性要因図、散布図、管理図、層別である。

ヒストグラムは、データの存在する範囲をいくつかの区間に分け、区間に入るデータの数を度数として高さに表した図であり、データの分布状態がわかる。

語呂合わせで覚えよう！ ヒストグラム

歴史（ヒストリー→ヒストグラム） **空間だ！**（区間） **わーい**（分ける）

ヒストグラムは、データの存在する範囲をいくつかの区間に分けて、それぞれの区間に入る数を縦軸にとった図である。

実践問題

次の記述のうち、管理図を説明したものはどれか。

(1) 原因と結果の関連を魚の骨のような形状として体系的にまとめ、結果に対してどのような原因が関連しているかを明確にする。

(2) 時系列的に発生するデータのばらつきを折れ線グラフで表し、上限と下限を設定して異常の発見に用いる。

(3) 収集したデータをいくつかの区間に分類し、各区間に属するデータの個数を棒グラフとして描き、品質のばらつきをとらえる。

(4) データをいくつかの項目に分類し、横軸方向に大きい順に棒グラフとして並べ、累積値を折れ線グラフで描き主要な問題点を把握する。

答え (2)

(1) は特性要因図、(3) はヒストグラム、(4) はパレート図の説明である。

語呂合わせで覚えよう！ QC7つ道具

パフェでヒステリーチェック！
(パレート)(ヒストグラム)(チェックシート)

特別さんかだそうよ
(特)(散)(管)(層)

パレート図、ヒストグラム、チェックシート、特性要因図、散布図、管理図、層別の7つをQC7つ道具という。

安全管理

学習のポイント　1級重要度 ★★☆　2級重要度 ★★☆

- **労働災害の根本原因は管理にあり、作業方法の不備、不安全行動等により発生します。安全管理をしっかり学びましょう。**

1 労働災害

労働災害とは、業務中や通勤中、もしくは業務や通勤が原因となって発生した病気や怪我のことである。建設業では他の産業に比べ労働災害が多いため、安全管理が重要である。

2 ハインリッヒの法則（1:29:300 の法則）

アメリカの損害保険会社の安全技師であったハインリッヒが1929年に発表した法則で、「1つの重大事故が起こる背後には29の軽微な事故や災害があり、さらにその背後には300ものヒヤリ・ハットが存在する」。また、その背景には数千の危険行為が潜んでいる、ということである。

災害という事象の背景には、危険有害要因が数多くあるという、現在でも事故と災害の関係を示す法則として活用できる考え方である。

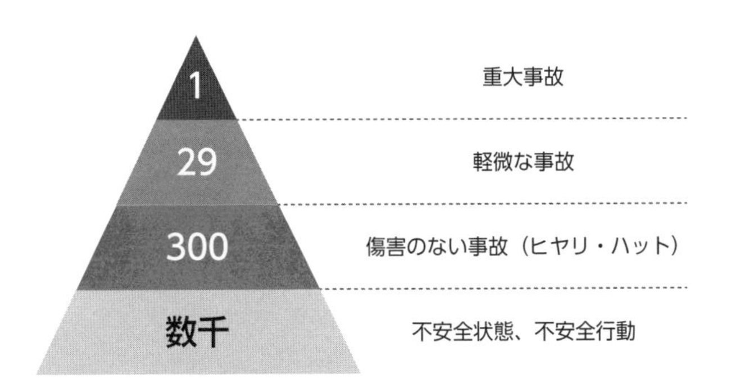

3 安全施工サイクル

建設作業所の安全衛生管理は、全工程を通じて、毎日・毎週・毎月ごとに計画を立てて行う。これら毎日・毎週・毎月ごとの基本的な実施事項を定型化し、その実施内容の改善、充実を図り継続的に行う活動を安全施工サイクル活動と呼ぶ。

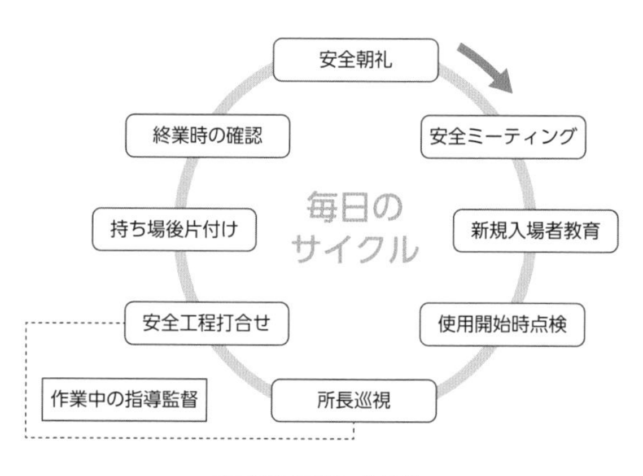

安全施工サイクル

4 労働災害防止対策

1 ヒヤリ・ハット活動

作業中にヒヤリとした、ハッとしたが幸い災害にはならなかったという事例を報告・提案する制度を設け、災害が発生する前に対策を打とうという活動である。

2 危険予知活動（KY 活動）

作業前に現場や作業に潜む危険要因とそれにより発生する災害を話し合い、作業者の危険に対する意識を高めて災害を防止しようというもの。

3 ツールボックスミーティング（TBM）

作業開始前や作業の切り替え時に、短時間で職長を中心にその日の作業の範囲、段取り、分担、安全衛生のポイント等を話し合い、より安全確実に作業を進めるための活動。

4 安全当番制度

職場の安全パトロール員や安全ミーティングの進行役を、当番制で全従業員に担当させる制度。従業員の安全意識を高めるのに有効な方法。

5 安全提案制度

機械設備や作業方法についての安全上の問題点とその対策を、職場で作業に携わっている作業者等から提案してもらう制度。

6 4S（整理、整頓、清潔、清掃）活動

「整理」「整頓」「清掃」「清潔」をキーワードに、職場環境を整備・維持・改善することを直接の目的にして行われる運動。

重要ポイントを覚えよう！

1 □ **1件の大事故の背後には、29の軽微な事故、さらにその背後に300ものヒヤリ・ハットの事象があるという法則を、ハインリッヒの法則という。**

事故になる前の、ヒヤリ・ハットの時点で安全管理の見直しを行うことが望ましい。

2 □ **ツールボックスミーティング（TBM）とは、作業開始前等に、その日の作業範囲、段取り、分担等を話し合うこと。**

職長を中心に作業開始前の短い時間を使って行う。

実践問題

問題 1

移動式クレーンの安全確保に関する次の①～④の4つの記述のうち、「クレーン等安全規則」上、**正しいもののみ**を全てあげている組合せはどれか。

①移動式クレーンの作業中に、障害物との離隔がわかりにくいため、荷をつった状態のまま運転席から降りて障害物とつり荷との位置関係を確認する。
②転倒防止のために、必要な広さ及び強度を有する鉄板を敷設することで、移動式クレーンに定格荷重をこえる荷重をかけて作業を行う。
③狭あいな現場のため移動式クレーンのアウトリガーを最大限張り出すことができない場合は、クレーンにかかる荷重がアウトリガーの張り出し幅に応じた定格荷重を確実に下回ることを確認して作業を行う。
④作業の性質上やむを得ないため移動式クレーンのつり具に専用のとう乗設備を設け、作業者を乗せて作業を行う。

(1) ①②
(2) ①③
(3) ②④
(4) ③④

答え (4)

①のように事業者は、移動式クレーンの運転者を、荷をつったままで、運転位置から離れさせてはならない（第75条）。②のように事業者は、移動式クレーンにその定格荷重をこえる荷重をかけて使用してはならない（第69条）。よって、正しいものは③と④である。

問題 2

酸素欠乏危険作業に関する記述として、「労働安全衛生法令」上、**正しいもの**はいくつあるか。

①地下に設置されたマンホール内での通信ケーブルの敷設作業では、作業主任者の選任が必要である。
②酸素欠乏危険作業を行う場所において酸素欠乏のおそれが生じたときは、直ちに作業を中止し、労働者をその場所から退避させなければならない。
③空気中の酸素濃度が 21%の状態は、酸素欠乏の状態である。
④酸素欠乏危険場所における空気中の酸素濃度測定は、その日の作業終了後に 1 回だけ測定すればよい。

(1) 1 つ
(2) 2 つ
(3) 3 つ
(4) 4 つ

答え (2)

①のような酸素欠乏危険作業については、酸素欠乏危険作業主任者を選任しなければならない（酸素欠乏症等防止規則第 11 条）。②のような状況の時は、直ちに作業を中止し、労働者をその場所から退避させなければならない（同規則第 14 条）。③は、酸素濃度を 18%以上に保つように換気すれば、酸素欠乏状態ではない。④は、作業開始前ごとに測定しなければならない（同規則第 3 条）。よって、正しいものは①と②の 2 つである。

（➡ p.316 第 5 章 3 Lesson02 参照）

問題 3

高圧活線近接作業について、「労働安全衛生法令」上、**正しいもの**はいくつあるか。

①高圧活線近接作業では、作業主任者の選任が必要である。
②電路又はその支持物の敷設、点検、修理、塗装等の電気工事の作業を行う場合は、いかなる場合でも、当該充電電路に絶縁用防具を装着しなければならない。
③労働者は、高圧活線近接作業の電気工事をする際、絶縁用防具を装着又は絶縁用保護具の着用を事業者から命じられた時は、必ずこれを装着、又は着用しなければならない。
④高圧活線近接作業をする労働者が、当該電路に対し頭上 60cm 以内、躯側距離又は足下距離が 30cm 以内に近接することで感電の危険が生じるおそれがあるときは、当該充電電路に絶縁用防護具を装着しなければならない。

(1) 1つ
(2) 2つ
(3) 3つ
(4) 4つ

答え (1)

①は、作業指揮者の選任が必要である（労働安全衛生規則第 350 条）。②には例外があり、労働者に絶縁用保護具を着用させている場合で、感電の危険がないときについては、装着しなくてもよい（同規則第 342 条）。③は正しい（同規則第 342 条）。④は、頭上 30cm 以内、躯側距離又は足元距離 60cm 以内である（同規則第 342 条）。よって、正しいものは（1）の 1 つである。

（➡ p.317　第 5 章　3　Lesson02　参照）

第5章

法規

建設業法

学習のポイント　１級重要度 ★★★　２級重要度 ★★★

● 発注者を保護するため、配置技術者、請負契約、元請負人の義務等を理解し学びましょう。

1　建設業法の目的

建設業を営む者の資質の向上、建設工事の請負契約の適正化等を図ることによって、建設工事の適正な施工を確保し、発注者を保護するとともに、建設業の健全な発達を促進し、公共の福祉の増進に寄与することを目的としている。

2　建設業許可

1　建設業の業種

建設業は 29 業種あり、電気通信工事もこの中に含まれている。

建設業 29 種

土木一式工事、建築一式工事、大工工事、左官工事、とび・土工・コンクリート工事、石工事、屋根工事、電気工事、管工事、タイル・れんが・ブロック工事、鋼構造物工事、鉄筋工事、舗装工事、しゅんせつ工事、板金工事、ガラス工事、塗装工事、防水工事、内装仕上工事、機械器具設置工事、熱絶縁工事、電気通信工事、造園工事、さく井工事、建具工事、水道施設工事、消防施設工事、清掃施設工事、解体工事*

（*平成 28 年 6 月 1 日より新設）

2 建設業許可

国土交通大臣または都道府県知事が許可を行う。軽微な建設工事のみを請け負うことを営業とする場合は、許可がなくても請け負うことができる。

工事種別	条件
建築一式工事以外の建設工事	1件の請負代金が500万円未満の工事（税込）
建築一式工事	①か②のいずれかに該当する工事 ①1件の請負代金が1,500万円未満の工事（税込） ②延べ面積が150m^{2}未満の木造住宅工事

軽微な建設工事

許可区分	条件
国土交通大臣許可	二以上の都道府県の区域内に営業所を設けて営業しようとする場合
都道府県知事許可	一の都道府県の区域内にのみ営業所を設けて営業しようとする場合

許可区分と条件

建設業許可の有効期限は5年で、引き続き建設業を営もうとする場合、期間が満了する日の30日前までに、更新申請をする。

3 一般建設業と特定建設業

建設業の許可は、下請契約の規模等により一般建設業と特定建設業に分かれる。

特定建設業の許可	発注者から直接請け負った1件の工事代金が4,500万円（建築工事業の場合は7,000万円）以上となる下請契約を締結する場合
一般建設業の許可	上記以外

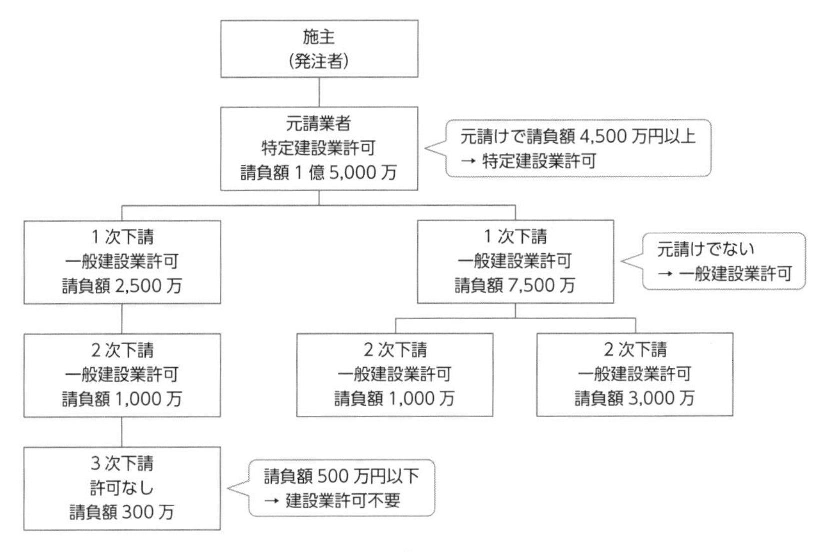

一般建設業と特定建設業許可の例

なお、特定建設業の許可を受けようとする者は、発注者との間の請負契約で、その請負代金が8,000万円以上であるものを履行するに足りる財産的基礎を有する必要がある。

3 配置技術者

建設工事の適正な施工を確保するため、建設業者は工事現場に技術者（主任技術者又は監理技術者）を配置する。

配置技術者	配置条件
監理技術者	発注者から直接工事を請け負い、かつ4,500万円以上（建築一式工事にあたっては7,000万円以上）を下請け契約して施工する特定建設業者
主任技術者	上記以外の建設業者*

＊ただし、元請人の主任技術者が専任で、一定未満の工事金額等の要件を満たす場合は配置不要。

1 主任技術者と監理技術者

主任技術者及び監理技術者は、施工計画の作成、工程管理、品質管理、その他の技術上の管理及び建設工事に従事する者の指導監督などを行う。

なお、建設業者は請負金額が500万円未満の軽微な工事でも主任技術者を置かなければならない。1次下請以下は、原則として主任技術者を置くが、2020年10月施行の改正で、特定専門工事一括管理施工制度が創設され、一定未満の工事金額等の要件を満たす場合は設置が不要となっている。また、1級電気通信工事施工管理技士は建設工事で監理技術者となれて、2級電気通信工事施工管理技士は建設工事で主任技術者となれる。監理技術者資格者証の有効期限は5年で、有効期限内に監理技術者講習受講後、再発行される。

2 現場代理人

建設業法上では配置義務はなく、現場代理人を配置するかどうかは発注者との個別の請負契約による。ただし、公共工事では公共工事標準請負契約約款で、現場代理人を選任して、原則として常駐させることが義務付けられてる。

請負建設会社の経営者の代理人として、協力会社の作業員などを統率し、工程管理や安全管理を行い、無駄なく工事が進むように監督、指揮をする。請負代金額の変更、請負代金の請求及び受領、契約の解除の権限はない。主任技術者や監理技術者を兼ねることが可能である。

4 現場に専任が必要な技術者

1 専任とは

他の工事現場の主任技術者や監理技術者との兼任を認めないことで、常時継続的に当該工事現場に配置される。

2 専任が求められる工事

公共性のある施設若しくは工作物又は多数の者が利用する施設若しくは工

作物に関する重要な建設工事で、1件の請負金額が4,000万円（建築一式工事は8,000万円）以上である工事。

公共性のある施設若しくは工作物又は多数の者が利用する施設若しくは工作物に関する重要な建設工事とは、個人住宅・長屋を除くほとんどの工事のことを指し、民間工事も含まれる。

ただし、2020年10月施行の改正で、監理技術者の職務を補佐する者（例：1級技士補等）を工事現場に専任で置くときは、監理技術者は専任でなくてもよく、兼務が可能となった。ただし、特例監理技術者を置くことができる工事現場の数は2とされ、兼務できる工事現場は2件までとなっている。

技士補とは、第一次検定の合格者に付与される称号です。

5 建設業者が建設工事現場に掲げる標識

建設業者は、その店舗及び建設工事の現場ごとに、公衆の見やすい場所に、国土交通省令に定める事項を記載した標識を掲げなければならない。

標識の記載事項

・一般建設業又は特定建設業の別
・許可年月日、許可番号及び許可を受けた建設業
・商号又は名称　　　・代表者の氏名
・主任技術者又は監理技術者の氏名

6 施工体制台帳

施工体制の確認のため、下請契約の請負代金の合計が4,500万円以上（建築一式工事の場合は7,000万円以上）となる工事について、特定建設業者

が下請負人の名称や工事内容その他国土交通省令で定める事項を記載した施工体制台帳を作成し工事現場に備え置く。

各下請負人の施工の分担関係を表示した施工体系図を作成し工事現場の見やすい場所に掲げる。また、元請業者でなくても、自ら下請業者と建設工事の請負契約をした場合は、再下請負通知を作成し元請けに提出する。なお、施工体制台帳は、担当営業所において引渡しから5年間は保存することになっている。特定建設業者が発注者より直接建設工事を請け負って、下請に発注しない場合は、施工体制台帳及び施工体系図は不要である。

7 請負契約

1 見積り

建設業者は、建設工事の注文者から請求があったときは、請負契約が成立するまでの間に、建設工事の見積りを交付する。

元請負人は、下請負人に書面で見積りを依頼して、できる限り具体的な内容を提示し、予定価格に応じた見積期間を設ける。

工事1件の予定価格	見積期間
500万円未満	1日以上
500万円以上5,000万円未満	10日以上
5,000万円以上	15日以上

見積期間

2 契約締結

契約は、当事者が各々の対等な立場における合意に基づいて締結する。工事に変更が生じた場合でも、書面により契約締結する。元請負人は、自己の取引上の地位を不当に利用し、原価に満たない金額で請負契約を締結しない。

3　一括下請負の禁止

建設業者は、請け負った工事を一括して他の建設業者に請け負わせてはならず、他の建設業者が請け負った工事を一括して請け負わない。

公共工事について、一括下請負は全面的に禁止されているが、民間工事では、元請負人があらかじめ発注者から一括下請負に付することについて書面による承諾を得ている場合は、一括下請けは可能である。

8　元請負人の義務

1　下請負人の意見の聴取

請け負った建設工事を施工するために必要な工程の細目、作業方法等を定めるときは、あらかじめ、下請負人の意見を聞く。

2　着手金の支払い

注文者から前払金を受け取ったときは、下請負人に対して、資材の購入、労働者の募集、その他建設工事の着手に必要な費用を前払金として支払う。

3　下請代金の支払い

注文者から出来形部分の支払い又は工事完成後における支払いを受けたときは、その支払いの対象となった工事の下請負人に対し、相当する下請代金を注文者から支払いを受けた日から1ヶ月以内のできる限り短い期間内に支払う。また、下請代金のうち労務費にあたる部分は、現金で支払う配慮をする。

4　特定建設業者の下請代金の支払期日

特定建設業者は、下請業者から工事目的物の引渡しの申し出があった日から起算して50日以内に請負代金を支払う。

5　完成検査

元請負人による下請工事の完成確認検査は、下請負人から工事完成の通知を受けた日から20日以内で、かつできる限り短い期間内に完成を確認する検査を完了する。

6 引渡し

下請負人が引渡しを申し出たときは、直ちに当該建設工事の目的物の引渡しを受けなければならない。

1 □ 特定建設業とは、発注者から直接請負った工事代金が 4,500 万円（建築工事業は 7,000 万円）以上の建設業である。

一般建設業は、上記以外の建設業のことである。

2 □ 発注者から直接請負った工事代金が 4,500 万円（建築一式工事の場合は 7,000 万円）以上の特定建設業者は監理技術者を配置。

上記以外の建設業者は、原則として主任技術者を配置。

3 □ 建設業許可は、国土交通大臣または都道府県知事が許可をする。軽微な建設工事のみを請け負う営業は、許可なしでも請け負える。

建設業許可の有効期限は 5 年。引き続き建設業を営む場合、期間が満了する日の 30 日前までに、更新申請をする。

4 □ 建設業を営もうとする者は、軽微な建設工事のみを請け負うことを営業とする者を除き、建設業の許可を受けなければならない。

軽微な建設工事とは、1 件の請負代金が 500 万円未満、建築一式の場合は 1,500 万円未満又は延べ面積 150m² 未満の木造住宅工事。

5 □ 2 以上の都道府県の区域内に営業所を設けて営業する場合は、国土交通大臣の許可を受けなければならない。

1 の都道府県の区域内のみに営業所を設けて営業する場合は、都道府県知事の許可を受ける。

実践問題

問題

工事現場における技術者に関する記述として、「建設業法」上、**誤っているもの**はどれか。

(1) 建設業者は、発注者から3,500万円で請け負った建設工事を施工するときは、主任技術者を置けばよい。

(2) 工事現場における建設工事の施工に従事する者は、主任技術者又は監理技術者がその職務として行う指導に従わなければならない。

(3) 元請負人の特定建設業者から請け負った建設工事で、元請負人に監理技術者が置かれていれば、施工する建設業の許可を受けた下請負人は主任技術者を置く必要がない。

(4) 請負代金の額が8,000万円の工場の建築一式工事を請け負った建設業者は、当該工事現場における建設工事の施工の技術上の管理をつかさどる技術者を、原則として専任の者としなければならない。

答え (3)

(1) 正しい。建設業者は、発注者から請け負った建設工事を施工するとき、請け負った建設工事が4,500万円未満の場合は監理技術者ではなく、主任技術者を置くことが可能である。(2) 正しい。(3) 誤り。元請負人の特定建設業者から請け負った建設工事で、元請負人が監理技術者を置いている場合であっても、施工する建設業の許可を受けた下請負人は原則として主任技術者を置かなければならない。ただし、一定金額（4,000万円）未満の鉄筋工事及び型枠工事であるなど、一定の要件を満たす場合のみ、主任技術者の設置は不要となる。(4) 正しい。

労働基準法

学習のポイント　　1級重要度 ★★☆　2級重要度 ★★☆

- **建設現場で働く労働者の生存権保障のため、労働契約や賃金、労働時間、休日および年次有給休暇、災害補償、就業規則などを学びましょう。**

1 労働基準法の目的

労働基準法とは、労働条件の最低基準を定める日本の法律で、1947年に制定された。労働者が持つ生存権の保障を目的として、労働契約や賃金、労働時間、休日および年次有給休暇、災害補償、就業規則などの項目について、最低基準の労働条件が定められている。

2 労働時間、休日、休暇

労働時間

使用者は、原則、1日に8時間、1週間に40時間を超えて労働させてはならない。

休憩

使用者は、労働時間が6時間を超える場合は45分以上、8時間を超える場合は1時間以上の休憩を与えなければならない。

休日

使用者は、労働者に対し最低毎週1日の休日を与えなければならない。この規定は、4週間を通じて4日以上の休日を与える使用者については適用しない。

年次有給休暇

使用者は、その雇入れの日から起算して6箇月以上継続勤務し全労働日の8割以上出勤した労働者に対し有給休暇を与えなければならない。

3　労働者の災害補償

療養補償

使用者は、労働者が業務上負傷し、又は疾病にかかった場合には、療養補償で必要な療養を行うか、又は療養の費用を負担する。

休業補償

療養のために、労働することができず賃金を受けない労働者に対しては、平均賃金の100分の60の休業補償を行う。

障害補償

業務上の傷病が治っても障害が存するときは、程度に応じて、平均賃金に法律で定められた日数を乗じて得た金額の障害補償を行う。

遺族補償、葬祭料

労働者が業務上死亡した場合には、遺族に対して平均賃金の1,000日分の遺族補償を行い、葬祭を行う者に平均賃金の60日分の葬祭料を支払う。

打切保償

使用者は、労働者の業務上の傷病が療養開始後3年経っても傷病が治らない場合、平均賃金の1,200日分の一時金の補償でその他の補償を打ち切れる。

4　労働契約の締結時に明示する労働条件

・使用者が常時10人以上の労働者を使用するときは、賃金、労働時間、退職に関する事項（解雇の事由を含む）等の労働条件を就業規則に必ず記載しなければならない。

・契約期間に定めのある労働契約（有期労働契約）の期間は、原則として上限は3年。なお、専門的な知識等を有する労働者、満60歳以上の労働者との労働契約については、上限が5年。
- 合意による変更の場合でも、就業規則に定める労働条件よりも下回ることはできない。
- やむを得ず解雇を行う場合でも、30日前に予告を行うことや、予告を行わない場合には解雇予告手当（30日分以上の平均賃金）を支払う。
- 使用者は、労働者が出産、疾病、災害その他厚生労働省令で定める非常の場合の費用に充てるために請求する場合においては、支払期日前であっても、既往の労働に対する賃金を支払わなければならない。

5 年少者・女性の就業制限

1 労働者の最低年齢

使用者は、満15歳に達した日以後の最初の3月31日が終了するまでの児童について、原則として労働者として使用することはできない。

2 未成年者の労働契約

- 未成年者とは、満18歳未満の者をいう。
- 労働契約は労働者本人が締結する。親権者や後見人が未成年者に代わり契約を締結することや、賃金を受け取ることはできない。

3 年少者の労働時間・休日の取扱い

- 年少者とは、満18歳未満の者をいう。
- 原則として、時間外労働や休日労働、変形労働時間制やフレックスタイム制などを適用できない。
- 原則として、午後10時から翌日午前5時までの深夜時間帯に、働かせることはできない。

4 危険有害業務の制限

年少者は肉体的、精神的に未成熟なため、重量物を取り扱う業務や危険な業務、衛生上または福祉上有害な業務に就業させることは禁止されている。

年少者（満 18 歳未満）の就業制限業務の例

・運転中の機械等の掃除、検査、修理等の業務
・ボイラー、クレーン、2トン以上の大型トラック等の運転又は取扱い業務、動力により駆動される土木建築用機械の運転業務
・深さが5メートル以上の地穴または土砂崩壊のおそれのある場所の業務、高さが5メートル以上で墜落のおそれのある場所における業務
・有害物または危険物を取り扱う業務
・著しく高温もしくは低温な場所または異常気圧の場所における業務
・重量物を取り扱う業務
・直流750V、交流300Vを超える電圧の充電電路等の点検、修理等の業務

5　年齢証明書等の備え付け

・年少者を使用する場合、使用者は、その年齢を証明する戸籍証明書を事業場に備え付ける。
・児童を使用する場合、年齢証明の書類に加え下記も事業場に備え付ける。
　1　修学に差し支えないことを証明する学校長の証明書
　2　親権者または後見人の同意書

6　女性の就業制限

・6週間（多胎妊娠の場合は14週間）以内に出産する予定の女性が休業を請求した場合、就業させてはならない。
・産後8週間を経過しない女性を原則として就業させてはならない。
・妊産婦（妊娠中の女性及び産後1年を経過しない女性）が請求した場合、時間外労働・休日労働・深夜業をさせてはならない。
・妊産婦を妊娠、出産、哺育等に有害な業務に就かせてはならない。
・生後満１歳未満の子供を育てる女性は、休憩時間とは別に、１日2回それ

ぞれ少なくとも30分育児時間を請求することができる。
・生理日の就業が著しく困難な女性が休暇を請求した場合には、その者を生理日に就業させてはならない。

6 重要書類の保存

使用者は、労働者名簿、賃金台帳及び雇入、解雇、災害補償、賃金その他労働関係に関する重要な書類を3年間保存しなければならない。令和2年3月31日に改正された労働基準法第109条では、「5年間保存しなければならない」と規定されているが、経過措置として当分の間は3年間の保存となっている。

重要ポイントを覚えよう！

1 □ 労働時間は、1日8時間、1週間40時間まで。休息は、6時間超で45分以上、8時間超で1時間以上。

休日は毎週1日か、4週間を通じて4日以上必要である。

2 □ 休業補償は、平均賃金の100分の60。業務上死亡は、平均賃金の1,000日分の遺族補償と60日分の葬祭料。

3年で傷病が治らない場合、平均賃金の1,200日分の一時金補償でその後の補償を打ち切ることができる。

3 □ 労働基準法上、児童とは満15歳に達した日以後の最初の3月31日が終了するまでの児童をいう。

満15歳に達した日以後の最初の3月31日が終了するまでの児童は、原則として労働者として使用することができない。

4 □ 未成年者とは、満18歳未満の者をいう。

未成年者は本人が労働契約を締結し、賃金を受け取る。

5 □	**満18歳未満の年少者を、安全、衛生または福祉に有害な場所での業務に就かせてはならない。また、坑内労働は禁止されている。**

有害な場所での業務とは、毒劇物を取り扱う業務、有害ガス発散場所、高温の場所等における業務等をいう。また、鉱山等における坑内労働は禁止。

実践問題

問題

労働基準法上の労働条件に関する記述で、**正しいもの**を一つ選びなさい。

(1) 使用者は、労働者に対し、原則として毎週少なくとも1回の休日を与えなければならない。
(2) 労働時間は、原則として、休憩時間を含み1日8時間を超えてはならない。
(3) 1日の労働時間が8時間を超える場合には、少なくとも45分以上の休憩を与えなければならない。
(4) 半年以上継続かつ8割以上出勤の場合、20日以上の有給休暇を付与しなければならない。

答え (1)

(1) 正しい。使用者は、少なくとも毎週1日の休日か、4週間を通じて4日以上の休日を与えなければならない。
(2) 誤り。休憩時間は含まない。
(3) 誤り。労働時間が6時間を超えるなら45分以上、8時間を超えるなら1時間以上の休憩を与えなければならない。
(4) 誤り。選択肢の条件で与えなければならない年次有給休暇は10日である。

Lesson 01 安全衛生管理体制等

学習のポイント　1級重要度 ★★★　2級重要度 ★★★

● **労働者の安全で快適な環境形成のため、安全衛生管理体制、職長と安全衛生教育、作業主任者の選任等について学びましょう。**

1 労働安全衛生法の目的

労働安全衛生法は､職場における労働者の安全と健康を確保するとともに、快適な職場環境を形成する目的で制定された。

2 安全衛生管理体制

労働災害を防ぎ、労働者が安全で快適な環境で作業するために安全衛生管理体制を構築し、権限や責任の所在、役割などを明確化するよう義務付けている。

事業場（店社）	混在作業現場
常時 100 人以上 総括安全衛生管理者	50 人以上（ずい道・圧気・一定の橋梁は 30 人以上） 統括安全衛生責任者（元方事業者） 元方安全衛生管理者（元方事業者） 安全衛生責任者（関係請負人）
常時 50 人以上 安全管理者 衛生管理者 産業医 安全・衛生委員会	20 人以上 50 人未満の S 造・SRC 造の建築物の建築、又は 20 人以上 30 人未満のずい道・圧気・一定の橋梁 店社安全衛生管理者（元方事業者）
常時 10 人以上 50 人未満 安全衛生推進者	上記以外の全ての混在作業現場 統括安全衛生管理を統括する者（元方事業者） 安全衛生担当者（関係請負人）

店社とは、作業所（作業現場）の指導、支援及び監理業務を行う本社、支店等の組織のことです。

①統括安全衛生責任者

1社が受注し、2社以上に下請けさせた場合で、関係請負人の労働者が混在で常時50人を超える場合、統括安全衛生責任者を選任する。統括安全衛生責任者は、協議組織の設置及び運営、作業間の連絡調整、作業場所の巡視、関係請負人が行う安全衛生教育の指導及び援助、仕事の工程及び機械・設備の配置計画作成と関係請負人への指導を行う。

②安全衛生責任者

統括安全衛生責任者が選任された工事現場（50人以上）で作業を行う、全ての下請け事業者で選任する。安全衛生責任者は、統括安全衛生責任者と連絡を取り、連絡事項の関係者への連絡及び実施の管理、当該請負人の作業実施計画作成時における統括安全衛生責任者との調整、混在作業によって生ずる労働災害に係る危険の有無の確認、下請負人の安全衛生責任者との作業間の連絡及び調整を行う。

③元方安全衛生管理者

統括安全衛生責任者を選任した元方事業者が選任する。統括安全衛生責任者の指揮の下、技術的事項の職務を担当する。

④安全衛生推進者等

常時10人以上50人未満の事業は、安全衛生確保のため安全衛生推進者を配置する。

⑤総括安全衛生管理者

100人以上の現場では、当該事業場の事業の実施を統括管理する者の中から、総括安全衛生管理者を選任する。安全管理者、衛生管理者又は技術的事項を管理する者の指揮とともに、以下の業務を統括管理しなければならない。

・労働者の危険又は健康障害を防止するための措置

・労働者の安全又は衛生のための教育の実施
・健康診断の実施その他健康の保持増進のための措置
・労働災害の原因の調査及び再発防止対策
・安全衛生に関する方針の表明

⑥店社安全衛生管理者

統括安全衛生責任者、元方安全衛生管理者、安全衛生責任者の選任を要さない（20人以上50人未満）請負契約締結事業場ごとに選任する。統括安全衛生管理を行う者（現場代理人等）に対する指導や、最低月1回の現場巡視、作業状況の把握を行い、現場の協議会等にも参加する。なお、店社安全衛生管理者の選任条件は、以下のとおりである。

・大学又は高等専門学校を卒業した後、3年以上工事現場で安全衛生の実務経験を有する者
・高等学校を卒業後5年以上工事現場で安全衛生の実務経験を有する者
・建設工事現場で8年以上安全衛生の実務経験を有する者

3 職長と安全衛生教育

職長は、作業者に対して安全かつ効率的に作業を進めるために指揮監督を行うのが主な役割である。現場・品質・人間関係など様々なものを管理する。職長になるために年齢制限や必要な資格はないが、安全又は衛生のための教育を受ける。

4 作業主任者の選任

事業者は労働災害防止上、管理が必要な作業では、資格を有する者のうちから作業主任者を選任し、労働者の指揮その他を行わせなければならない。

作業主任者の選任を必要とする作業については、よく出題されますので、次ページの表でしっかり確認しておきましょう。

作業主任者名	作業内容
高圧室内作業主任者	高圧室内作業
ガス溶接作業主任者	アセチレン溶接装置、ガス集合溶接装置での金属溶接、溶断の作業
コンクリート破砕器作業主任者	コンクリート破砕器を用いて行う破砕の作業
地山の掘削及び土止め支保工作業主任者	掘削面の高さが2m以上となる地山の掘削の作業及び土止め支保工の切ばり又は腹起こしの取付け、取外し作業
型枠支保工の組立て等作業主任者	型枠支保工の組立て又は解体の作業
足場の組立て等作業主任者	つり足場、張出し足場又は高さが5m以上の構造の足場の組立て解体又は変更作業
建築物等の鉄骨の組立て等作業主任者	建築物の骨組み・塔であって高さが5m以上の金属製の部材により構成されるものの組立て、解体、変更
コンクリート造の工作物の解体等作業主任者	コンクリート造の工作物（高さ5m以上に限る）の解体又は破壊の作業
酸素欠乏・硫化水素危険作業主任者	酸素欠乏及び硫化水素危険場所における作業 ※マンホール内の通信ケーブル敷設作業等
石綿作業主任者	工場、建築物の解体・改修工事などで石綿を取り扱う作業

作業主任者を選任すべき主な作業

5 工事開始前に労働基準監督署長に届け出る計画

事業者は、政令で定めるものに該当する場合、当該事業場に係る建設物若しくは機械等を設置、若しくは移転、又はこれらの主要構造部分を変更しようとするときは、その計画を工事の開始日の前の規定された日までに、労働基準監督署長に届け出なければならない。

届出期日	工事の種類
14日以内	・建築工事（高さが31mを超える建築物等） ・掘削工事、土石採取工事（掘削高さ又は深さが10m以上）
30日以内	・足場設置（高さ10m以上で設置期間60日以上） ※つり足場、張出足場を除く ・型枠支保工（支柱の高さ3.5m以上） ・架設道路（高さ、長さが共に10m以上で設置期間60日以上） ・ゴンドラ（全て） ・クレーン（吊上げ荷重3t以上） ・デリック（吊上げ荷重2t以上） ・エレベーター（吊上げ荷重1t以上） ・建設用リフト（昇降路等の高さ18m以上で積載荷重0.25t以上）
設置報告	・クレーン（吊上げ荷重3t未満） ・デリック（吊上げ荷重2t未満） ・エレベーター（吊上げ荷重1t未満） ・建設用リフト（昇降路等の高さ18m未満）

工事開始前に労働基準監督署長に届け出る計画

6 特別教育

事業者は、厚生労働省令で定める危険又は有害な業務に労働者を就かせるときは、その業務の安全又は衛生のための特別教育を行わなければならない。

特別教育の業務の例は、以下の表のとおりである。

業務
①制限荷重5t未満の揚貨装置の運転業務
②つり上げ荷重5t未満のクレーン又はつり上げ荷重5t以上の跨線テルハの運転業務
③つり上げ荷重5t未満のデリック運転業務
④つり上げ荷重1t未満の移動式クレーンの運転業務
⑤つり上げ荷重1t未満のクレーン、移動式クレーン又はデリックの玉掛け業務
⑥アーク溶接機を用いて行う金属の溶接、溶断等の業務

⑦最大荷重1t未満のフォークリフトの運転業務
⑧作業床の高さ10m未満の高所作業車の運転業務
⑨研削といしの取替え又は取替え時の試運転の業務
⑩高圧（特別高圧）の充電電路等の敷設、点検、修理若しくは操作の業務
⑪低圧の充電電路の敷設若しくは修理の業務
⑫建設用リフトの運転の業務
⑬酸素欠乏危険場所における作業に係る業務
⑭足場の組立て、解体又は変更の作業に係る業務

特別教育の業務の例

1 □ 統括安全衛生責任者は、労働災害未然防止のため現場の安全面を統括する。

安全管理者、衛生管理者、産業医は労働者が50人以上の事業者が選任する。

2 □ 100人以上の現場では、総括安全衛生管理者を選任し、安全管理者、衛生管理者又は技術的事項を管理する者の指揮等を行う。

他に、労働者の危険又は健康障害防止措置、安全又は衛生教育の実施、健康の保持増進等を行う。

3 □ 店社安全衛生管理者は、20人以上50人未満の事業場ごとにおく。

統括安全衛生管理を行う者（現場代理人等）への指導や、最低月1回の現場巡視、作業状況の把握を行い、現場の協議会等にも参加する。

実践問題

問題

特定元方事業者が選任した統括安全衛生責任者が統括管理すべき事項のうち、技術的事項を管理させる者として、「労働安全衛生法」上、**定められているもの**はどれか。

(1) 安全管理者
(2) 店社安全衛生管理者
(3) 総括安全衛生管理者
(4) 元方安全衛生管理者

答え (4)

特定元方事業者とは、元方事業者のうち、特定事業（建設業、造船業）を行う事業者をいう。

元方安全衛生管理者は、統括安全衛生責任者の行う職務のうち、技術的事項の職務を担当する。なお、統括安全衛生責任者の職務は「元方安全衛生管理者」を指揮して、技術的事項（協議組織の設置及び運営、作業間の連絡及び調整、作業場所の巡視等）について統括管理する。

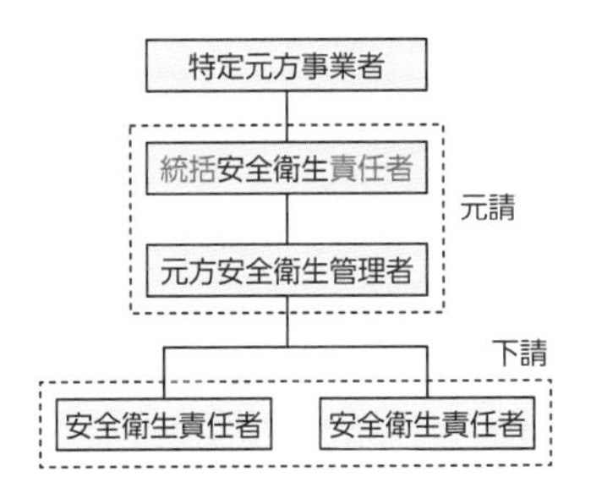

Lesson 02 危険防止するための措置等

学習のポイント　1級重要度 ★★★　2級重要度 ★★★

● **墜落防止措置、脚立・移動はしご・ローリングタワーと建設機械の使用方法、酸素欠乏防止と感電防止等について学びましょう。**

労働安全衛生法には、労働災害防止のために守らなければならない事項が規定され、具体的な事項については、政令や省令、告示等で示されている。労働災害防止のために守るべき主な事項について、以下に示す。

1 墜落防止措置

建設業は他業種と比べ多くの死亡災害が発生しているが、中でも墜落による死亡災害は、高い比率を占めている。

墜落による労働者の危険を防止する措置として、高さ2m以上の箇所で作業を行う場合には、作業床を設け、その作業床の端や開口部等には囲い、手すり、覆い等を設けて墜落自体を防止することが原則である。

・高さ2m以上の箇所（作業床の端、開口部等を除く。）での作業は、足場を組み立てる等の方法により幅が40cm以上の作業床を設ける。

・囲い等を設けることが困難、又は臨時に囲い等を取りはずすときは、防網を張り、要求性能墜落制止用器具を使用させる。

・高さ2m以上の箇所で要求性能墜落制止用器具等の使用時は、要求性能墜落制止用器具等を安全に取り付けるための設備等を設ける。

・踏み抜きの危険がある屋根の上は、幅30cm以上の歩み板を設け、防網を張る。

2 脚立、移動はしご、ローリングタワー

災害事例を見ると、脚立や移動はしごからの墜落・転落で骨折などの重篤な災害が多数発生し、死亡に至る災害も少なくないため、危険防止対策を講じる必要がある。

1 脚立

・丈夫な構造で、材料は著しい損傷、腐食等がないものにする。
・脚と水平面との角度を75度以下とし、かつ、折りたたみ式のものにあっては、脚と水平面との角度を確実に保つための金具等を備える。
・踏み面は、作業を安全に行うため必要な面積を有すること。

2 移動はしご

・丈夫な構造で、材料は著しい損傷、腐食等がなく、幅は30cm以上。
・すべり止め装置の取り付けその他転位を防止するために必要な措置を講ずる。

3 ローリングタワー

・枠組の最下端近くに、水平交さ筋かいを設ける。
・作業床の足場板は、布わく上にすき間が3cm以下に敷き並べて固定。
・作業床の周囲には、高さ90cm以上で中さん付きの丈夫な手すり及び高さ10cm以上の幅木を設ける。
・足場に積載荷重を表示し、その荷重以上積載しない。
・作業床上では、脚立、はしごなどは使用しない。
・枠組構造部の外側空間が昇降路の移動式足場は同一面より同時に2名以上の者が昇降しない。
・労働者などを乗せたまま移動しない。
・傾斜面での使用は、脚柱ジャッキによって枠組構造部を鉛直に立て、作業床の水平を保持。
・高さが1.5mを超える箇所での作業は安全に昇降する設備等を設ける。

3 建設機械

建設業の死亡災害は、建設機械等による災害が墜落に次いで多い。

1 高所作業車

・作業床上の労働者に要求性能墜落制止用器具等を使用する。
・作業時は、転倒・転落危険防止のため、アウトリガーを張り出す。
・作業開始前に、制動装置、操作装置、作業装置の機能について点検する。
・積載荷重その他の能力を超えて使用しない。
・乗車席及び作業床以外の箇所に労働者を乗せない。
・1ヶ月に1回の自主検査をする。自主検査は、制動装置、クラッチ及び操作装置の異常の有無、作業装置及び油圧装置及び安全装置の異常の有無などについて行う。

2 移動式クレーン

転倒等による危険防止のため、あらかじめ次の事項を定める。
・移動式クレーンによる作業と転倒を防止する方法。
・移動式クレーンによる作業に係る労働者の配置及び指揮の系統。

3 酸素欠乏

酸素欠乏とは、空気中の酸素濃度が、18%未満の状態である。
・酸素欠乏の恐れがないことを確認するまで、指名者以外の立ち入りを禁止し、表示する。
・地下設置のマンホール内での作業（ケーブル敷設等）は、酸素欠乏危険作業主任者を選任する。
・酸素欠乏危険場所の空気中の酸素濃度測定は、作業を開始する前に行う。

4 感電

・電気機械器具の充電部分で、労働者が作業中や通行の際接触し、又は接近することで感電の危険がある場合、感電防止の囲い又は絶縁覆いを設ける。

・電気機械器具の操作部分は、操作時の感電防止のため、必要な照度を保持する。
・移動電線に接続する手持型の電灯は、感電防止のため、ガード付きとする。
・電路や支持物の敷設、点検等を行う場合、開路した開閉器に、作業中は施錠か通電禁止表示をするか、又は監視人を置く。
・開路した電路において残留電荷による危険があれば、短絡接地器具を使うなど安全な方法で、開路した電路の残留電荷を確実に放電させる。
・開路した電路が高圧か特別高圧なら、検電器具で停電を確認し、かつ、誤通電、他の電路との混触又は他の電路からの誘導による感電防止のため、短絡接地器具で確実に短絡接地する。
・架空電線の充電電路に近接する作業においては、当該充電電路を移設する、感電防止のための囲いを設ける、当該充電電路に絶縁用防護具を装着する等の措置を講じる。

5 ガス溶接に使用するガス等の容器の取扱い

・通風や換気の不十分な場所には貯蔵せず、容器温度を40℃以下に保つ。
・火気を使用する場所付近には設置せず、運搬するときはキャップを施す。
・保管するときは立てて置く。
・使用前又は使用中の容器とこれら以外の容器との区別を明らかにする。

語呂合わせで覚えよう！ 酸素欠乏状態

18歳で　社会に出ると
(18%未満)　(作業主任者)
どうも息苦しいなあ
(酸素欠乏)

酸素欠乏とは、空気中の酸素濃度が18%未満の状態で、酸素欠乏場所における作業には、作業主任者を選任する。

重要ポイントを覚えよう！

1 □ **墜落防止措置は、高さ 2m 以上の箇所で作業を行う場合には、作業床を設け、その作業床の端や開口部等には囲い、手すり、覆い等を設けることが原則である。**

作業床の幅は、40cm 以上。囲い等が困難ときは、防網を張り、要求性能墜落制止用器具を使用する。

2 □ **高所作業車の作業時は、アウトリガーを張り出す。**

床上の労働者は要求性能墜落制止用器具等を使用し、乗車席及び作業床以外に労働者を乗せない。

実践問題

問題

移動式足場（ローリングタワー）の設置及び使用に関する記述として、最も**不適当なもの**はどれか。

(1) 作業床の高さが 2m であったので、安全な昇降設備を設けた。

(2) 作業床の周囲に設ける手すりの高さを 90cm とし、中さんを設けた。

(3) 作業床上では、脚立の使用を禁止した。

(4) 作業床上の作業員が墜落制止用器具を使用していることを確認して、足場を移動させた。

答え (4)

移動式足場に労働者を乗せて移動してはならない。

Lesson 01

道路法、車両制限令、河川法

一次

学習のポイント　　１級重要度 ★☆☆　２級重要度 ★☆☆

● **道路に電柱を建てるときは道路法に、工事使用車両の道路通行は車両制限令に、河川区域内の工事は河川法に従います。**

1　道路法

道路法は、道路網の整備を図るため、道路に関して、路線の指定及び認定、管理、構造、保全、費用の負担区分等に関する事項を定め、交通の発達に寄与し、公共の福祉を増進することを目的としている。

1　道路占用許可

道路に次に掲げる工作物、物件又は施設を設け、継続して道路を使用しようとする場合には、道路管理者の許可を受けなければならない。

①電柱、電線、変圧塔、郵便差出箱、公衆電話所、広告塔等
②水管、下水道管、ガス管その他これらに類する物件
③鉄道、軌道、自動運行補助施設その他これらに類する施設
④歩廊、雪よけその他これらに類する施設
⑤地下街、地下室、通路、浄化槽等
⑥露店、商品置場等
⑦その他、道路の構造又は交通に支障を及ぼすおそれのある工作物、物件又は施設

なお、道路管理者は、次ページの表のように道路の種類によって異なる。

道路の種類		道路管理者
高速道路		国土交通大臣
一般国道	指定区間	国土交通大臣
	指定区間外	都道府県又は政令指定市
都道府県道		都道府県又は政令指定市
市町村道		市町村

道路管理者

また、許可を受けようとする者は、次に掲げる事項を記載した申請書を道路管理者に提出しなければならない。

道路占用許可申請の記載事項

道路の占用の目的　道路の占用の期間
道路の占用の場所　工作物、物件又は施設の構造
工事実施の方法　工事の時期　道路の復旧方法

2　道路使用許可

・人や車の交通に支障が出ないようにするため規制する。
・道路を一時的に工事等で使用することを「道路の使用」と呼び、道路使用許可を所轄警察署長に申請する。

許可対象	道路占用許可	道路使用許可
電柱設置	要	要
インフラ工事	要	要
工事用外部足場	要	要
レッカー車による高所作業	不要	要

道路占用許可と道路使用許可

道路占用許可及び道路使用許可の両方の許可が必要なら、各申請書をいずれか一方（所轄警察署長又は道路管理者）に提出することもできます。

3 工事実施の方法に関する基準

- 占用物件の保持に支障を及ぼさないために必要な措置を講ずる。
- 道路を掘削する場合においては、溝掘、つぼ掘又は推進工法その他これに準ずる方法によるものとし、えぐり掘（底部分を広げるように掘る方法で、土砂崩れが発生しやすく埋戻し時に空隙ができやすい）の方法によらない。
- 路面の排水を妨げない措置を講ずる。
- 原則として、道路の一方の側は、常に通行できること。
- 工事現場においては、さく又は覆いの設置、夜間における赤色灯又は黄色灯の点灯その他道路の交通の危険防止のために必要な措置を講ずる。
- 電線、水管、下水道管、ガス管若しくは石油管が地下に設けられていると認められる場所又はその付近を掘削する工事は、次のいずれにも適合するものであること。
  1. 試掘その他の方法により当該電線等を確認した後に実施。
  2. 当該電線等の管理者との協議に基づき、当該電線等の移設又は防護、工事の見回り又は立会いその他の保安上必要な措置を講ずる。
  3. ガス管又は石油管の付近において、火気を使用しない。

4 通行の禁止又は制限

- 道路管理者は、次のような場合に、道路の構造を保全し、又は交通の危険を防止するため、区間を定めて道路の通行を禁止し、又は制限することができる。
  1. 道路の破損、欠壊その他の事由により交通が危険だと認められる場合。
  2. 道路に関する工事のためやむを得ないと認められる場合。

・車両でその幅、重量、高さ、長さ又は最小回転半径が政令で定める最高限度をこえるものは、道路を通行させてはならない。
・道路管理者は、トンネル、橋、高架の道路その他これらに類する構造の道路は、車両でその重量又は高さが構造計算その他の計算又は試験で安全であると認められる限度を超えるものの通行を禁止し、又は制限できる。
・道路管理者は、車両の構造又は車両に積載する貨物が特殊でやむを得ないと認めるときは、当該車両を通行させようとする者の申請に基づき、通行経路、通行時間等について、道路の構造を保全し、又は交通の危険を防止するため必要な条件を付して車両の通行を許可できる。

2 車両制限令

車両制限令は、道路の構造を保全し、交通の危険を防止するため、道路との関係において必要とされる車両についての制限を定めたものである。車両とは、自動車、原動機付自転車、軽車両及びトロリーバスのことである。

<table>
<tr><td colspan="2">幅</td><td>2.5m</td></tr>
<tr><td colspan="2">高さ</td><td>3.8m　※道路管理者が指定した道路は4.1m</td></tr>
<tr><td colspan="2">長さ</td><td>12m</td></tr>
<tr><td colspan="2">最小回転半径</td><td>12m（車両の最外側のわだち）</td></tr>
<tr><td rowspan="4">重量</td><td rowspan="2">総重量</td><td>25t以下（高速自動車国道又は道路管理者が指定した道路）</td></tr>
<tr><td>20t（その他の道路を通行する車両）</td></tr>
<tr><td>軸重</td><td>10t</td></tr>
<tr><td>輪荷重</td><td>5t</td></tr>
</table>

車両の幅、高さ、重量等の最高限度

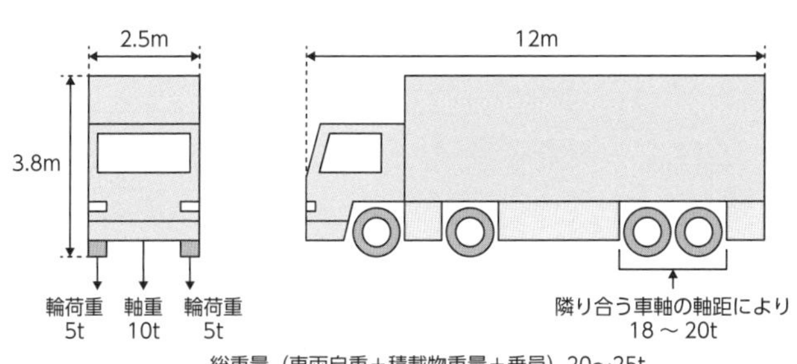

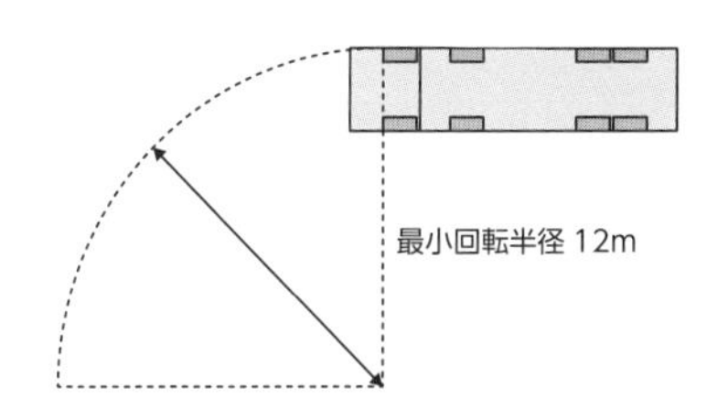

3 河川法

この法律は、河川について、洪水、津波、高潮等による災害の発生が防止され、河川が適正に利用され、流水の正常な機能が維持され、及び河川環境の整備と保全がされるようにこれを総合的に管理することにより、国土の保全と開発に寄与し、公共の安全を保持し、公共の福祉を増進することを目的としている。

1 河川の区分と管理者

河川とは、一級河川及び二級河川をいい、これらの河川に係る河川管理施設を含むものとする。また、河川法適用外で、市町村長が条例に基づき管理する普通河川がある。

なお、管理者は、次ページの表のように河川の区分によって異なる。

区分		管理者
河川法	一級河川	国土交通大臣
		都道府県知事又は政令指定都市の長 ※国土交通大臣指定区間のとき
	二級河川	都道府県知事
		政令指定都市の長 ※都道府県知事指定区間のとき
河川法外 (市町村条例)	準用河川	市町村長
	普通河川	市町村長

2 河川管理者の許可が必要な事項

・河川区域内の土地を占用する場合（水面・上空・地下部分含む）
・河川区域内で工作物の新築・改築・除却する場合（仮設工作物にも適用）
・河川区域内で土地の掘削、盛土等の形状変更する場合（軽易な行為は、河川管理者の許可は不要）

3 河川区域

・1号地：河川の流水が継続して存する土地及び河状を呈する土地
・2号地：堤防、護岸などの河川管理施設の敷地
・3号地：堤防から見て水の流れている側の土地で1号地と一体的に管理する必要があるものとして河川管理者が指定した区域
・河川保全区域：堤防などの河川管理施設から50m以内の区域で河川管理者が指定

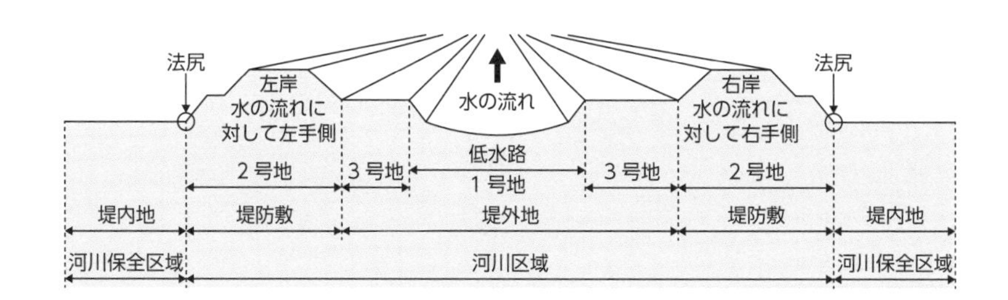

重要ポイントを覚えよう！

1 □ **道路の占用許可は、道路継続使用で道路管理者に提出。道路使用許可は、道路一時使用で所轄警察署長に申請。**

道路管理者とは、高速道路・直轄国道は国土交通大臣で、補助国道は都道府県（政令指定市）である。

2 □ **車両制限は、自動車・原動機付自転車・軽車両及びトロリーバスにおいて幅 2.5 m、高さ 3.8 m、最小回転半径 12 mである。**

総重量は、指定道路 25 t 以下、その他 20 t（総重量＝車両自重＋積載物重量＋乗員）。

実践問題

問題

道路占用許可申請書の記載事項として、「道路法」上、**定められていないもの**はどれか。

(1) 工事の時期
(2) 道路の占用の場所
(3) 交通規制の方法
(4) 道路の復旧方法

答え (3)

道路占用許可申請書の記載事項は、①占用の目的、②占用の期間、③占用の場所、④工作物、物件又は施設の構造、⑤工事実施の方法、⑥工事の時期、⑦道路の復旧方法である。交通規制の方法は定められていない。

電気通信事業法

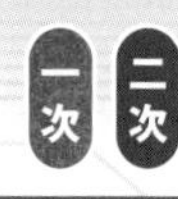

学習のポイント　1級重要度 ★★☆　2級重要度 ★☆☆

- **電気通信事業者のサービスは、情報社会の重要な基盤です。基盤維持のための事業用電気通信設備規則、秘密の保護、主な資格等を学びましょう。**

1　電気通信事業法

電気通信事業法は、電気通信事業が持つ公共性から、その運営を適正で合理的なものとし、公正な競争の促進、電気通信役務の円滑な提供の確保、利用者利益の保護をして、電気通信の健全な発達と国民の利便の確保を図り、公共の福祉を増進することを目的としている。

1　用語の定義

用語	定義
電気通信	有線、無線その他の電磁的方式により、符号、音響又は影像を送り、伝え、又は受けること。
電気通信設備	電気通信を行う機械、器具、線路その他の電気的設備。
電気通信役務	電気通信設備を用いて他人の通信を媒介し、その他電気通信設備を他人の通信の用に供すること。
電気通信事業	電気通信役務を他人の需要に応ずるために提供する事業。電気通信事業を営もうとする者は、総務大臣の登録を受ける。
電気通信事業者	電気通信事業を営むことについて、登録を受けた者及び規定による届出をした者。
電気通信業務	電気通信事業者の行う電気通信役務提供の業務。
電気通信回線設備	送信の場所と受信の場所との間を接続する伝送路設備及びこれと一体として設置される交換設備並びにこれらの附属設備。
データ伝送役務	符号又は影像を伝送交換する電気通信設備を他人の通信の用に供する電気通信役務。

2 事業用電気通信設備規則

1 予備機器等

・通信路の設定に直接係る交換設備の機器は、その機能を代替することができる予備の機器の設置若しくは配備の措置又はこれに準ずる措置が講じられ、かつ、その損壊又は故障の発生時に当該予備の機器に速やかに切り替えられるようにする。

・交換設備相互間を接続する伝送路設備は、複数の経路を設置する。

2 故障検出

・事業用電気通信設備は、電源停止、共通制御機器の動作停止その他電気通信役務の提供に直接係る機能に重大な支障を及ぼす故障等の発生時には、これを直ちに検出し、当該事業用電気通信設備を維持し、又は運用する者に通知する機能を備える。

3 耐震対策

・事業用電気通信設備の据付けは、通常想定される規模の地震による転倒又は移動を防止するため、床への緊結その他の耐震措置を講じる。

・通常想定される規模の地震による構成部品の接触不良及び脱落防止のため、構成部品の固定その他の耐震措置を講じる。

4 停電対策

・電源設備の機器は、予備の機器の設置若しくは配備の措置又はこれに準ずる措置が講じられ、故障等の発生時に当該予備の機器に速やかに切り替えられるようにする。

・自家用発電機及び蓄電池を設置する。

5 防火対策

・事業用電気通信設備を収容し、又は設置する通信機械室は、自動火災報知設備及び消火設備を適切に設置する。

3　秘密の保護

・電気通信事業者の取扱中に係る通信の秘密は、侵してはならない。
・電気通信事業に従事する者は、在職中、退職後も電気通信事業者の取扱中に通信に関して知り得た他人の秘密を守らなければならない。

4　電気通信の主な資格

1　電気通信主任技術者

電気通信事業者は、事業用電気通信設備の工事、維持及び運用に関し総務省令で定める事項を監督させるため、電気通信主任技術者資格者証の交付を受けている者から、電気通信主任技術者を選任する。

電気通信主任技術者は、3年に一度、総務大臣が登録した機関が実施する講習を受講する。資格区分は、伝送交換と線路である。

資格区分	監督範囲
伝送交換	事業用電気通信設備のうち、伝送交換設備及びこれらに附属する設備の工事、維持及び運用
線路	事業用電気通信設備のうち、線路設備及びこれらに附属する設備の工事、維持及び運用

2　工事担任者

端末設備又は自営電気通信設備を接続するときは、工事担任者資格者証の種類に応じ、工事を行わせまたは監督させる。工事担任者は、ネットワーク機器のセットアップ、設定、接続、配線工事、通信障害時の切り分け・通信回線試験・復旧工事等、電気通信事業者の通信設備（保安器、ONU 等）に通信線を接続する工事または監督を行う。

資格の種類として、総合通信、第1級アナログ通信、第2級アナログ通信、第1級デジタル通信、第2級デジタル通信がある。

資格の種類	工事範囲
第１級 アナログ通信	アナログ伝送路設備（アナログ信号を入出力とする電気通信回線設備をいう。以下同じ。）に端末設備等を接続するための工事及び総合デジタル通信用設備に端末設備等を接続するための工事。
第２級 アナログ通信	アナログ伝送路設備に端末設備を接続するための工事（端末設備に収容される電気通信回線の数が一のものに限る。）及び総合デジタル通信用設備に端末設備を接続するための工事（総合デジタル通信回線の数が基本インターフェースで一のものに限る。）。
第１級 デジタル通信	デジタル伝送路設備（デジタル信号を入出力とする電気通信回線設備をいう。以下同じ。）に端末設備等を接続するための工事。ただし、総合デジタル通信用設備に端末設備等を接続するための工事を除く。
第２級 デジタル通信	デジタル伝送路設備に端末設備等を接続するための工事（接続点におけるデジタル信号の入出力速度が毎秒１ギガビット以下であって、主としてインターネットに接続するための回線に係るものに限る。）。ただし、総合デジタル通信用設備に端末設備等を接続するための工事を除く。
総合通信	アナログ伝送路設備又はデジタル伝送路設備に端末設備等を接続するための工事。

工事担任者の資格の種類

重要ポイントを覚えよう！

1 □ 電気通信事業を営もうとする者は、総務大臣の登録を受けなければならない。

電気通信事業を営むことについて、登録を受けた者及び規定による届出をした者を、電気通信事業者という。

2 □ 電気通信とは、有線、無線その他の電磁的方式により、符号、音響又は影像を送り、伝え、又は受けること。

電気通信設備は、電気通信を行うための機械、器具、線路その他の電気的設備。

3 □ **設備機器や伝送路の損壊又は故障発生時に、予備の機器や電気通信回線に速やかに切り替え、故障を検出し運用者に通知する。**

交換設備→予備の機器。伝送路設備→予備の電気通信回線。伝送路設備に設けられた機器→予備の機器。交換設備相互間を接続する伝送路設備→正常経路に切り替える。

4 □ **電気通信事業者の取扱中に係る通信の秘密は、侵してはならない。**

電気通信事業に従事する者は、在職中、退職後も電気通信事業者の取扱中に係る通信に関して知り得た他人の秘密を守らなければならない。

実践問題

問題

「電気通信事業法」で規定されている用語に関する記述として、**誤っているもの**はどれか。

(1) 電気通信事業とは、電気通信役務を他人の需要に応ずるために提供する事業をいう。
(2) 電気通信設備とは、電気通信を行うための機械、器具、線路その他の電気的設備をいう。
(3) 電気通信とは、有線、無線その他の電磁的方式により、符号、音響又は影像を送り、伝え、又は受けることをいう。
(4) 電気通信業務とは、電気通信事業者の行う電気通信設備の維持及び運用の提供の業務をいう。

答え (4)

電気通信業務とは、電気通信事業者の行う電気通信役務の提供の業務をいう。

有線電気通信法

学習のポイント　1級重要度 ★☆☆　2級重要度 ★☆☆

- 1837年に電信機で始まった有線電気通信について、有線電気通信法と有線電気通信設備令を学びましょう。

1 有線電気通信法

有線電気通信設備の設置及び使用を規律し、有線電気通信に関する秩序を確立することによって、公共の福祉の増進に寄与することを目的とする。

1　用語の定義

用語	定義
有線電気通信	送信の場所と受信の場所との間の線条その他の導体を利用して、電磁的方式により、符号、音響又は影像を送り、伝え、又は受けること。
有線電気通信設備	有線電気通信を行うための機械、器具、線路その他の電気的設備。

2 有線電気通信設備令

1　用語の定義

用語	定義
電線	有線電気通信を行うための導体で、強電流電線に重畳される通信回線に係るもの以外のもの。
絶縁電線	絶縁物のみで被覆されている電線。

ケーブル	光ファイバ並びに光ファイバ以外の絶縁物及び保護物で被覆されている電線。
強電流電線	強電流電気の伝送を行うための導体。
線路	送信の場所と受信の場所との間に設置される電線、中継器その他の機器。
支持物	電柱、支線、つり線その他電線又は強電流電線を支持する工作物。
離隔距離	線路と他の物体とが気象条件による位置の変化により最も接近した場合の距離。
音声周波	周波数が200Hzを超え、3,500Hz以下の電磁波。
高周波	周波数が3,500Hzを超える電磁波。
通信回線の電力	絶対レベルで表した値で音声周波は、+10dB以下、高周波は、+20dB以下。

2 使用電線

絶縁電線又はケーブルでなければならない。

3 線路電圧

線路の電圧は、100V以下でなければならない。ただし、電線としてケーブルのみを使用するとき、又は人体に危害を及ぼし、若しくは物件に損傷を与えないときは、この限りでない。

4 昇降に使用する足場金具

架空電線の支持物には、取扱者が昇降に使用する足場金具等を地表上1.8m未満の高さに取り付けてはならない。

5 架空電線の高さ

架空電線が道路上にあるとき、鉄道又は軌道を横断するとき、及び河川を横断するときの架線電線の高さは、次の表のとおりである。

設置場所	高さ
道路上	5m*以上
横断歩道橋上	3m以上
鉄道又は軌道横断	6m以上
河川横断	舟行に支障を及ぼすおそれがない高さ

＊交通に支障を及ぼすおそれが少ない場合で工事上やむを得ないときは、歩道と車道との区別がある道路の歩道上においては2.5m、その他の道路においては、4.5m以上。

6 架空電線と他との離隔距離

・他人の設置した架空電線との離隔距離は30cm以下となるように設置してはならない。

・他人の建造物との離隔距離は30cm以下となるように設置してはならない。

・架空強電流電線と交差するとき、又は架空強電流電線との水平距離がその架空電線若しくは架空強電流電線の支持物のうちいずれか高いものの高さに相当する距離以下のときは、総務省令で定めるところによらなければ、設置してはならない。

7 屋内電線（光ファイバを除く）

・大地との間及び屋内電線相互間の絶縁抵抗は、直流100Vの電圧で測定した値で、1MΩ以上でなければならない。

・屋内強電流電線との離隔距離が30cm以下なら、総務省令で定めるところによらなければ、設置してはならない。

8 通信回線（光ファイバを除く）の平衡度

・平衡度とは、通信回線の中性点と大地との間に起電力を加えた場合に、これらの間に生じる電圧と通信回線の端子間に生じる電圧との比をデシベル値で表したもの。

・1,000Hzの交流において34dB以上必要である。

重要ポイントを覚えよう！

1 □ 有線電気通信とは、送受信間の線条等を利用し、電磁的方式で、符号・音響・影像を送り、受けることをいう。

有線電気通信を行うための機械、器具、線路その他の電気的設備を有線電気通信設備という。

2 □ 音声周波とは、周波数が 200Hz を超え、3,500Hz 以下の電磁波。高周波とは、周波数が 3,500Hz を超える電磁波である。

通信回線の電力は、絶対レベルで表した値で、その周波数が音声周波は +10dB 以下、高周波は、+20dB 以下。

3 □ 架空電線の支持物には、取扱者が昇降に使用する足場金具等を地表上 1.8m 未満の高さに取り付けてはならない。

なお、支持物とは、電柱、支線、つり線その他電線又は強電流電線を支持するための工作物のことである。

4 □ 架空電線の高さは、横断歩道橋の上にあるときを除き道路上にあるときは、原則として路面から 5m 以上でなければならない。

横断歩道橋の上にあるときは、その路面から 3m 以上でなければならない。

5 □ 屋内電線（光ファイバを除く）において、大地との間及び屋内電線相互間の絶縁抵抗は、直流 100V の電圧で測定した値で、1MΩ 以上必要である。

通信回線（光ファイバを除く）の平衡度は、1,000Hz の交流において 34dB 以上必要である。

実践問題

問題

「有線電気通信設備令」に関する記述として、**誤っているもの**はどれか。

(1) 屋内電線（光ファイバを除く。）と大地との間及び屋内電線相互間の絶縁抵抗は、直流100Vの電圧で測定した値で、1MΩ以上でなければならない。
(2) 通信回線（導体が光ファイバであるものを除く。）の電力は、絶対レベルで表した値で、その周波数が音声周波であるときは、プラス20dB以下、高周波であるときは、プラス10dB以下でなければならない。
(3) 通信回線（導体が光ファイバであるものを除く。）の平衡度は、1,000Hzの交流において34dB以上でなければならない。
(4) 通信回線（導体が光ファイバであるものを除く。）の線路の電圧は、100V以下でなければならない。

答え (2)

音声周波であるときはプラス10dB以下、高周波であるときは、プラス20dB以下でなければならない。

音声周波は、周波数が200Hzを超え、3,500Hz以下の電磁波のことで、高周波は、周波数が3,500Hzを超える電磁波のことです。

Lesson 01 電波法

学習のポイント 1級重要度 ★☆☆ 2級重要度 ★☆☆

- スマートフォンをはじめ電波は人々の生活の重要なインフラになっています。電波法や無線設備規則を学びましょう。

1 電波法

電波法は、電波の公平かつ能率的な利用を確保することによって、公共の福祉を増進することを目的としている。

1 用語の定義

用語	定義
電波	300万MHz以下の周波数の電磁波。
無線電信	電波を利用し、符号を送り、又は受けるための通信設備。
無線電話	電波を利用し、音声その他の音響を送り、又は受けるための通信設備。
無線設備	無線電信、無線電話その他電波を送り、又は受けるための電気的設備。
無線局	無線設備及び無線設備の操作を行う者の総体。ただし、受信のみを目的とするものを含まない。
無線従事者	無線設備の操作又はその監督を行う者であって、総務大臣の免許を受けたもの。

2 無線局

1 無線局の開設、変更工事等

無線局の開設には総務大臣の許可が必要である。総務大臣に免許申請をする際、申請書に、電波の型式並びに希望する周波数の範囲及び空中線電力等を記載した書類を提出しなければならない。免許申請を審査し、電波法及び関連の諸規定に適合している場合、申請者に対し工事落成（終了）の期日を指定して予備免許が与えられる。申請者は工事を行い工事落成後、その旨を総務大臣に届け出て、その無線設備、無線従事者の資格及び員数並びに時計及び書類について検査（落成後の検査）を受け、問題がなければ免許状が交付される（図 1）。

予備免許を受けた者が工事設計を変更しようとするときは、あらかじめ総務大臣の許可を受ける。

また、免許人が電気通信設備を変更し、又は無線設備の変更の工事をしようとするときは、あらかじめ総務大臣の許可を受けなければならない（図 2）。ただし、次の事項を内容とする無線局の目的の変更は行うことができない。

1　基幹放送局以外の無線局が基幹放送をすることとすること。
2　基幹放送局が基幹放送をしないこととすること。

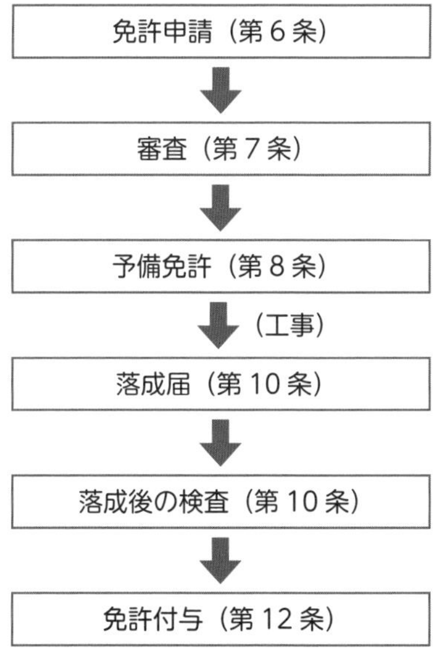

図 1
無線局を開設する場合の手続き

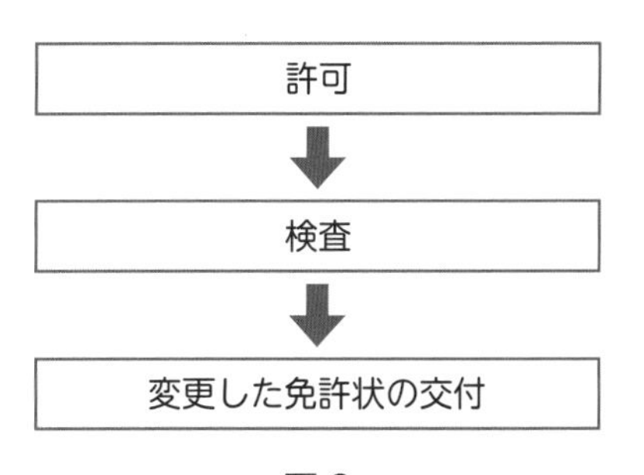

図 2
変更等をする場合の手続き

2　無線設備の型式検定に合格したとき告示される事項

無線設備の型式検定に合格したとき告示される事項

・型式検定合格の判定を受けた者の氏名又は名称
・機器の名称　・機器の型式名　・検定番号
・型式検定合格の年月日　・その他必要な事項

3　無線通信の原則

・必要のない無線通信は行ってはならない。
・無線通信に使用する用語はできる限り簡潔でなければならない。
・無線通信を行うときは、自局の識別信号を付して、その出所を明らかにしなければならない。
・無線通信は、正確に行うものとし、通信上の誤りを知ったときは、直ちに訂正しなければならない。

4　目的外使用の禁止の例外

無線通信は、目的以外使用が禁止されているが、以下の場合は例外とする。

①遭難通信

船舶又は航空機が重大かつ急迫の危険に陥った場合に、遭難信号を前置する等により行う無線通信。

②緊急通信

船舶又は航空機が重大かつ急迫の危険に陥る等のおそれがある場合、緊急信号を前置する等により行う無線通信。

③安全通信

船舶又は航空機の航行に対する重大な危険を予防するために安全信号を前置する等により行う無線通信。

④非常通信

地震、台風、洪水、津波、雪害、火災、暴動その他非常の事態等により、有線通信を利用することができないようなときに、人命の救助、災害の救援、交通通信の確保又は秩序の維持のために行われる無線通信。

⑤放送の受信

⑥その他総務省令で定める通信

5　無線局の免許の欠格事由

外国性のある者には免許を与えないという外国性の排除と、反社会的な人格の者には免許を与えないとする反社会性の排除とがある。

電波法に規定する罪を犯し罰金以上の刑に処せられ、その執行を終わり、又はその執行を受けることがなくなった日から２年を経過しない者には、無線局の免許を与えないことができる。

3　無線設備規則

1　周波数安定のための条件

・周波数をその許容偏差内に維持するため、送信装置は、電源電圧又は負荷の変化で発振周波数に影響を与えないものにする。

・発振回路の方式は、外囲の温度若しくは湿度の変化により影響を受けないものとする。

・移動局の送信装置は、実際上起こり得る振動又は衝撃によっても周波数をその許容偏差内に維持する。

・水晶発振回路の水晶発振子は、周波数をその許容偏差内に維持する。

・発振周波数が当該送信装置の水晶発振回路により又はこれと同一の条件の回路によりあらかじめ試験を行って決定されているものであること。

・恒温槽を有する場合は、恒温槽は水晶発振子の温度係数に応じてその温度変化の許容値を正確に維持するものとする。

2　通信方式の条件

・無線電話（アマチュア局のものを除く。）でその通信方式が単信方式のものは、送信と受信との切換装置が一挙動切換式又はこれと同等以上の性能を有するものとする。

・電気通信業務を行うことを目的とする無線電話局の無線設備で、その通信方式が複信方式のものは、ボーダス式又はこれと同等以上の性能のものでなければならない（近距離通信で簡易なものは除く）。

4 電波型式

電波型式は、アルファベット・数字・アルファベットの3文字で構成される。

（例）FM電話➡F3E（第1文字は周波数変調でF、第2文字はアナログ信号の単一チャンネルで3、第3文字は電話でE）

第1文字		
主搬送波の変調の型式		
無変調		N
振幅変調	両側波帯	A
振幅変調	単側波帯・全搬送波	H
振幅変調	単側波帯・低減搬送波	R
振幅変調	単側波帯・抑圧搬送波	J
振幅変調	独立側波帯	B
振幅変調	残留側波帯	C
角度変調	周波数変調	F
角度変調	位相変調	G
振幅変調及び角度変調を同時に又は一定の順序で変調		D

第2文字	
主搬送波を変調する信号の特性	
変調信号無し	0
副搬送波を使用しないデジタル信号の単一チャネル	1
副搬送波を使用するデジタル信号の単一チャネル	2
アナログ信号の単一チャネル	3
デジタル信号の2以上のチャネル	7
アナログ信号の2以上のチャネル	8
1以上のアナログ信号のチャネルと1以上のデジタル信号のチャネルの複合方式	9

第3文字	
伝送情報の型式	
無情報	N
電信（聴覚受信）	A
電信（自動受信）	B
ファクシミリ	C
データ伝送・遠隔測定・遠隔指令	D
電話（音響）	E
テレビジョン（映像）	F
NからFまでの組合せ	W

電波型式

重要ポイントを覚えよう！

1 ☐ 電波を利用する通信設備で符号を送り、又は受けるのが無線電信で、音声その他の音響を送り、又は受けるのが無線電話。

電波は、300万MHz以下の周波数の電磁波である。無線設備とは、無線電信、無線電話その他電波を送り、又は受けるための電気的設備。

2 ☐ 無線局開設で免許申請者が諸規定に適合していれば、工事落成（終了）の期日まで予備免許が与えられる。

申請者は工事を行い工事落成後、落成後の検査を受け問題がなければ免許状が交付される。

3 ☐ 電波法に規定する罪を犯し罰金以上の刑に処せられ、その執行を終わり、又はその執行を受けることがなくなった日から２年を経過しない者には、無線局の免許を与えないことができる。

規定により認定の取消しを受け、その取消しの日から２年を経過しない者にも、免許を与えないことができる。

4 ☐ 主搬送波の変調の型式の記号がＡの場合、振幅変調であって両側波帯のものを表している。

主搬送波の変調の型式の記号がＨの場合、振幅変調であって単側波帯・全搬送波のものを表している。

5 ☐ 伝送情報の型式の記号がＥの場合、電話を表している。

伝送情報の型式の記号がＮの場合、無情報を表している。

電波法に関する問題は、条文の穴埋めをさせる問題も出題されていますので、よく確認しておきましょう。

実践問題

無線設備の変更工事を行う場合の手続きに関する記述として、「電波法」上、**正しいもの**はどれか。

(1) 無線局の予備免許を受けた者は、工事設計を変更しようとするときは、あらかじめ総務大臣の許可を受けなければならない。

(2) 無線局の予備免許を受けた者は、工事が落成したときは、延滞なくその旨を総務大臣に届け出て、その無線局について確認を受けなければならない。

(3) 無線設備の設置場所の変更又は無線設備の変更の工事の許可を受けた免許人は、総務大臣の検査を受ければ、当該変更又は工事の結果が許可の内容に適合していなくても、許可に係る無線設備を運用することができる。

(4) 免許人は、無線局の目的、通信の相手方、通信事項、放送事項、放送区域、無線設備の設置場所若しくは基幹放送の業務に用いられる電気通信設備を変更し、又は無線設備の変更の工事を行った場合は、遅滞なく総務大臣の許可を受けなければならない。

答え (1)

(1) 正しい。(2) 誤り。無線局について確認を受けるのではなく、無線設備、無線従事者の資格及び員数並びに時計及び書類についての検査を受けなければならない。(3) 誤り。総務大臣の検査を受けて、当該変更又は工事の結果が許可の内容に適合していると認められた後でなければ無線設備を運用することができない。(4) 誤り。遅滞なく総務大臣の許可を受けるのではなく、あらかじめ受けなければならない。

その他関連法規

学習のポイント　１級重要度 ★★☆　２級重要度 ★★☆

● 電気通信工事に関わる、電気工事士法、建築基準法、消防法等その他関連法規の概要を学びましょう。

1　電気工事士法

電気工事の作業に従事する者の資格（電気工事士）及び義務を定め、電気工事の欠陥による災害の発生の防止に寄与することを目的としている。

1　電気工事士等の資格と作業範囲

電気工事士の資格	自家用電気工作物			一般電気工作物
	500kW 未満			
	右記以外	簡易電気工事（600V 以下）	特殊電気工事	
第一種電気工事士	○	○	×	○
第二種電気工事士	×	×	×	○
特殊電気工事資格者	×	×	○※	×
認定電気工事従事者	×	○	×	×

※ネオン工事資格者、非常用予備発電装置工事資格者に分けられる。

①第一種電気工事士

最大電力 500kW 未満の需要設備等の自家用電気工作物と一般用電気工作物等の電気工事。

②**第二種電気工事士**

一般用電気工作物等の電気工事。

③**認定電気工事従事者**

最大電力500kW未満の需要設備のうち600V以下で使用する電気工作物。

④**特種電気工事資格者**

最大電力500kW未満の需要設備等の自家用電気工作物のうち、ネオン工事と非常用予備発電装置工事。これらの設備と他の需要設備との間の電線との接続部分に係る電気工事の作業はできない。

2　電気工事士等の免状の交付元と返納

①**電気工事士免状**

都道府県知事が交付し、電気工事士法又は電気用品安全法の規定に違反した場合、免状の返納を命ずる。

②**特種電気工事資格者認定証及び認定電気工事従事者認定証**

経済産業大臣が交付し、電気工事士法又は電気用品安全法の規定に違反した場合、認定証の返納を命ずる。

電気工事士等の資格		交付元
第一種電気工事士		都道府県知事
第二種電気工事士		
認定電気工事従事者		経済産業大臣
特種電気工事資格者	ネオン工事資格者	
	非常用予備発電装置工事資格者	

電気工事士等の免状の交付元

2　建築基準法

建築物の敷地、構造、設備及び用途に関する最低の基準を定めて、国民の生命、健康及び財産の保護を図り、公共の福祉の増進に資することを目的としている。

1 用語の定義

用語	定義
建築物	土地に定着する工作物で、屋根及び柱若しくは壁を有するもの。これに附属する門、塀等その他これらに類する施設で建築設備を含む。
特殊建築物	学校、病院、劇場、集会場、展示場、百貨店、市場、公衆浴場、旅館、共同住宅、工場、危険物の貯蔵場、と畜場、火葬場、汚物処理場その他これらに類する用途に供する建築物。※不特定な人々が多数利用する建築物。また、建築物の周囲の環境に影響を与える建築物。
建築設備	建築物に設ける電気、ガス、給水、排水、換気、暖房、冷房、消火、排煙若しくは汚物処理の設備又は煙突、昇降機（エレベーター）若しくは避雷針。
居室	居住、執務、作業、集会、娯楽その他これらに類する目的のために継続的に使用する室。
主要構造部	壁、柱、床、はり、屋根又は階段。建築物の荷重を支え、外力に対抗するような建築物の基本的な部分。

2 建築物の建築等に関する申請及び確認

一定の範囲を超える規模で建築物の建築（大規模修繕、大規模な模様替えも含む）をする場合や、一定の区域内において建築物を建築しようとする場合には、建築主事等又は指定確認検査機関に、確認申請書と設計図書などの添付書類を提出し、確認済証の交付を受ける必要がある。

3 消防法

消防用設備等とは、消防法及び関係政令で規定する「消防の用に供する設備、消防用水及び消火活動上必要な施設」の総称である。消防の用に供する設備と消火活動上必要な施設は次ページの表の通りである。

消防の用に供する設備と消火活動上必要な施設			概要
消防の用に供する設備	消火設備	屋内消火栓設備	消火器では消火不可能な段階の消火を目的とし屋内設置。人の操作で消火栓箱内の消火ホースを延長し大量の水を放射し消火。
		スプリンクラー設備	初期消火が目的で、高層建築物・地下街・病院など火災発生で多数の人命が危険にさらされる場所に設置。火災の発生熱などを自動的に感知し、天井面などのスプリンクラーヘッドから散水し、自動的に消火。
		不活性ガス消火設備	消火剤の汚損が少なく、早期の復旧が目的で電気室や美術館、精密機械、電気通信機室等に設置。固定されたヘッドから不活性ガスを放出する方式と、ホースノズルを人が操作する移動式があり、不活性ガスの窒息作用で消火する。固定式では全域放出方式と局所放出方式がある。消火剤がガスで消火後の汚染が少なく、電気絶縁性にも優れているが、消火剤放出による安全対策が必要。
		泡消火設備	油火災の消火が目的で、駐車場など水による消火では火災拡大のおそれがある場所に設置。泡が燃焼している面を覆い、泡による窒息効果と泡を構成している水による冷却効果によって消火。
		粉末消火設備	延焼スピードの速い油火災や、高圧電気設備の火災の消火が目的で、駐車場・変圧器室・ボイラー室などに設置。固定式では全域放出方式と局所放出方式がある。噴射ヘッドやノズルから粉末消火剤を放出し、粉末消火剤の熱分解時の熱吸収の冷却効果と、炭酸ガスと水蒸気の発生による窒息効果で燃焼反応を抑制。
	警報設備	自動火災報知設備	火災で発生する熱・煙または炎を、火災発生の初期段階で感知器が感知し、火災の発生区域を受信機に表示するとともに、警報を発して、建築物内の人々に知らせる。
		漏電火災警報器	木造建築に多く見られるラス（鉄網）・モルタル塗りで、電気の漏電電流による過熱出火の未然防止のため、漏電電流を感知して、警報を発する。
	避難設備	避難はしご	避難するために使用するはしご。
		誘導灯	火災や災害時に、建物内の人々を安全に建物の外に誘導するための照明器具。
消火活動上必要な施設	排煙設備		建築物内火災での迅速・円滑な消火活動を目的とし煙を排除。自然排煙設備は、煙が上昇する原理を利用して窓などから排煙。機械排煙設備は、天井に吸気口を設けてダクトを通して外部に煙を放出。
	非常コンセント設備		消防隊が消火活動をする際に用いる機器に電源を供給。消火活動の拠点となりうる場所に設置。
	無線通信補助設備		消防活動上、特に電波が届きにくい地下街で無線連絡に支障がないように設置。

主な消防の用に供する設備と消火活動上必要な施設

4 廃棄物の処理及び清掃に関する法律（廃棄物処理法）

廃棄物の排出を抑制し、及び廃棄物の適正な分別、保管、収集、運搬、再生、処分等の処理をし、並びに生活環境を清潔にすることにより、生活環境の保全及び公衆衛生の向上を図ることを目的としている。

廃棄物の種類は下図の通りである。

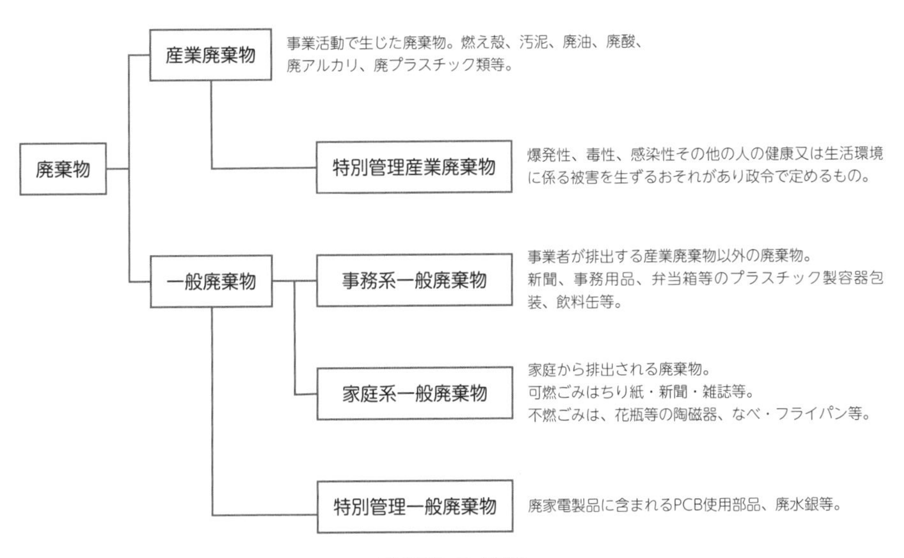

廃棄物の分類

5 建設工事に係る資材の再資源化等に関する法律（建設リサイクル法）

建設工事で生じる建設資材の中の特定の資材を再資源化することに重点が置かれている。特定建設資材とは、①コンクリート②コンクリート及び鉄からなる建設資材③木材④アスファルト・コンクリートのことである。特定建設資材を用いた建築物等に係る解体工事又は新築工事等で一定規模以上の建設工事について、その受注者等に対し、分別解体等及び再資源化等を行うことを義務付けている。

6 電気用品安全法

電気用品の製造、販売等を規制するとともに、電気用品の安全性の確保につき民間事業者の自主的な活動を促進することにより、電気用品による危険及び障害の発生を防止することを目的としている。

1 電気用品

一般用電気工作物の部分となり、又はこれに接続して用いられる機械、器具又は材料や携帯発電機、蓄電池等。政令で定めるPSEマークを付けて販売される。

2 特定電気用品

特定電気用品とは、長時間無監視で使用、社会的弱者が使用、直接人体に触れて使用するなど、構造又は使用方法その他の使用状況からみて特に危険又は障害の発生するおそれが多い電気用品のことである。

特定電気用品を製造・輸入する事業者は、経済産業大臣の認定を受けた登録検査機関による適合性検査を受ける必要がある。適合製品には証明書が交付され、PSEマークを付けて販売される。

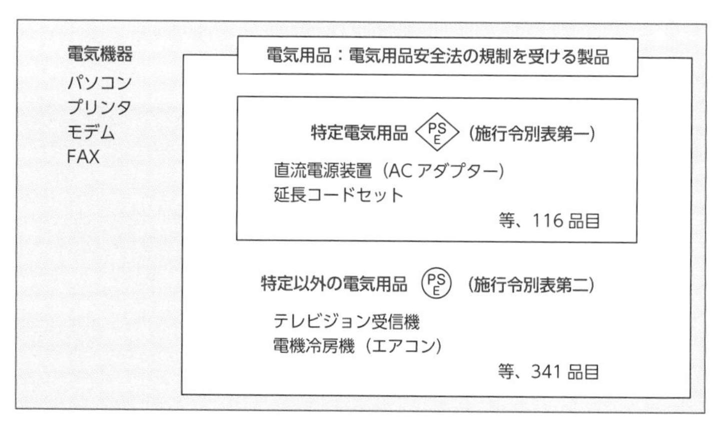

電気用品と特定電気用品

7 騒音規制法

1 騒音規制法の特定建設作業

特定建設作業とは、以下の作業である。

特定建設作業
- くい打機、くい抜機又はくい打くい抜機を使用する作業
- びょう打機を使用する作業
- さく岩機を使用する作業
- 空気圧縮機を使用する作業
- コンクリートプラント又はアスファルトプラントを設けて行う作業
- バックホウを使用する作業
- トラクターショベルを使用する作業
- ブルドーザーを使用する作業

・指定地域内で特定建設作業を伴う建設工事の施工は、作業開始の7日前までに各市町村長に届け出る。
・特定建設作業の場所の敷地境界において、85dBを超えない。
・作業ができない時間は以下のとおりである。

区域	時間
第１号区域 （第１～第３種区域他）	午後7時から翌日午前7時まで
第２号区域 （第４種区域の学校・病院等の周囲80ｍ以外の区域）	午後10時から翌日午前6時まで

重要ポイントを覚えよう！

1 □ 第一種電気工事士は、最大電力500kW未満の需要設備等の自家用電気工作物と一般用電気工作物を扱う。

第二種電気工事士は、主として一般用電気工作物を扱う。

2 □ 認定電気工事従事者は、600V以下で使用する電気工作物を扱う。

特種電気工事資格者は、ネオン工事と非常用予備発電装置工事を扱う。

3 □ 認定電気工事従事者は、自家用電気工作物に係る電気工事のうち、簡易電気工事の作業（電圧600V以下の自家用電気工作物に係る電気工事）に従事することができる。

第一種電気工事士も同様に、自家用電気工作物の簡易電気工事の作業ができる。

4 □ 電気工事士免状の種類は、第一種電気工事士免状及び第二種電気工事士免状である。

電気工事士免状は、都道府県知事が交付する。

5 □ 電気工事士免状は、都道府県知事が交付し、電気工事士法等の規定に違反した場合は、免状の返納を命ずる。

特種電気工事資格者認定証及び認定電気工事従事者認定証は、経済産業大臣が交付し、電気工事士法等の規定に違反した場合は、認定証の返納を命ずる。

6 □ 消防用設備等には、火災消火の消火設備、火災を知らせる警報設備、安全避難の避難設備と消防隊の消火活動上必要な施設とがある。

消火設備には、屋内消火栓設備、スプリンクラー設備、不活性ガス消火設備、泡消火設備、粉末消火設備等がある。

実践問題

問題 1

電気工事士等に関する記述として、「電気工事士法」上、**誤っているもの**はどれか。

(1) 経済産業大臣は、認定電気工事従事者認定証の返納を命ずることができる。
(2) 電気工事士免状は、都道府県知事が交付する。
(3) 特種電気工事資格者認定証は、都道府県知事が交付する。
(4) 電気工事士免状の種類は、第一種電気工事士免状及び第二種電気工事士免状である。

答え (3)

特種電気工事資格者認定証は、経済産業大臣が交付する。

問題 2

消防用設備等の設置に係る工事のうち、消防設備士でなければ行ってはならない工事として、消防法上、**定められていないもの**はどれか。ただし、電源、水源及び配管の部分を除くものとする。

(1) ガス漏れ火災警報設備
(2) 屋内消火栓設備
(3) 非常警報設備
(4) 不活性ガス消火設備

答え (3)

非常コンセント設備や誘導灯、非常警報設備の工事は、消防設備士以外でも工事ができる。

実践問題

廃棄物に関する記述について、「廃棄物の処理及び清掃に関する法令」上、**誤っているもの**はどれか。

(1) ごみ、粗大ごみ、燃え殻、汚泥、ふん尿、廃油、廃酸、廃アルカリ、動物の死体その他の汚物又は不要物であって、固形状又は液状のものは、廃棄物である。

(2) 建設業に係るもので、工作物の新築、改築又は除去に伴って生じた木くずは、一般廃棄物である。

(3) 産業廃棄物を生ずる事業者は、産業廃棄物の運搬又は処分を他人に委託する場合には、当該委託に係る産業廃棄物の引渡しと同時に当該産業廃棄物の運搬を受託した者に対し、産業廃棄物管理票を交付しなければならない。

(4) 事業者は、産業廃棄物が運搬されるまでの間、環境省令で定める技術上の基準に従い、生活環境の保全上支障のないように産業廃棄物を保管しなければならない。

答え (2)

特定の事業活動に伴って生じた紙くず、木くず、繊維くずは産業廃棄物に分類される（廃棄物の処理及び清掃に関する法律施行令第2条より）。

木くずは、通常は一般廃棄物ですが、建設業に係るもの（工作物の新築、改築又は除去に伴って生じたもの）は産業廃棄物になりますので注意しましょう。

第6章

記述問題（第二次検定）

施工経験記述

学習のポイント　１級重要度 ★★★　２級重要度 ★★★

- **自身が経験した工事における経験記述の練習をしましょう。施工計画、品質管理、工程管理、安全管理の観点からしっかり記述できるようにしましょう。**

1　第二次検定の検定基準

第二次検定の試験科目である施工管理法における検定基準は以下のとおりである。

1　１級の試験内容

検定区分	検定科目	検定基準
第二次検定	施工管理法	1 **監理技術者として、電気通信工事の施工の管理を適確に行うために必要な知識を有すること。** 2 **監理技術者として、**設計図書で要求される電気通信設備の性能を確保するために設計図書を正確に理解し、電気通信設備の施工図を適正に作成し、及び必要な機材の選定、配置等を適切に行うことができる応用能力を有すること。

※太字は、令和3年4月1日より新しく追加された箇所。

2　２級の試験内容

検定区分	検定科目	検定基準
第二次検定	施工管理法	1 **主任技術者として、電気通信工事の施工の管理を適確に行うために必要な知識を有すること。** 2 **主任技術者として、**設計図書で要求される電気通信設備の性能を確保するために設計図書を正確に理解し、電気通信設備の施工図を適正に作成し、及び必要な機材の選定、配置等を適切に行うことができる応用能力を有すること。

※太字は、令和3年4月1日より新しく追加された箇所。

2 電気通信工事の工事種別

1 電気通信工事の工事種別

電気通信工事施工管理における「実務経験」とは、具体的には次の①～③をいう。

①受注者（請負人）として施工を指揮・監督した経験（施工図の作成や、補助者としての経験も含む）

②発注者側における現場監督技術者等（補助者としての経験も含む）としての経験

③設計者等による工事監理の経験（補助者としての経験も含む）

電気通信工事施工管理に関する実務経験として認められる主な工事種別・工事内容等は、以下のとおりである。

2 記述の対象となる電気通信工事

工事種別	工事内容
有線電気通信設備工事	通信ケーブル工事、CATV ケーブル工事、伝送設備工事、電話交換設備工事　等
無線電気通信設備工事	携帯電話設備工事（携帯局を除く）、衛星通信設備工事（可搬地球局を除く）、移動無線設備工事（移動局を除く）、固定系無線設備工事、航空保安無線設備工事、対空通信設備工事、海岸局無線設備工事、ラジオ再放送設備工事、空中線設備工事　等
ネットワーク設備工事	LAN 設備工事、無線LAN 設備工事　等
情報設備工事	監視カメラ設備工事、コンピュータ設備工事、AI（人工知能）処理設備工事、映像・情報表示システム工事、案内表示システム工事、監視制御システム工事、河川情報システム工事、道路交通情報システム工事、ETC 設備工事（車両取付を除く）、指令システム工事、センサー情報収集システム工事、テレメータ設備工事、水文・気象等観測設備工事、レーダ雨量計設備工事、監視レーダ設備工事、ヘリコプター映像受信基地局設備工事、道路情報表示設備工事、放流警報設備工事、非常警報設備工事、信号システム工事、計装システム工事、入退室管理システム工事、デジタルサイネージ設備工事　等
放送機械設備工事	放送用送信設備工事、放送用中継設備工事、FPU 受信基地局設備工事、放送用製作・編集・送出システム工事、CATV 放送設備工事、テレビ共同受信設備工事、構内放送設備工事、テレビ電波障害防除設備工事　等

3　記述の対象とならない電気通信工事

工事種別等	工事内容等
電気通信設備取付	自動車、鉄道車両、建設機械、船舶、航空機等における電気通信設備の取付
土木工事	通信管路（マンホール・ハンドホール）敷設工事、とう道築造工事、地中配管埋設工事
電気設備工事	発電設備工事、送配電線工事、引込線工事、受変電設備工事、構内電気設備（非常用電気設備を含む。）工事、照明設備工事、電車線工事、ネオン装置工事、建築物等の「○○電気設備工事」等
鋼構造物工事	通信鉄塔工事
機械器具設置工事	プラント設備工事、エレベータ設備工事、運搬機器設置工事、内燃力発電設備工事、集塵機器設置工事、給排気機器設置工事、揚排水（ポンプ場）機器設置工事、ダム用仮設工事、遊技施設設置工事、舞台装置設置工事、サイロ設置工事、立体駐車場設備工事
消防施設工事	屋内消火栓設置工事、スプリンクラー設置工事、水噴霧・泡・不燃ガス・蒸発性液体又は粉末による消火設備工事、屋外消火栓設置工事、動力消防ポンプ設置工事、漏電火災警報設備工事
その他	ケーブルラック、電線管等の配管工事

なお、電気通信工事施工管理に関する**実務経験として認められていない**主な工事種別・工事内容等は、次の通りである。

・設計、積算、保守、点検、維持メンテナンス、営業、事務等の業務
・工事における雑役務のみの業務、単純な労働作業等
・官公庁における行政及び行政指導、教育機関及び研究所等における教育・指導及び研究等
・工程管理、品質管理、安全管理等を含まない単純な労務作業等（単なる雑務のみの業務）
・据付調整を含まない工場製作のみの工事、製造及び購入
・撤去のみの工事
・アルバイトによる作業員としての経験

3 施工経験記述上の注意事項

施工経験を記述する際は、以下の事項に留意する。

記述のポイント

・誤字、脱字、当て字のないようにする。
・論文ではないので、報告書作成のように簡潔な文章で書く。
・専門用語を適宜入れ、ていねいにわかりやすく書く。
・記述対象は、355ページの「記述の対象となる電気通信工事」を理解し、記述対象から外れたものを書かない。
・与えられたスペースに見合った字数で書く。
・数値を入れて具体的に表現する。

1 工事名

・請負契約書に記載されたものを省略せずに記述。
・○○ビル、△△工場等の建物名称等の固有名詞も忘れずに記述。
・建築工事や電気工事の付帯工事等で、電気通信工事とわかりにくい場合は、実際の工事名を併記する。

～記入例～

・○○ビル管内ネットワーク設備工事
・□□地区道路情報設備工事
・○○地区道路光ファイバケーブル敷設工事

①新築工事の場合

工事に含まれる設備の種目を記述。

例）RC ○階、○○○ m^2　有線電気通信設備

②改修工事の場合

工事に含まれる主な機器の（種別・容量等）、数量を記述。

例）監視カメラ○台更新、LAN ケーブル更新一式　など

③建築物以外の工事の場合

例）携帯電話設備工事の基地局、CATV ケーブル工事　など

2　工事の内容

①発注者名

・工事契約上の直近上位の注文者名を記述。

・自社が二次下請け業者の場合は、発注者名は一次下請け業者名を記述。

・自分の所属が発注機関の場合の発注者名は、所属機関名とする。

②工事場所

・工事施工場所を都道府県、市町村名、町丁名、番地まで記述。

③工期

・完成物件の**5～6年以内**に経験した工事で、着工から完工までの請負契約書の工期を記述。現在施工中の案件は記述しない。

・和暦（又は西暦）○年○月～和暦（又は西暦）△年△月と記述。

・評価基準は特にないが立場を考慮し、１級は3ヶ月以上、2級は1ヶ月以上の工期が望ましい。

工事概要と比較して工期が長すぎたり、短すぎたりすると不適当と判断される場合があります。

④請負概算金額

・概算金額を万円単位で記述。

・評価基準は特にないが立場を考慮し、１級は1,000万円以上、2級は500万以上が望ましい。

工事概要と比較し、過大・過小となる概算金額だと不適当と判断されることがありますので、注意しましょう。

⑤工事概要

・何の設備を対象に、どのくらいの規模の工事を経験したのかわかるように、階数、延べ面積など、具体的な数字をあげて記述する。

～記入例～

①発注者名	○○○○株式会社
②工事場所	○○県○○市○○町1－1－1
③工期	20○○年○月○日～20○○年○月○日
④請負概算金額	○○○万円
⑤工事概要	鉄骨造○階建て　延べ面積○○m^2　事務所ビル 監視カメラ設備工事　屋内監視カメラ（複合型一体ネットワークカメラ）×○○台　○○配線 ○○×○○m

3　工事現場における施工管理上のあなたの立場又は役割

工事現場における自身の立場を明確に記載する。

①請負者の立場での現場管理業務

・現場代理人、現場技術員、現場主任、主任技術者、専門技術者、現場事務所所長等

②発注者（施主）側の立場での工事監理業務

・監督員、主任監督員、工事事務所所長、工事監理者等

4　特に重要と考えた事項と、とった措置又は対策

何を重要と考え、どのような措置・対策をとったのか、第三者が読んでも理解できるように、具体的な数値や例、理由をあげて記述する。

①工程管理

工期の遅延や、工期短縮等の状況の中で、工期内に工事を完成させるためにどのような工夫をしたか等を思い出して記述するとよい。

例）・○○の○○作業は、○○の理由で○○○○が特に重要と考えた。
・○○作業よりも○○作業を優先して実施することで、所要日程を○日短縮できた。　など

②品質管理

事前準備、受け入れ検査、社内検査、完成検査等、現場で実施した検査や試験について、具体的な数値をあげながら記述するとよい。

例）・○○の○○設備の○○への通信配線は、○○の理由で、○○の施工不良のおそれがあったため、○○を防止することが特に重要と考えた。
・○○設備の配線について、○○試験を行い、○○MΩ以上であることを確かめた。　など

③安全管理

施工中の労働災害等を防止するために、どのような予防措置をとったかを具体的に記述する。

例）・○階の○室の○○設備の○○作業が、高さ○mの高所作業となるため、作業員の足場からの墜落事故防止を図ることが特に重要と考えた。
・○○について、○○するために、○○を徹底した。
・単独での高所作業を全面禁止し、複数での相互監視により作業を行わせた。　など

具体的な数値を入れる際は、誤った数値を記述しないよう注意しましょう。

4 過去問題と解答例

ここでは、実際に出題された過去問題について、解答例をあげていく。

1 1級の問題と解答例

あなたが経験した電気通信工事のうちから、代表的な工事を１つ選び、次の設問１から設問３の答えを解答欄に記述しなさい。

〔注意〕代表的な工事の工事名が工事以外でも、電気通信設備の据付調整が含まれている場合は、実務経験として認められます。ただし、あなたが経験した工事でないことが判明した場合は失格となります。

[設問 1]

あなたが**経験した電気通信工事**に関し、次の事項について記述しなさい。

〔注意〕経験した電気通信工事は、あなたが工事請負者の技術者の場合は、あなたの所属会社が受注した工事内容について記述してください。従って、あなたの所属会社が 二次下請業者の場合は、発注者名は一次下請業者名となります。 なお、あなたの所属が発注機関の場合の発注者名は、所属機関名となります。

(1) 工事名
(2) 工事の内容
　①発注者名
　②工事場所
　③工期
　④請負概算金額
　⑤工事概要
(3) 工事現場における施工管理上のあなたの立場又は役割

[設問 2]

上記工事を施工することにあたり「**工程管理**」上、あなたが**特に重要と考えた事項**をあげ、それについて**とった措置**又は**対策**を簡潔に記述しなさい。

[設問 3]

上記工事を施工することにあたり「**品質管理**」上、あなたが**特に重要と考えた事項**をあげ、それについて**とった措置**又は**対策**を簡潔に記述しなさい。

解答例

[設問 1]

(1) 工事名　○○○学校本部棟他 LAN ケーブル等更新工事

(2) 工事の内容

①発注者名　○○○○○株式会社

②工事場所　○○県○○市○○町○丁目○番地

③工期　○○年○月○日～○○年○月○日

④請負概算金額　○○○万円

⑤工事概要

鉄骨造　5 階建て　延べ面積○○ m^2　○○学校本部棟

LAN ケーブル及び付属機器の更新

(3) 工事現場における施工管理上のあなたの立場又は役割

現場代理人

経験したことのある電気通信工事のうちから、ある程度の工事規模のあるものを選びましょう。又、建築工事や電気工事の付帯工事等で電気通信工事とわかりにくい場合は、かっこ書きで補足しましょう。

例：○○ビル新築工事（電気通信設備工事）

[設問 2]

①特に重要と考えた事項

○○○の○○設備の○○作業は前工程の○○の作業が○○日間遅延したため、当該作業の開始日が○日間遅れてしまったので、当該作業の施工日程の確保が特に重要と考えた。

②とった措置又は対策

○○の作業について、あらかじめ自社加工場で作業しておくことにより、○日所要日程を短縮できた。

[設問 3]

①特に重要と考えた事項

○階の○○設備の○○は、台数が○台と多く、種類も○種類あるため、誤発注、誤納入、誤搬入が予想された。そのため、正しい仕様のものを確実に納入・施工することが特に重要と考えた。

②とった措置又は対策

納入時に、納品書をもとに全数検査を行い、機器の型式が合致していることを２名以上でチェックシートを使って確認した。また、検査を実施したものと未実施のものを区画を設けて分けて保存し、検査の結果、不良品や間違って納入されたものには「使用禁止」の表示をして速やかに場外へ搬出した。

解答は一例です。実際の試験では、ご自身の経験に基づいた内容を、ご自身独自の文章で記述できるように、「品質管理」「工程管理」「安全管理」について、それぞれ特に重要と考えた事項や、とった措置又は対策を簡潔かつ具体的に表現できるようにしましょう。施工経験記述については 2 級も同様です。しっかり準備してから挑みましょう。

Lesson 01 施工計画

学習のポイント　1級重要度 ★★★　2級重要度 ★★★

● **施工計画とは、工程・品質・安全等の工事管理方法を記載し発注者に伝えることです。作成ポイントを学びましょう。**

施工計画の中で、設計図書を正しく理解し、必要な機材の選定、配置等を適切に行い、施工図を適正に作成することは、工事の施工・施工管理の最も基本となる。

試験では、施工図で使用する記号の名称と機能又は概要、施工上の留意事項、機材の選定、配置等について記述する。

1 過去問題と解答例

ここでは、実際に出題された過去問題について、解答例をあげていく。

1　1級の問題と解答例

[設問 1]

電気通信工事に関する語句を選択欄の中から**2つ**選び、**番号**と**語句**を記入のうえ、**施工管理上留意すべき内容**について、それぞれ具体的に記述しなさい。

選択欄

1. 資材の管理
2. 機器の据付け
3. 波付硬質合成樹脂管（FEP）の地中埋設
4. 工場検査

[解答例]

①資材の管理

・湿度により絶縁劣化するものは、棚の上部等に保管する。
・先入れ、先出しできるよう配慮し、保管する。
・雨漏り・直射日光の照射の有無、重量物は積み段数の超過等がないように、品質を維持できる保管状態を確保する。
・無断で持ち出されないように鍵の保管責任を明確化する。
・電線管類等長尺物は、枕木等の上に整理して保管する。
・盤類等で搬入後直接据付けできない自立盤等は、ロープで固定するか、可能ならば横に倒しておくなどの転倒防止の措置を施す。
・屋外に保管する場合は、関係者以外が触れないようにシートで覆い、周囲を柵等で囲う。

②機器の据付け

・設計図書どおりに据付けを行うよう、取り付け前に取り付け場所の強度等を確認する。
・屋内では、高温・多湿・振動がなく容易に点検できる場所に据え付ける。
・屋外で内部が雨雪等に濡れてはならない機器の据付けは、水の侵入を防ぐためにパッキンの取り付け又は防水コーキングを施す。
・地震時の水平移動、転倒、落下等を防止する耐震処置を施す。

③波付硬質合成樹脂管（FEP）の地中埋設

・掘削した地盤は、十分に突き固めて平滑にする。
・ケーブル敷設に支障が出る曲げ、蛇行等がないように施設する。
・管相互の接続は、水が容易に管内部に侵入しないように接続する。
・管の太さは、ケーブルの引入れ・引抜きが支障なく行える寸法のものを選定する。
・埋戻しの土砂は、管路材等に損傷を与えるような転石等が混入しない良質の土砂・山砂又は川砂とする。

④工場検査

・工場の設備機器に応じた品質管理計画を作成し、計画に基づいて検査を実施し、記録を残す。

・事前に注文者から品質管理計画について承認を得て、当日は関係者確認済印のある承諾図を持参する。
・注文者から立会検査を受ける場合は、検査結果を記録するだけでなく、注文者の確認を受ける。

[設問2]

下図に示す電話設備系統図において、(ア)、(イ)の日本産業規格(JIS)の記号の**名称**を記入し、それらの**機能**又は**概要**を記述しなさい。

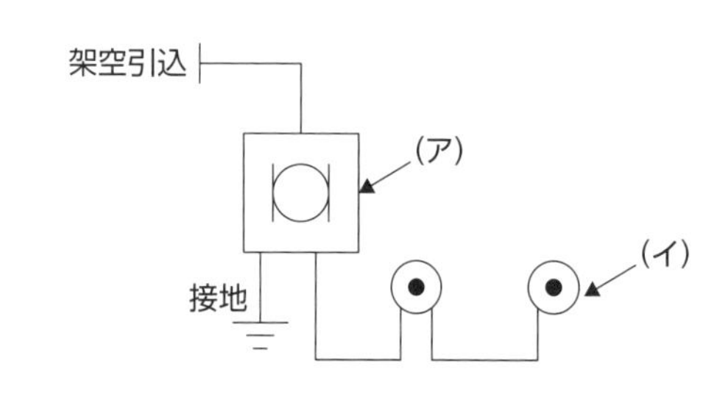

[解答例]

(➡ p.260 第3章 4 Lesson01 設計の表 参照)

(ア)保安器

・落雷による誘導電流や異常電圧から、通信機器を保護する機器。
・電話回線やCATV回線の引込点で、加入者線の引込み経路途中に設け、建物内への雷サージを大地に逃がすために用いられる。
・内部にはヒューズやアレスタが内蔵されており、外部から加入者線を伝達して侵入してくるサージ電圧等から、内部機器を保護する。

(イ)通信用(電話用)アウトレット

・アナログ電話回線の接続口(コンセント)のこと。
・電話機やLAN等の接続に用いる角型の端子専用のコネクタで、モジュラージャックとも呼ばれる。

[設問 3]

下図に示す光ファイバケーブルの施工図において、(1)、(2) の項目の答えを記述しなさい。

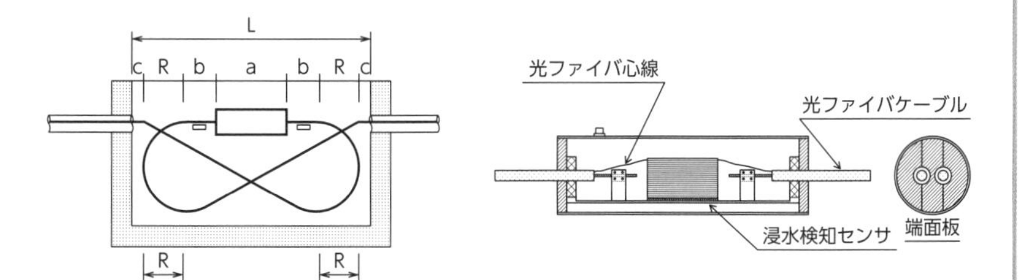

図－1 光ファイバケーブル接続要領図　　図－2 クロージャ断面図

(1) 図－1の光ファイバケーブル接続要領図において、ハンドホールの**必要有効長**（L）を求める**関係式**を記述しなさい。
ただし、クロージャ長を a、ケーブル直線部必要長を b、ケーブル許容曲げ半径を R、ケーブルと壁面の離れを c とする。

(2) 光ファイバケーブルの接続に使用される図－2のクロージャにおいて、**浸水検知センサの機能**又は**概要**を記述しなさい。

[解答例]

(1) 必要有効長 L ＝ a+2(R+b+c)

(2)・クロージャ内に設置し、浸水が発生すると内部部材が膨張し、光ファイバが曲がり、光損失を増加させることで各接続部の浸水を OTDR（光パルス試験器）で検知する。

・OTDR（光パルス試験器）は、光ファイバの伝送損失や距離測定ができクロージャの浸水発生場所の監視が可能である。

2　2級の問題と解答例

[設問 1]

電気通信工事に関する語句を選択欄の中から**1つ**選び、**番号**と**語句**を記入のうえ、施工管理上留意すべき内容について、具体的に記述しなさい。

選択欄

1. 資材の受入検査　2. OTDR（光パルスの試験器）の測定
3. UTP ケーブルの施工　4. 機器の搬入

[解答例]

①資材の受入検査

・納入された資材が注文品に間違いないことを確認し、現品及び納入伝票と照合し、数量を確認する。

・現場搬入資材が、設計図書に定める品質及び性能を有した新品であるかを、品質性能証明等（JISマーク、電気用品安全法によるPSEマーク等）で確認する。

・現場搬入時は、チェックリストで規格、寸法、種別を確認し記録を残す。

・不適合資材は、直ちに工事現場外に搬出することで、接続損失や急な曲げ等による損失を知ることができる。

② OTDR（光パルス試験器）の測定

・OTDRは非常に短いパルス光を入射し、光ファイバの事故点等で発生する後方散乱光と反射のパワーを測定することで、接続損失や急な曲げ等による損失を知ることができる。

・OTDR使用時は、測定距離により適切なパルス幅を選定する。

・接続点の距離が短い10m以下のパッチコード接続があるような部分は、事実上測定ができないデッドゾーンが発生する場合があるため、ランチコード、テイルコードは十分に長いものを使用する。

後方散乱光とは、事故点等で光の進行方向とは反対方向に伝わる光のことをいいます。

③ UTP ケーブルの施工

・敷設作業は、ケーブルを強く引っ張ったり、損傷を与えたりしないようにする。
・引張り力や曲げ、半径は、ケーブルの仕様に従い許容値以内となるように施工する。
・ケーブル総長は、100m以内とする。
・結束バンドで強く締めたり、重いものを載せたり、ステップルでUTPケーブルの形が変形するまで、強く締めたりしてはならない。
・蛍光灯、電力ケーブル、モーターから離して配線する。やむを得ず横切る場合、平行にならないように適切な角度を付ける。

④機器の搬入

・作業前に作業責任者は、関係作業者を集めて、作業前の事前打合せを行う。
・輸送、荷降ろし、引き込み、吊り降ろし作業等に使用する機材は、事前に点検整備されたものを使用する。
・車両の入退場には誘導員を配置し、搬入経路を整理・整頓して、経路に障害物がないか確認を行う。
・クレーン設置場所、設置状態の安全の確認と立入禁止措置を行う。
・横引き経路は、機器の損傷を防ぐためにブルーシート、コンパネ等で養生を行う。

[設問 2]

電気通信工事の施工図等で使用される記号について、(1)、(2) の日本産業規格（JIS）の記号２つの中から**１つ**選び、**番号**を記入のうえ、**名称**と**機能**又は**概要**を記述しなさい。

(1) ◪　　(2) RT

[解答例]

①分電盤

・幹線により送られてきた電気を負荷回路へと分岐する。

・配線用遮断器や漏電遮断器などが集合して取り付けられた電気設備である。

・金属製や合成樹脂製の筐体に収められているが、大型の分電盤の場合には、漏電遮断器や配線用遮断器のほかに電力量計や制御用のリレー、照明をリモコンで制御するための制御ユニットなどが組み込まれている場合もある。

②ルータ

・コンピュータネットワークにおいて、データを2つ以上の異なるネットワーク間に中継する通信機器である。

・ネットワーク層において、データをどのルートを通して転送すべきか、最適な経路を判断するルート選択機能を持つ。

[設問 3]

下図に示す地中埋設管路における光ファイバケーブル布設工事の施工について、(1)、(2) の項目の答えを記述しなさい。

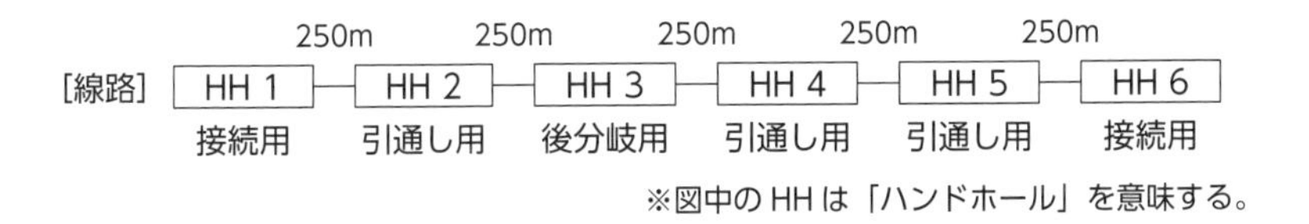

※図中の HH は「ハンドホール」を意味する。

(1) 光ファイバケーブル布設工事の施工において、**管内通線の前に行う作業**として必要な内容を記述しなさい。

(2) 光ファイバケーブル布設工事の施工において、後分岐用ハンドホールでの**施工上の留意点**を記述しなさい。

[解答例]

①管内通線の前に行う作業

・事前に通線張力計算を行い、ケーブルの許容張力を超えないことを確認する。

・敷設後数年経過している管路に通線する場合は、通線確認用テストケーブル等による通線確認試験を行い、ケーブル保護に考慮する。

・管路内で接続点が生じないようにドラム余長を事前に確認する。

・ハンドホール内のケーブルには、表示札を用意する。

②後分岐用ハンドホールでの施工上の留意点

・ケーブルの必要長、種類、クロージャ設置スペース等を考慮し、その箇所に適切な工法を選択する。

・設計時に後分岐の必要性が確認されている場合は、ケーブルの種類に応じケーブル必要長とクロージャ設置スペースを確保しておく。

Lesson 01 工程管理

学習のポイント　１級重要度 ★★★　２級重要度 ★★★

● **電気通信工事を施工するための工程管理実務における応用能力が問われます。ネットワーク工程表の計算問題を学びましょう。**

記述問題では、工程管理の分野としてネットワーク工程表に関する問題が出題される。１級は条件からネットワーク工程表を自ら作成するが、２級では提示されたネットワーク工程表について回答する。

1 過去問題と解答例

1 1級の問題と解答例

[問題]

下記の条件を伴う作業から成り立つ電気通信工事のネットワーク工程表について、(1)、(2) の項目の答えを解答欄に記入しなさい。

(1) **所要工期**は、何日か。
(2) 作業Ｊの**フリーフロート**は何日か。

条件
1. 作業Ａ、Ｂ、Ｃは、同時に着手でき、最初の仕事である。
2. 作業Ｄ、Ｅは、Ａが完了後着手できる。
3. 作業Ｆ、Ｇは、Ｂ、Ｄが完了後着手できる。
4. 作業Ｈは、Ｃが完了後着手できる。
5. 作業Ｉは、Ｅ、Ｆが完了後着手できる。
6. 作業Ｊは、Ｆが完了後着手できる。
7. 作業Ｋは、Ｇ、Ｈが完了後着手できる。
8. 作業Ｌは、Ｉ、Ｊ、Ｋが完了後着手できる。

9. 作業Lが完了した時点で、工事は終了する。
10. 各作業の所要日数は、次のとおりとする。
A = 4 日、B = 7 日、C = 3 日、D = 5 日、E = 9 日、F = 5 日、
G = 6 日、H = 6 日、I = 7 日、J = 3 日、K = 5 日、L = 5 日

[解答]

(1) 実際にネットワーク工程表を作成して所要工期を求める。

①「作業 A、B、C は同時に着手でき、最初の仕事」
➡始点結合点から A、B、C の矢線を引く。
②「作業 D、E は、A が完了後着手」➡ A から D、E の矢線を引く。

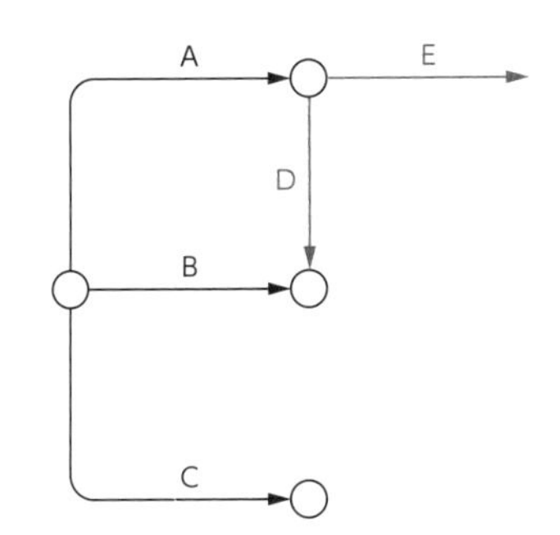

③「作業 F、G は B、D が完了後着手」
➡ B、D 合流結合点から F、G の矢線を引く。

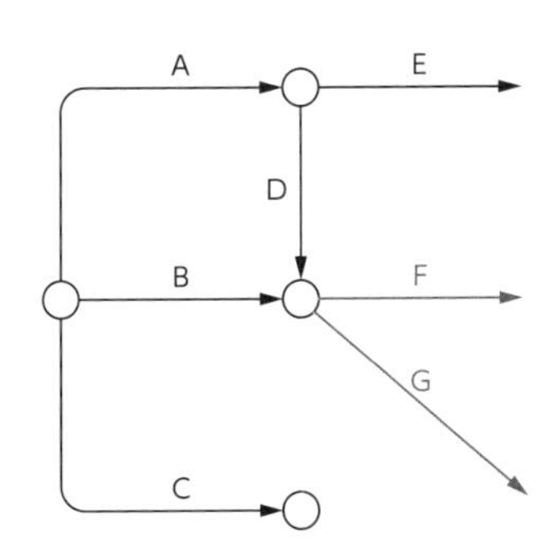

④「作業ＨはＣが完了後着手」➡Ｃ結合点からＨの矢線を引く。

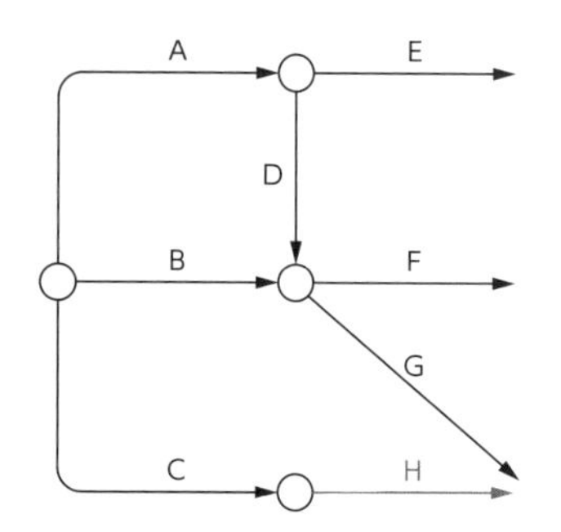

⑤「作業ＩはＥ、Ｆが完了後着手」

⑥「作業ＪはＦが完了後着手」

➡⑤、⑥よりＦ結合点を設け、ここから作業Ｅと合流させるダミーを引き、Ｅ結合点からＩの矢線を、Ｆ結合点からＪの矢線を引く。

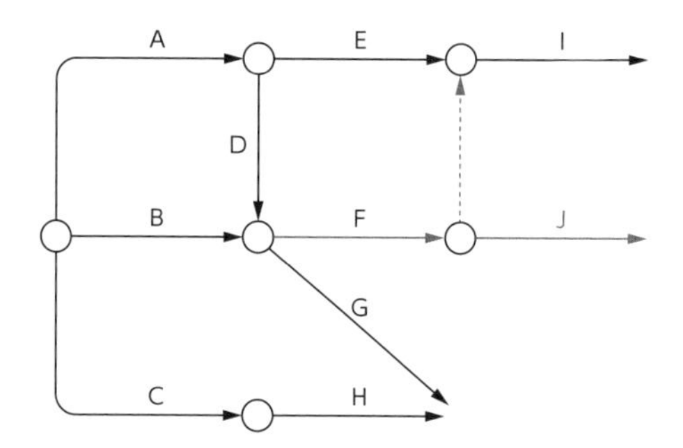

⑦「作業ＫはＧ、Ｈが完了後着手」

➡Ｇ、Ｈ合流結合点からＫの矢線を引く。

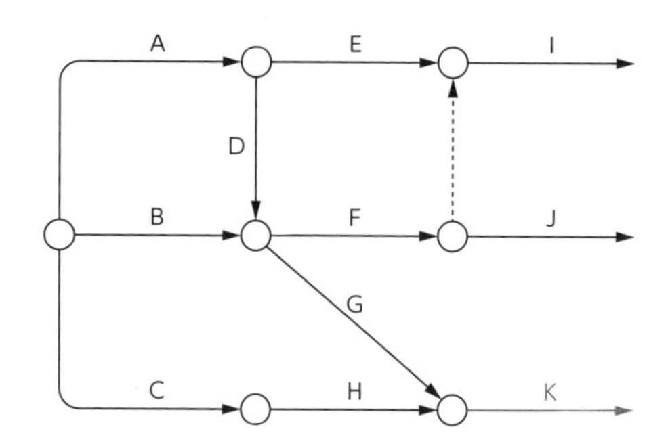

⑧「作業ＬはＩ、Ｊ、Ｋが完了後着手」

➡Ｉ、Ｊ、Ｋ合流結合点からＬの矢線を引く。

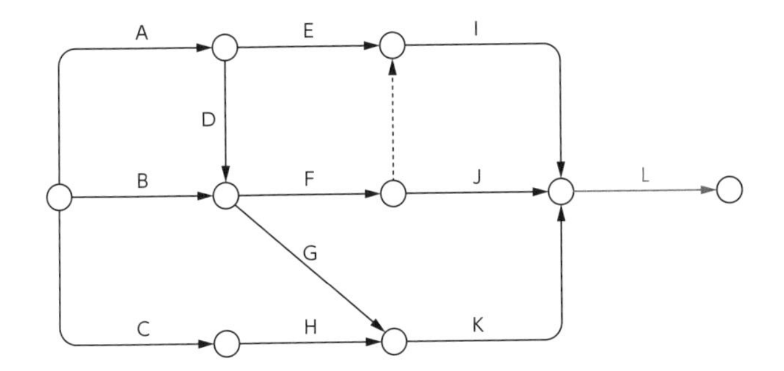

⑨「作業Ｌが完了した時点で工事は終了」

➡始点結合点を１とし、順にイベント番号をつける。

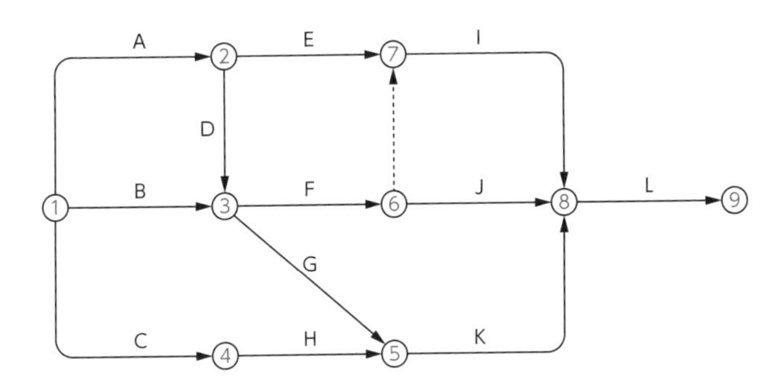

⑩「各作業の所要日数は次のとおり」

➡各作業の下に各作業の所要日数を入れる。

➡各結合点に向かっている矢印の所要日数を比較し、多い方を採用。よって、所要工期は26日である（次ページの図参照）。

工程表は、丁寧に書き進めていきましょう。

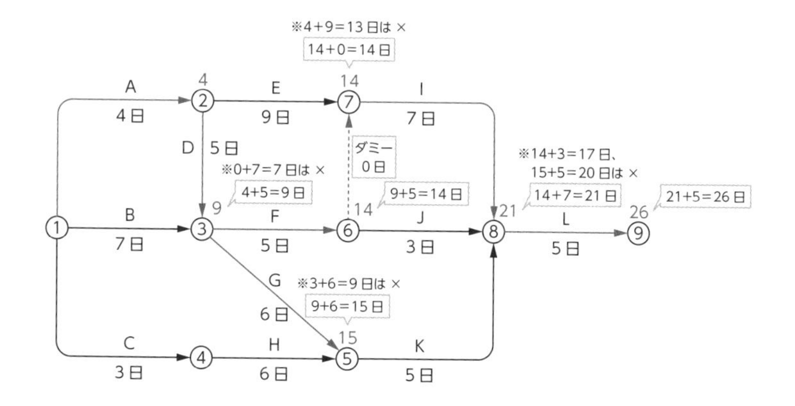

(2) 作業Jのフリーフロートを工程表から求める。なお、フリーフロートとは、後続する作業の最早開始時刻に影響を及ぼさないフロートのことである（➡ p.274 第4章 2 Lesson01参照）。

所要工期は26日、イベント⑧で21日、イベント⑥で14日なので、作業Jのフリーフロートは、21 − (14 + 3) = 4日となる。

数字の入れ間違いに気を付けて作成しましょう。

語呂合わせで覚えよう！ フリーフロート

このフロートは
（フリーフロート）
僕の早食い時間に　影響しないよ
（最早開始時刻）（影響を及ぼさない）

フリーフロートとは、後続作業の最早開始時刻に影響を及ぼさないフロートのことである。

2　2級の問題と解答例

[問題]

下図に示すネットワーク工程表について、(1)、(2) の項目の答えを解答欄に記入しなさい。ただし、○内数字はイベント番号、アルファベットは作業名、日数は所要日数を示す。

(1) **所要工期**は、何日か。
(2) 作業Jの所要日数が**3日から7日**になったときイベント⑨の最早開始時刻は、**イベント①から何日目**になるか。

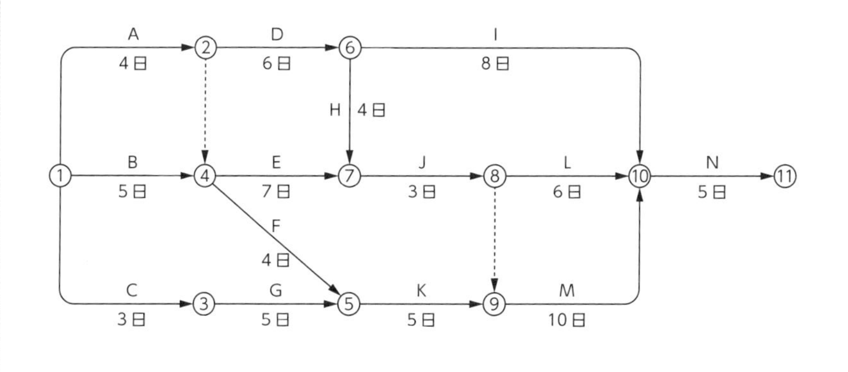

[解答]

(1) 所要工期を計算して求める。各結合点に向かっている矢印の所要日数を比較し、多い方を採用する（次ページの図参照）。

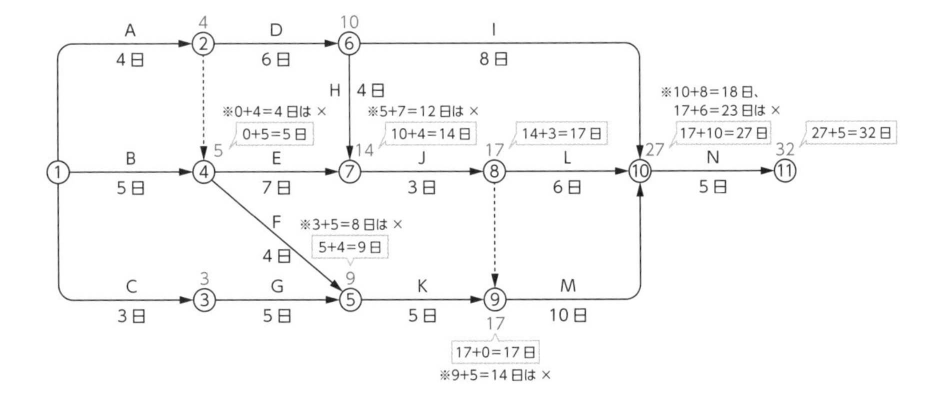

よって、所要工期は 32 日である。

(2) J の所要日数を 3 日から 7 日に変更して計算する。

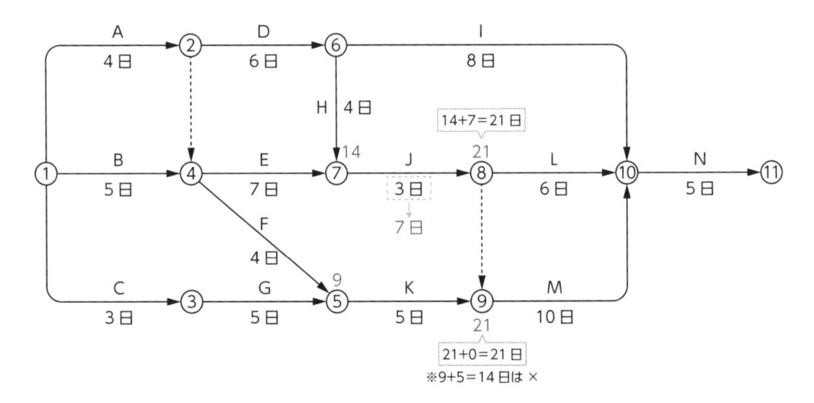

よって、イベント⑨の最早開始時刻は 21 日であり、イベント①から 21 日目になる。

問題文を正しく読んで、落ち着いて計算すれば大丈夫です。

安全管理

学習のポイント　1級重要度 ★★★　2級重要度 ★★★

● **電気通信工事を施工するための安全管理実務における応用能力が問われます。安全管理は施工管理の中でも重要な位置付けです。**

記述問題では、安全管理の分野として、１級は労働災害防止対策について具体的に記述する問題が出題され、２級は安全管理に関する用語についての問題が主に出題されている。

1　過去問題と解答例

1　1級の問題と解答例

[問題]

電気通信工事に関する作業を選択欄の中から**２つ**選び、解答欄に**番号**と**作業名**を記入のうえ、「労働安全衛生法令」に沿った**労働災害防止対策**について、それぞれ具体的に記述しなさい。
ただし、保護帽及び安全帯（墜落制止用器具）の着用の記述は除くものとする。

選択欄

1. 高所作業車作業
2. 低圧活線近接作業
3. 脚立作業
4. 移動式クレーン作業
5. 酸素欠乏危険場所での作業

[解答例]

①高所作業車作業

・高所作業車の転倒又は転落による労働者の危険を防止するため、アウトリガーを張り出す。

・あらかじめ、作業場所の状況や、高所作業車の種類や能力等に適応する事業計画を定め、作業の指揮者を定める。

(➡ p.316　第5章　3　Lesson02　参照)

なお、高所作業車とは、作業用バスケット（作業床）を2m以上の高さに上昇する能力を持ち、昇降装置、走行装置等により構成され、不特定の場所に動力を用いて自走できる機械のことである。

②低圧活線近接作業

・電気用ゴム手袋・電気用ゴム長靴等の絶縁用保護具を身につける。

・充電部に絶縁管・絶縁シート等の絶縁用防具を取り付ける。

③脚立作業

・丈夫な構造とし、材料は著しい損傷、腐食等がないものとする。

・脚と水平面との角度を75度以下とし、かつ折りたたみ式のものは脚と水平面との角度を確実に保つための金具等を備える。

(➡ p.315　第5章　3　Lesson02　参照)

④移動式クレーン作業

・移動式クレーンの転倒等による労働者の危険を防止するため、作業に係る場所の広さや地形、地質の状態、運搬しようとする荷の重量、使用する移動式クレーンの種類や能力等を考慮し、①作業方法、②転倒を防止するための方法、③労働者の配置や指揮の系統を、あらかじめ定めておく。

(➡ p.316　第5章　3　Lesson02　参照)

⑤酸素欠乏危険場所での作業

・作業開始前に、酸素欠乏危険場所における空気中の酸素（第二種酸素欠乏危険作業に係る作業場では酸素及び硫化水素）の濃度を測定しておく。

・酸素欠乏危険場所の空気中の酸素濃度を、18%以上（第二種酸素欠乏危険作業に係る作業場では、酸素18%以上に加えて硫化水素濃度10ppm以下）に保つように換気をする。

（➡ p.316　第5章　3　Lesson02　参照）

労働災害防止対策について、過去には以下の用語も出題されている。

用語	解答例
墜落制止用器具の使用	・6.75mを超える箇所ではフルハーネス型を選定する。 ・使用可能な最大重量に耐える器具を選定する。
移動はしごの使用	・丈夫な構造とし、著しい損傷、腐食等がないものとする。 ・すべり止め装置の取り付けその他転位防止措置を講ずる。
熱中症予防	・休憩時間を確保し、高温多湿作業場所の作業を連続して行う時間を短縮する。 ・計画的に熱への順化期間を設け、水分、塩分の摂取を指導する。 ・WBGT値を測定し、暑熱環境の評価を行う。
作業場内の通路	・機械間又はこれと他の設備との間に設ける通路は幅80cm以上のものとする。 ・正常の通行を妨げない程度に採光や照明をつける。
飛来落下災害の防止	・材料等の落下するおそれのある箇所には、作業床の端に高さ10cm以上の幅木等を設け、難しい場合は立入禁止区域を設定する。 ・防網（安全ネット等）を設置する。

2　2級の問題と解答例

[問題]

電気通信工事の現場で行う安全管理に関する用語を選択欄の中から**2つ**選び、解答欄に**用語**を記入のうえ、「労働安全衛生法令」等に沿った**活動内容**や**対応**又は**概要**について、それぞれ具体的に記述しなさい。

選択欄

1. 4S活動　2. 雇入れ時の安全衛生教育　3. TBM
4. 熱中症の手当　5. 安全管理者の職務

注）TBM（Tool Box Meeting）

[解答例]

① 4S 活動

4Sとは、整理（Seiri）、整頓（Seiton）、清掃（Seiso）、清潔（Seiketsu）の4つのSのことであり、単にきれいにするという表面的なことではなく、安全で、健康な職場づくり、そして生産性の向上をめざす活動のことである。

②雇入れ時の安全衛生教育

労働者の雇い入れ時に、安全又は衛生のための必要な事項について遅滞なく行わなければならない教育のこと。必要な事項とは、機械や原材料の取扱い方法や作業手順、開始前の点検、発生する恐れのある疾病の原因や予防に関すること、事故時の応急措置、防護具の使用に関すること等である。

③ TBM

ツールボックスミーティング（TBM）とは、作業開始前に職場で行う打ち合わせのこと。職長を中心にその日の作業の範囲、段取り、分担などを話し合い、全員で安全衛生のポイント等を確認し共有することで、危険回避につながる。

④熱中症の手当

めまいや立ちくらみ、大量の発汗、筋肉の硬直など、熱中症を疑うサインがあったら、すぐに手当てをする。涼しい場所へ避難し、服をゆるめて体を冷やす。また、水分、塩分を補給し、安静にさせる。意識が混濁しているような場合には、直ちに救急搬送の手配をする。

⑤安全管理者の職務

常時50人以上の労働者を使用する事業場ごとに選任される安全管理者は、総括安全衛生管理者が行う業務のうち、安全に係る技術的事項について管理する。労働安全に関するPDCAサイクルを回し、継続的な業務改善に努める。

Lesson 01 電気通信設備（用語）

学習のポイント　1級重要度 ★★★　2級重要度 ★★★

- **電気通信設備の工事施工を適切に実施するための応用能力が問われます。機器類及び装置全体の技術的内容を学びましょう。**

記述問題では、電気通信工事に関する用語の技術的な内容について記述する問題が出題される（1級、2級共に）。有線電気通信設備、ネットワーク設備、情報設備、放送機械設備等の電気通信設備を設置する工事において、設備の特徴や技術的特性を理解し、工事施工を適切に実施するための応用能力や、品質管理実務における応用能力について問われる。

出題されている用語について、定義、特徴、動作原理、用途、施工上の留意点、対策などについて具体的に記述できるように練習していくことが大切である。本書第1章、第2章も参照し、電気通信に関する用語についてしっかり理解していこう。

電気通信工事に関する用語は、英単語の頭文字を並べたものが多く、英単語ごと覚えると、意味がイメージしやすくなりますよ。
（例）OFDM　Orthogonal（直交）
　　　　　　Frequency（周波数）
　　　　　　Division（分割）
　　　　　　Multiplexing（多重化）

1　過去問題と解答例

ここでは、実際に出題された過去問題をもとに、解答例をあげていく。

1　1級の問題と解答例

[設問 1]

電気通信工事に関する用語を選択欄の中から**3つ**選び、解答欄に**その用語**を記入のうえ、**技術的な内容**について、それぞれ具体的に記述しなさい。ただし、技術的な内容とは、定義、特徴、動作原理などをいう。

選択欄

1. メカニカルプライス	2. VoIP ゲートウェイ
3. MIMO	4. IPv6
5. インターネット VPN	6. パケットフィルタリング
7. L2 スイッチ	8. ランサムウェア

注）VoIP（Voice over Internet Protocol）
MIMO（Multiple Input Multiple Output）
VPN（Virtual Private Network）

過去に1級で問われたことのある電気通信工事に関する用語と、その説明の解答例は、次表のとおりである。

1級で問われた用語	説明の解答例
VoIP ゲートウェイ	・従来型の電話網とIPネットワークの境界に設置し、アナログ音声とデジタルデータの相互変換や、電話番号とIPアドレスの対応付け、網をまたぐ発呼や切断などの制御の中継を行う通信装置である。
MIMO	・無線通信高速化の技術の一つで、送信側と受信側がそれぞれ複数のアンテナを用意し、同時刻に同じ周波数で複数の異なる信号を送受信する。限られた周波数帯で効率的に伝送速度を向上させることができ、無線LAN（Wi-Fi）などで実用化されている。
IPv6	・「Internet Protocol Version 6」の略称で、これまでは「IPv4」が主流だったが、インターネットが急速に普及しIPアドレス(PCやサーバなどに割り当てられる識別番号)が枯渇する恐れがあるとして、新しく「IPv6」が誕生した。アドレス数は、IPv4は2^{32}≒43億で、IPv6は2^{128}≒340澗(澗は10の36乗)。

インターネット VPN	・VPN(Virtual Private Network)とは、拠点間をつなぐ仮想的な専用ネットワークで、通信にインターネット回線を用いるのがインターネットVPNである。オープンな回線のため、不正アクセスなどの攻撃を受けたり、回線が混雑したとき通信速度が低下したりするリスクがある。
パケット フィルタリング	・外部から受信したデータ（パケット）を検査し、管理者などが認定した一定の基準に従って正しければ通し、不正と判断した場合はパケットを破棄する。一般にルータやファイヤウォールがこの機能を実装している。
ランサムウェア	・身代金を意味する「Ransom（ランサム）」と「Software（ソフトウェア）」を組み合わせた造語。暗号化することでファイルを利用不可能な状態にし、そのファイルを元に戻すことと引き換えに金銭（身代金）を要求するマルウェア(ユーザーのデバイスに不利益をもたらす悪意あるプログラムなど)である。
WDM (Wavelength Division Multiplexing)	・波長分割多重方式で大容量の信号を伝送する光通信の多重化技術の１つ。 ・送信側で異なる波長の光を出射する複数の半導体レーザ（LD)を用意し、各LDを変調し信号光をつくり、これを合波器で１本の光ファイバケーブルの伝送路で送る。 ・受信側では分波器で各波長の光に分けてから光検出器(PD)で信号を受信。
マルチパス	・送信側から送出された電波が、地形や建物、障害物、上空の電離層などで反射、回折することで、複数の経路を通って受信側で観測される現象。 ・経路の距離によって到達時間が異なるため、同じ信号を何度も繰り返し受信してしまい波形の乱れや位相のズレなどが生じる。
IP-VPN (Internet Protocol Virtual Private Network)	・通信事業者の閉域IPネットワーク網を通信経路として、遠隔地の拠点相互を専用のルータを通して接続する方式。 ・公衆のネットワークであるインターネットを利用する「インターネットVPN」と異なり専用のネットワークを使うため、通信経路を通して機密性や通信品質に優れたIP接続が行える。
TCP/IP (Transmission Control Protocol/ Internet Protocol)	・インターネットで標準的に利用されている通信プロトコルでTCP又はUDPとIPという2つのプロトコルで構成される。 ・TCPは、コネクション型プロトコルであり、接続相手を確認してからデータを送受信する。このコネクション確立のことを、3ウェイハンドシェイクという。 ・IPは、相手を確認せずにデータを送受信するので、高速なデータの転送を実現する。 ・TCP/IPでは、IPがネットワークから自分宛のパケットを取り出してTCPに渡し、TCPはパケットに誤りがないかを確認してから元のデータに戻す。
L2 スイッチ	・OSI参照モデルのレイヤ2（データリンク層）に位置する。ネットワークを中継する機器の一種で、単にハブとも呼ばれる。パケットに宛先情報として記述されるMACアドレス(コンピュータ機器のネットワークインターフェイスが持つ、ハードウエア固有の番号)から中継先を判断し、中継動作を行う。

L3スイッチ	・OSI 参照モデルのレイヤ 3（ネットワーク層）に位置する。目的地のIPアドレスから中継先を判断し、中継動作を行う。 (➡ p.142　第２章　1　Lesson01　有線LAN参照)
メカニカルスプライス	・光ファイバ同士を永久接続するための道具で、光ファイバの断面を高精度のV溝を使用して、ファイバ同士を突き合わせて固定し接続する。 ・融着接続よりも短時間に接続することが可能。 ・ビル内LAN配線、加入者宅引込配線等で使用される。
同軸ケーブル	・同心円を何層にも重ねたような構造のケーブルで、内部導体（芯線）を覆う外部導体が電磁シールドの役割を果たし、外部到来電磁波等の影響を受けにくい。 ・主に高周波信号の伝送用ケーブルとして無線通信機器や放送機器、ネットワーク機器、電子計測器等に用いられる。
構内交換機（PBX）	・内線電話交換機のことで、発着信の制御や通話中機能を有し、外線から発信された着信を内線に振り分けることができる。 ・内線同士で通話できる機能や、転送機能等がある。
LTE	・スマートフォンやタブレット等を使う際に利用する通信方式で、高速・広帯域の無線アクセスへの要求にこたえる標準技術。 ・アクセス方式は上りがSC-FDMA、下りがOFDMA、主な変調方式は64QAM。アンテナ技術としてMIMOを採用している。 ・データ通信容量に上限がある場合、それを超えると通信スピードが遅くなる。
NAT	・IPアドレスを変換する機能のことで、プライベートIPアドレスとグローバルIPアドレスを一対一で変換する。
ブラウンアンテナ	・$\lambda/4$の長さの放射素子を同軸ケーブルの中心導体に取り付けて、外部導体から放射状に$\lambda/4$の長さの導体を地線として配置した構造のアンテナ。 ・周波数特性は狭帯域で、放射抵抗が低い。

2　2級の解答例

過去に2級で問われたことのある電気通信工事に関する用語と、その説明の解答例は、次表のとおりである。

2級で問われた用語	説明の解答例
FTTH（Fiber To The Home）	・CATV局から視聴者宅までの区間に光ファイバを直接引き込む光ファイバアクセス網の方式。 ・ADSLのような伝送損失による速度の低下がなく、ノイズ耐性も高いので安定した通信が可能。

導波管	・主に無線機とアンテナとの間の給電線路として用いられる。 ・電磁波を閉じ込めて伝送させる中空金属管の総称で、長方形又は円形断面からなる形状が用いられる。
CDMA（Code Division Multiple Access）	・符号分割多元接続方式のことで、拡散符号を割り当て、スペクトル拡散符号を用いて広域帯に拡散する。 ・帯域利用効率は高く、フェージング耐性も大きいが、ローミングは容易でない。
パリティ・チェック方式	・データの単位に余分の1ビット（パリティ符号）を追加して、「1」の数が偶数個または奇数個になる状態をつくり、データの誤り検出を行う。 ・1ビットをデータに追加するだけで使うことができ、検証が容易で高速だが、データが2ビット以上変化するなど、場合によっては誤りを検出できないことがある。 ・偶数パリティと奇数パリティがある。
ルータ	・パソコンやスマートフォンなどの複数の機器を、インターネットに接続するための装置。どのルートを通して転送すべきかを判断するルート選択機能を持つ。
IPS（Intrusion Prevention System）	・不正侵入防止システムのこと。ネットワークやサーバを監視し、不正なアクセスを検知して管理者に通知し、さらに検知した通信を遮断する役割を担う。 ・IDS（Intrusion Detection System：不正侵入検知システム）よりもセキュリティレベルが高い。
ONU（Optical Network Unit）	・光ファイバを用いた公衆網である、PON方式の加入者回線網において、加入者宅側に設置される光回線終端装置のこと。
SIP（Session Initiation Protocol）	・IPネットワークを介した通話における呼制御（シグナリング）を行う、VoIPを支えるプロトコルの1つ。音声や動画の通信セッションの接続、変更、切断を行う。
防災行政無線	・防災行政無線は、防災行政及び一般行政事務に必要な通信体制の強化を図り、地域における防災、応急救助、災害復旧に関する業務に使用し、災害等の未然防止と、市民生活の安定と福祉の向上に寄与することを目的に設置されている。
公開鍵暗号方式	・暗号化と復号化で異なる鍵を使う暗号化方式で、暗号化アルゴリズムとしては「RSA」「楕円曲線暗号」等がある。 ・共通鍵暗号方式と比べ処理速度は低速だが管理する鍵の数が少なくてすむ。

Lesson 01 法規

学習のポイント　１級重要度 ★★★　２級重要度 ★★★

● **電気通信工事の施工は他の各種産業や社会と密接に結びついており、トラブルなく現場を運営するには、各種法規の理解が必要です。**

記述問題では、電気通信工事を施工するにあたり、適用される建設業法、労働安全衛生法、労働基準法、電波法等の他関連法規に関して必要となる応用能力が問われる。

1　過去問題と解答

１級の法規では、次のような問題が過去に出題されている。

1　１級の問題と解答

［設問 1］

「建設業法施行規則」に定められている施工体制台帳に記載すべき事項に関する次の記述において、［　　］に**当てはまる語句**を答えなさい。

「施工体制台帳に係る下請負人に関する記載事項は、商号又は名称及び住所、請け負った建設工事に係る許可を受けた［　ア　］の種類、［　イ　］等の加入状況、請け負った建設工事の名称、内容及び工期等であり、現場ごとに備え置かなければならない。」

[解答]

施工体制台帳の記載事項等については、以下のように規定されている。

> 施工体制台帳の記載事項等で作成建設業者が請け負った建設工事の下請負人に関する次に掲げる事項
> イ　商号又は名称及び住所
> ロ　当該下請負人が建設業者であるときは、その者の許可番号及びその請け負った建設工事に係る許可を受けた建設業の種類
> ハ　健康保険等の加入状況
>
> 建設業法施行規則第14条の2第1項第三号より

よって、空欄には次の語句が入る。ア：建設業　イ：健康保険

[設問2]

> 「労働基準法」に定められている労働時間に関する次の記述において、［　　］に**当てはまる数値**を答えなさい。
>
> 「労働時間は、休憩時間を除き1週間について［　ウ　］時間、1週間の各日について［　エ　］時間をこえてはならない。」

[解答]

労働時間については、以下のように規定されている。

> ①使用者は、労働者に、休憩時間を除き1週間について40時間を超えて、労働させてはならない。
> ②使用者は、1週間の各日については、労働者に、休憩時間を除き1日について8時間を超えて、労働させてはならない。
>
> 労働基準法第32条（労働時間）より

よって、空欄には次の語句が入る。ウ：40　エ：8

〔設問 3〕

「電波法施行規則」に定められている無線設備の空中線等の保安施設に関する次の記述において、[ ]に**当てはまる語句**を答えなさい。

「無線設備の空中線系には[オ]又は接地装置を、また、カウンターポイズには接地装置をそれぞれ設けなければならない。ただし、26.175 MHz を超える周波数を使用する無線局の無線設備及び陸上移動局又は携帯局の無線設備の空中線については、この限りでない。」

〔解答〕

無線設備の空中線等の保安施設に関しては、以下のように規定されている。

無線設備の空中線系には避雷器又は接地装置を、また、カウンターポイズには接地装置をそれぞれ設けなければならない。ただし、26.175MHz を超える周波数を使用する無線局の無線設備及び陸上移動局又は携帯局の無線設備の空中線については、この限りでない。

電波法施行規則第26条（空中線等の保安施設）より

よって、空欄には次の語句が入る。　オ：避雷器

穴埋め問題で確実に点数がとれるよう、語句を正しく書けるようにしましょう。

2　2級の問題と解答例

[設問1]

建設業法に定められている建設工事の請負契約の当事者が、契約の締結に際し書面に記載すべき事項に関する次の記述において、［　　］に**当てはまる語句**を選択欄から選びなさい。

「請負代金の全部又は一部の前金払又は［ ア ］部分に対する［ イ ］の定めをするときは、その［ イ ］の時期及び方法」

選択欄

完成	引渡	出来形	既済
支払	振込	受領	決済

[解答]

契約の締結に際し書面に記載すべき事項については、以下のように記載されている。

建設工事の請負契約の当事者は、前条の趣旨に従って、契約の締結に際して次に掲げる事項を書面に記載し、署名又は記名押印をして相互に交付しなければならない。

一　工事内容
二　請負代金の額
三　工事着手の時期及び工事完成の時期
四　工事を施工しない日又は時間帯の定めをするときは、その内容
五　請負代金の全部又は一部の前金払又は出来形部分に対する支払の定めをするときは、その支払の時期及び方法
六～十六　略

建設業法第19条（建設工事の請負契約の内容）より

よって、空欄には次の語句が入る。　ア：出来形　イ：支払

選択欄にある、「振込」「受領」「既済」「決済」という語句は、建設業法の中には出てきません。

[設問 2]

労働安全衛生規則に定められている安全衛生責任者の職務に関する次の記述において、[　　] に**当てはまる語句**を選択欄から選びなさい。

一　統括安全衛生責任者との [ウ]
二　統括安全衛生責任者から [ウ] を受けた事項の関係者への [ウ]
三　当該 [エ] がその仕事の一部を他の [エ] に請け負わせている場合における当該他の [エ] の安全衛生責任者との作業間の [ウ] 及び調整

選択欄

相談	連絡	協議	通知
請負人	発注者	受注者	代理人

[解答例]

安全衛生責任者の職務については、以下のように定められている。

一　統括安全衛生責任者との連絡
二　統括安全衛生責任者から連絡を受けた事項の関係者への連絡
三　前号の統括安全衛生責任者からの連絡に係る事項のうち当該請負人に係るものの実施についての管理

四　当該請負人がその労働者の作業の実施に関し計画を作成する場合における当該計画と特定元方事業者が作成する法第三十条第一項第五号の計画との整合性の確保を図るための統括安全衛生責任者との調整

五　当該請負人の労働者の行う作業及び当該労働者以外の者の行う作業によって生ずる法第十五条第一項の労働災害に係る危険の有無の確認

六　当該請負人がその仕事の一部を他の請負人に請け負わせている場合における当該他の請負人の安全衛生責任者との作業間の連絡及び調整

労働安全衛生規則第19条（安全衛生責任者の職務）より

よって、空欄には次の語句が入る。　ウ：連絡　エ：請負人

[設問 3]

「端末設備等規則」に定められている接地抵抗に関する次の記述において、［　　］に**当てはまる数値**を選択欄から選びなさい。

「端末設備の機器の金属製の台及び筐体は、接地抵抗が［　オ　］Ω以下となるように接地しなければならない。ただし、安全な場所に危険のないように設置する場合にあっては、この限りでない。

選択欄

10　　30　　100　　150

[解答]

接地抵抗については、以下のように定められている。

端末設備の機器は、その電源回路と筐体及びその電源回路と事業用電気通信設備との間に次の絶縁抵抗及び絶縁耐力を有しなければならない。

一　絶縁抵抗は、使用電圧が300V以下の場合にあっては、0.2MΩ以上であり、300Vを超え750V以下の直流及び300Vを超え600V以下の交流の場合にあっては、0.4MΩ以上であること。

二　絶縁耐力は、使用電圧が750Vを超える直流及び600Vを超える交流の場合にあっては、その使用電圧の1.5倍の電圧を連続して10分間加えたときこれに耐えること。

2　端末設備の機器の金属製の台及び筐体は、接地抵抗が100Ω以下となるように接地しなければならない。ただし、安全な場所に危険のないように設置する場合にあっては、この限りでない。

端末設備等規則第6条（絶縁抵抗等）より

よって、空欄には次の語句が入る。　オ：100

選択欄が与えられていると、かえって惑わされることもあります。正しい数値を確実に頭に入れておくようにしましょう。

さくいん

本書に関する正誤情報等は、下記のアドレスでご確認ください。
http://www.s-henshu.info/dtgt2401/

上記掲載以外の箇所で正誤についてお気づきの場合は、**書名・発行日・質問事項（該当ページ・行数・問題番号**などと**誤りだと思う理由）・氏名・連絡先**を明記のうえ、お問い合わせください。

・Web からのお問い合わせ：上記アドレス内【正誤情報】へ
・郵便または FAX でのお問い合わせ：下記住所または FAX 番号へ

※電話でのお問い合わせはお受けできません。

［宛先］コンデックス情報研究所
『いちばんわかりやすい！ 1級・2級電気通信工事施工管理技術検定合格テキスト』係
住　　所：〒 359-0042　所沢市並木 3-1-9
FAX 番号：04-2995-4362　（10:00 ～ 17:00　土日祝日を除く）

※本書の正誤以外に関するご質問にはお答えいたしかねます。また、受験指導などは行っておりません。
※ご質問の受付期限は、各試験日の 10 日前必着といたします。ご了承ください。
※回答日時の指定はできません。また、ご質問の内容によっては回答まで 10 日前後お時間を頂く場合があります。
あらかじめご了承ください。

■ **編　　著：コンデックス情報研究所**
1990 年 6 月設立。法律・福祉・技術・教育分野において、書籍の企画・執筆・編集、大学および通信教育機関との共同教材開発を行っている研究者・実務家・編集者のグループ。

■ **イラスト：岡田　行生（おかだ　いくお）、ひらのんさ**

いちばんわかりやすい! 1級・2級電気通信工事施工管理技術検定 合格テキスト

2024年 4 月20日発行

編　著　コンデックス情報研究所

発行者　深見公子

発行所　成美堂出版
〒162-8445　東京都新宿区新小川町1-7
電話(03)5206-8151 FAX(03)5206-8159

印　刷　広研印刷株式会社

ISBN978-4-415-23825-8
落丁·乱丁などの不良本はお取り替えします
定価はカバーに表示してあります